原油浮顶储罐火灾特性与应急处置

主　编　栾国华

副主编　李　鑫　姚剑飞　王忠伟

孙　富　牛明勇

石油工業出版社

内 容 提 要

本书介绍了原油浮顶储罐的基本构造与工作原理，列举了一些典型事故案例，重点介绍了原油浮顶储罐火灾风险与特性、安全风险防控措施、关键应急设施与物资装备、扑救技战术、应急预案编制及安全、应急能力评估等方面的内容。

本书适用于石化企业设备管理、应急管理、应急救援及相关人员参阅。

图书在版编目（CIP）数据

原油浮顶储罐火灾特性与应急处置 / 栾国华主编.
北京：石油工业出版社，2024.10. -- ISBN 978-7
-5183-7012-2

Ⅰ. TE972

中国国家版本馆 CIP 数据核字第 2024H2C927 号

出版发行：石油工业出版社
（北京安定门外安华里 2 区 1 号　100011）
网　址：www.petropub.com
编辑部：（010）64523546　图书营销中心：（010）64523633
经　　销：全国新华书店
印　　刷：北京中石油彩色印刷有限责任公司

2024 年 10 月第 1 版　2024 年 10 月第 1 次印刷
787×1092 毫米　开本：1/16　印张：14.5
字数：350 千字

定价：80.00 元
（如出现印装质量问题，我社图书营销中心负责调换）

《原油浮顶储罐火灾特性与应急处置》

编委会

前 言

原油是工业的血液，其储存与安全管理始终是社会关注的焦点。其中，原油浮顶储罐作为大型储油设施，其火灾预防与应急处置更是关乎环境安全、经济稳定乃至社会和谐的重要议题。

随着全球能源需求的不断增长，原油储罐的规模日益扩大，其面临的火灾风险也随之增加。根据国际应急保护组织统计分析，原油浮顶储罐火灾主要有密封圈火灾、浮顶全液面火灾和防火堤池火灾三种情形，原油浮顶储罐一旦发生全液面火灾，火焰温度高（可达 1000℃ 以上），燃烧时间长（可达 90h 以上），具有颠覆性影响力和毁灭性事故后果。近年来，国内外石油石化企业相继发生 2015 年福建漳州古雷“4·6”储罐火灾、2019 年“3·17”休斯敦 ITC 码头储罐火灾、2021 年“3·29”爪哇省炼油厂储罐火灾、2021 年“5·31”沧州储罐火灾事故，造成了巨大的经济损失，对生态环境和人民生命财产安全构成严重威胁，教训惨痛。因此，深入研究原油浮顶储罐的火灾特性，制定科学有效防范措施和应急处置方案，对于提升能源行业的安全管理水平、保障国家能源安全具有重要意义。本书正是基于这一初衷，汇聚了众多专家学者的智慧与经验，力求为读者提供原油浮顶储罐火灾防控和应急处置的参考依据。

本书共八章，前三章首先从原油浮顶储罐的基本构造与工作原理入手，结合国内外典型火灾案例，深入剖析了火灾发生的机理、特点与规律，分析原油储罐火灾风险特征、燃烧特性，然后针对原油储罐中发生的沸溢喷溅火灾进行了系统分析，分析计算发生沸溢的条件和影响因素，总结了国内外现有原油储罐火灾沸溢时间预测模型；第四章和第五章分别介绍了原油浮顶储罐的火灾风险防控和关键应急设施与物资装备等情况，主要包括防火设计、防雷防静电、防腐、检测、工艺控制、施工安全控制等防控措施，以及泡沫灭火系统、消防灭火系统、消防车、消防枪炮、智能消防装备和灭火药剂等消防设施与物资装备等应急物资装备；第六章针对可能发生的火灾事故，从工艺处置措施、物资装备的使用、原油储罐火灾扑救的原则与策略、典型油罐火灾扑救要点及注意事项、典型原油储罐火灾扑救操作程序等五个方面介绍了火灾扑救的技战术；第七章介绍了专职消防队伍针对储罐火灾事故应当如何制定灭火救援预案；第八章依据应急管理部发布的《油气储存企业安全风险评估指南（试行）》，围绕企业选址和平面布置、工艺安全、设备安全、仪表安全、电气安全、消防与应急六个方面，设计制定了原油浮顶储罐安全、应急能力评估指标体系。在章节内容设计上，本书力求理论与实践相结合，既有深入的理论分析，又有丰富的实战案例；既注重技术细节的阐述，又兼顾宏观策略的把握。此外，本书的部分章节还采用了图文并茂的形式，使读者能够更加直观、生动地理解相关知识。

本书适用于石油石化行业从事储罐安全应急管理、消防救援等相关工作的专业技术人员，以及对此领域感兴趣的广大读者。期望本书能够帮助读者全面了解原油浮顶储罐的火灾特性与应急处置方法，提升安全意识和应急能力，也希望能够为进一步提升石油石化行业储罐安全管理水平贡献一份力量。同时，也期待广大读者能够提出宝贵的意见和建议，共同推动石油石化行业储罐安全管理工作的不断进步。

目　录

第一章 概 述

浮顶式原油储罐(floating roof crude oil storage tank)简称浮顶罐，为储油罐重要的一个类别，主要因其设计有一个能“贴浮”在油面上，并随储罐内油位升降的“浮顶装置”而区别于无该装置的普通固定顶油罐。浮顶式储油罐分为内浮顶式和外浮顶式两种，因浮盘的灵活上下可以贴近液面从而大大减少液面上方的气体空间，因而可以大幅降低所储存物料的蒸发损耗。它采用特殊设计的浮顶结构，具有许多优势，包括减少原油挥发和氧化、提高储罐利用率、调节供需平衡、保护环境和安全等。该种储罐被广泛运用于诸如汽油、航空煤油、柴油等轻质油品和原油的仓储。其中原油储罐主要为外浮顶储罐。

本章主要介绍外浮顶罐的结构、工作原理、优势、应用以及维护和安全措施。

第一节 原油储罐的结构和功能

一、结构功能

外浮顶储罐通常采用圆柱形的结构，具有足够的强度和密封性。它主要由罐底基础、浮顶和附属设施三部分构成，涉及主要结构包括浮顶、中央排水系统、浮盘密封(一、二次密封)、罐壁、罐底、转动扶梯、盘梯、静电导出装置、消防设施等(图 1-1)。

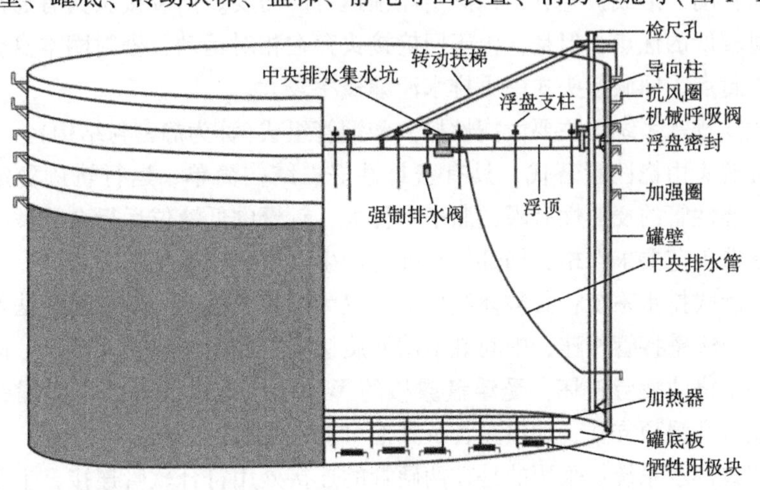

图 1-1 外浮顶储罐结构图

1. 罐底基础

罐底基础与普通储油罐类似，主要有罐基础、底板、罐壁。罐基础负责将储罐的负载传递至土壤的中间层，自下而上一般依次为：素土层、灰土层、砂垫层和沥青砂垫层；底板就是钢板焊接铺设在罐底部，作用为传递油品和罐体的重量，一般厚度为 0.5~1.2cm；罐壁由多块钢板环状焊接而成，由一定层数组合为筒状，具有足够的强度和刚度以承受储罐内的压力和外部环境的负荷。

2. 浮顶

浮顶是外浮顶储油罐关键的核心部件，在油罐内油品的表面有一个浮盘覆盖，并随油品液位升降，由于浮盘和油面之间几乎没有气体空间，因此可以大大降低所储存油品的蒸发损耗。浮顶由于是“漂浮”在所处液体液面上的顶盖，因此密封性能至关重要，浮盘主要采用弹性填料，同时在周边用压条与罐壁压紧，并用螺栓与浮盘固定。浮盘跟随液面升降，降低到一定高度(大约 1.8m)之后，则有支柱撑住浮盘使其保持位置。

外浮顶储罐常用的浮盘形式主要分单浮盘式浮顶和双浮盘式浮顶两种。单浮盘式浮顶由中间单盘板和外围环形浮舱两部分组成，中间单盘板由一层薄钢板制成，主要起将罐内油液面与大气隔离的作用。外围环形浮舱是由钢板组成的许多独立的隔舱，主要用于增加整体浮盘的承载能力和稳定性。双浮盘式浮顶由浮顶的顶板、浮顶的底板、边缘板和径向隔板、环向隔板以及加强框架等组成，其稳定性和承载能力都优于单浮盘浮顶。

3. 中央排水系统

目前，国内大型外浮顶储罐使用的中央排水系统主要有旋转接头式排水系统、枢轴式排水系统、全软管式排水系统、分规式排水系统。

(1) 旋转接头式排水系统：主要由回旋接头与钢管连接形成，其中回旋接头又是由相对运动副的套管、滚珠等部件组成，套管之间由密封圈形成密封结构，既确保了排水管内的介质不外漏，也阻断了油罐内的介质泄漏到排水管中。回旋接头与钢管相连，随着浮顶的上下运动而转动，形成折叠管，以满足浮顶运行的需要。回旋接头具有通用性强、易加工、价格相对较低的优点，但是，由于回旋接头存在相对运动，密封圈本身会磨损，同时存在法兰静密封点，回旋接头式中央排水泄漏概率较大。

(2) 枢轴式排水系统：主要由挠性接头和钢管组成(称为静密封结构)，其折叠管直管段间的连接旋转头由挠性管替代，具有密封性好、结构简单、运行轨迹稳定等特点。但是，目前常用挠性管的挠曲性有限，曲率半径大，频繁的低液位运行会导致挠性管易出现疲劳损坏，制造工艺要求严格，局部接头处易产生开裂。

(3) 全软管式排水系统：其整体结构形式仅为一根柔性管，两端通过法兰与进水口单向阀、出水口与罐壁接管相连，中间既不用回旋接头，也不用枢轴式接头，既消除了磨损泄漏，又消除了挠曲疲劳破坏，受浮盘漂移的影响小，有效地降低了泄漏的可能性。但是，安装时应避开浮顶支柱、加热盘管及其他可能相碰附件。

(4) 分规式排水系统：采用的是在两硬管的连接处用符合软管连接，上下铰链也同样用符合软管过渡到硬管连接的结构。该形式系统增加了挠性管曲率半径，降低了油罐软管疲劳破裂的风险。

4. 一、二次密封装置

设置在罐壁与浮顶外圈板的环形空间之上，用以屏蔽该处气相的蒸发，以减少储存物料的损耗，操作中要求密封装置与罐体紧密接触，随浮顶一起在罐内升降。密封件与浮顶的有效结合，才能降低浮顶油品蒸发损耗。密封的种类很多。常见的密封主要有机械密封、弹性填充密封、唇(舌)形密封、二次密封。

(1) 机械密封：依靠机械力将密封钢板紧密地压靠在罐壁上，使之能够在罐壁上滑动，又尽量不产生间隙。机械密封使用的历史较长、形式多样、结构简单、容易制造，缺点是油气损耗大，对罐壁的几何形状(如椭圆度、垂直度及局部凹凸度等)要求较高，适应性差，因而目前新建储罐很少使用。

(2) 弹性填充密封：在一个密封的封套内，填充弹性好、易变形的物体如泡沫塑料，或填充适当的流体，依靠填充物的受压变形达到密封的目的。这种密封的效果较机械密封好，对罐壁的椭圆度、垂直度及局部凹凸度等要求不是太高，适用性较强，不易发生浮顶卡死现象。但这类密封功能单一，需要配套其他诸如挡雨板、刮蜡机构等设备。另外，该密封还存在耐磨性差、泡沫塑料长期处于压缩状态易产生塑性变形等问题，尤其是当储罐变形较大，有局部受力时容易损坏。

(3) 唇(舌)形密封：依靠弹性唇(舌)片与罐壁滑动接触起到密封作用。这种密封适应性较强，但制造工艺和材料选用要求很高，同时也存在上述弹性填充密封的缺点。

(4) 二次密封：二次密封是在一次密封的基础上再增加一道密封。实验证实，采用二次密封后可减少 50%~98%的油气损耗，并且在安全性、环境保护方面有更为显著的经济效益和社会效益。20 世纪 90 年代中期，我国开始使用二次密封技术。

5. 其他附属设施

附属设施主要是一些专用附属设备或装置，确保浮顶式储油罐安全可控地正常使用。

(1) 安全阀。如果机械式呼吸阀因为冻结或锈蚀无法动作，液压式安全阀可以发挥作用，保护储罐安全。和机械式呼吸阀相比，液压式安全阀的压力与真空值通常高出 5%~10%。安全阀在正常情况下不会动作，当呼吸阀出现故障或者储罐收发原油时发生罐内真空度过大或超压时才会发挥安全密封功能，防止金属储罐损坏。

(2) 阻火器。阻火器是装有铝、铜或者其他导热良好、热容高的金属波纹板箱体，由上下壳体、阻火层支架和阻火层组成。当火焰通过阻火层的许多细小通道之后被分割小到一定程度时，经通道移走的热量足以将温度降到可燃物燃点以下，使火焰熄灭。发生火灾时，火焰温度升高，阻火层波纹片膨胀，将波纹片的孔隙堵死，空气无法进入储罐内，达到灭火的目的。

(3) 呼吸挡板。为了减少易挥发原油在储罐的蒸发损耗，设定了呼吸挡板这一节能装置。一般将呼吸挡板安装在阻火器下面，伸入罐内，发油时若液面过快下降，吸入罐内的气流就会将油面的油气浓度层冲散，导致原油加快蒸发。将挡板安装在呼吸阀下面，能够使吸入气流向罐壁折转，避免油面受到直接冲击。

(4) 加热器。通常是由钢管制作而成的盘管，钢管直径为50~100mm。加热器是给原油加温防凝、提高原油流动性的附件。浮顶储罐的浮盘下落，到达罐底之前会有若干支柱支撑着。支柱高0.9~1.8m，使浮盘和罐底有一定的空间，方便清洗、检定、检修。浮盘不能有渗漏，保持良好的环状密封状态，避免破损浸油，消除脱落、翻折等现象。

(5) 通气孔。设置在内浮顶罐的顶盖上，通过通气孔确保内浮顶与上层顶盖之间的气体与大气保持气压平衡，保证内浮顶的正常升降，避免浮顶与顶盖间憋压。

(6) 静电消除装置。由于浮顶的周边和罐壁间容易积聚静电而发生起火危险，所以在浮盘上安装导线及时把积攒的静电电荷释放掉，消除浮顶升降摩擦所产生的静电。

(7) 导流器。位于浮顶板的边缘，用于引导原油流入和流出储罐。它可以控制原油的进出口位置和流量；还有梯子和护栏等设施，为工作人员上下油罐开展维保检修工作提供施工通道等。

二、工作原理

外浮顶罐的工作原理基于浮顶的上下移动和密封系统的作用，当储罐内的原油体积增加时，浮顶会向上移动，以保持储罐内的空间充分利用；当原油体积减小时，浮顶会向下移动，以减少储罐内的空气体积，从而减少原油的挥发和氧化。具体工作过程如下。

1. 储罐装填过程

第一步：储罐准备。在装填原油之前，储罐必须进行准备工作，包括检查储罐的密封性和完整性，确保没有泄漏或损坏。

第二步：密封安装。储罐顶部与罐壁之间的密封系统起到关键作用，防止原油与空气接触。密封系统通常由橡胶垫圈、密封垫片和密封螺栓等组成，以确保密封性。

第三步：浮顶下降。当原油被装填到储罐时，浮顶会随着原油的上升而下降。这是通过调节浮顶上的内部空气压力来实现的，空气被释放，使浮顶下降，以适应原油的液位变化。

第四步：储罐装填。原油通过导流器进入储罐。导流器是位于浮顶中心的装置，控制原油的流入位置和流量。它确保原油均匀地分布在储罐内，并避免产生剧烈的液面波动。

2. 储罐排空过程

第一步：导流器设置。在排空储罐之前，需要调整导流器的位置和设置，以控制原油的流出位置和流量。导流器通常与浮顶相连，以确保在储罐排空时，浮顶能够随着原油的下降而上升。

第二步：浮顶上升。当开始排空储罐时，导流器打开，原油开始流出。同时，浮顶会随着原油的下降而上升。这是通过增加浮顶上的内部空气压力来实现的，浮顶上升减少了储罐内的空气体积，从而减少了原油的挥发和氧化。

第三步：储罐排空。原油通过导流器从储罐中流出，直至达到所需的排空程度。排空过程中，可以使用流量控制阀来调节原油的流出速率，以确保安全和有效地排空储罐。

第四步：浮顶稳定。当排空完成后，导流器关闭，浮顶稳定在相应的位置。密封系统确保储罐顶部与罐壁之间的密封性，防止空气进入储罐。

通过以上装填和排空过程，浮顶罐可以实现原油的有效储存和保护。密封系统和浮顶的移动确保原油与空气隔离，减少挥发和氧化的风险。

三、储罐特点

外浮顶储罐为常压储存设备，储存的介质一般为原油、渣油等重质油。正常储存时原油紧贴浮盘，液面随着钢制浮舱式浮船上下升降，浮盘分为单盘式、双盘式，常见的单罐容积有 10000m^3、30000m^3、50000m^3、100000m^3 和 150000m^3。储罐容积与高度、直径的关系见表 1-1。

表 1-1 立式储罐尺寸对照表

罐体容积/m^3	罐直径/m	罐高/m	罐周长/m	罐顶面积/m^2
500	8	11.5	25	50.5
1000	11	14	34.5	95
2000	14	16	44	154
3000	16	17.5	50	201
4000	18	18.5	56.5	254.5
5000	20	15.2	63	314
10000	28	20	88	615.5
20000	37	25	116	1075
30000	46	26	145	1661
50000	60	20	189	2826
100000	80	21	251	5024
150000	98	22	308	7539

外浮顶罐的广泛应用源于其在石油行业中的多重优势。首先，这种储罐能够储存大量的原油，满足石油行业对储存容量的需求。无论是炼油厂需要储存原油作为原料，还是石油码头需要暂存原油进行装卸操作，浮顶式储罐都能够提供足够的容量，确保石油供应链的稳定运行。

首先，外浮顶罐能够保持原油的质量和价值。通过减少原油与空气之间的接触，储罐内的原油不易挥发和氧化，从而减少了质量损失和价值下降的风险。这对于石油行业来说至关重要，因为原油的质量和价值直接影响到产品的成品率和市场竞争力。

其次，外浮顶罐的灵活性也是其优势之一。由于浮顶的上下移动可以调整储罐的容量，这种储罐能够根据市场需求的变化灵活调整。当市场供应过剩时，储罐可以储存多余的原油，平衡供需关系；而当市场需求超过供应时，储罐可以释放储存的原油，满足市场需求。这种灵活性使得石油行业能够更好地应对市场波动，实现供需平衡。

除了调节供需平衡外，外浮顶罐还在一定程度上缓解了石油行业面临的环境和安全挑战。原油的挥发和氧化不仅会导致质量损失，还会产生有害气体和污染物的排放，对环境造成负面影响。外浮顶储罐通过减少原油挥发，降低了有害物质的排放，有助于保护环境和减少空气污染。此外，储罐内的浮顶可以有效隔离空气和可燃气体，减少了火灾和爆炸的可能性。配备安全阀和报警系统的浮顶式储罐能够及时监测和控制储罐内的压力和温度，确保储罐的安全运行。

总的来说，外浮顶罐在石油行业中发挥着重要作用。它们通过减少原油的挥发和氧化，保持原油的质量和价值；通过灵活调整容量，满足市场需求；通过减少环境污染和降低安全风险，促进可持续发展。外浮顶罐广泛应用于石油行业，常见于炼油厂、石油码头、原油储备库等场所。这些储罐可以储存大量的原油，并确保其质量和价值不受损害。

四、维护和安全措施

定期检查和维修是确保浮顶式原油储罐正常运行和安全性的重要措施。以下是一些常见的定期检查和维修内容。

（1）结构检查：定期检查储罐的结构，包括罐壁、底部和顶部结构。主要目的是检测腐蚀、裂纹、变形、磨损或其他损坏情况。可以使用非破坏性检测方法(如超声波、磁粉探伤等)来评估结构的完整性。

（2）密封系统检查：检查储罐的密封系统，包括密封垫圈、密封带、密封螺栓等。确保密封系统完好无损，没有泄漏或磨损。必要时，更换损坏的密封件，以确保储罐的密封性能。密封系统的良好维护可以防止原油泄漏和气体泄漏，确保储罐的安全性和环境保护。

（3）浮顶检查：检查浮顶的运动和功能。确保浮顶能够自由移动，并与导流器正常连接。检查浮顶上的密封件，确保其完好无损。如果发现问题，需要进行维修或更换。

（4）清洁和涂层保护：定期清洁储罐内部，以去除沉积物、污垢和积水。这可以通过机械清洗、高压水枪清洗或化学清洗等方法来完成。同时，定期检查储罐的涂层保护情况，确保涂层完整并提供足够的防腐蚀保护。这些工作的频率和具体方法可以根据储罐的使用情况、环境条件和相关标准进行调整。定期进行清洁和涂层保护可以延长储罐的使用寿命，减少腐蚀和损坏的风险，提高储罐的可靠性和安全性。

（5）安全装置检查：检查储罐的安全装置，包括压力释放阀、温度传感器、液位传感器等。确保这些装置正常工作，并校准传感器的准确性。必要时，进行维修或更换。安全装置正常工作是确保储罐内部压力和温度在安全范围内的关键监测设施。通过安装、维护和监控安全阀和报警系统等安全装置，可以及时发现异常情况并采取适当措施。

（6）泄漏检测系统检查：定期检查泄漏检测系统的工作状态。包括检查泄漏探测器、报警器和监控系统的功能，确保其能够及时发现泄漏情况并采取相应的措施。这些系统可以通过监测液位、压力或其他指标来发现泄漏，并及时报警。同时设置泄漏收集设备、防渗漏地板和泄漏应急处理设备等措施防止储罐泄漏和泄漏物质的扩散。

（7）火灾和爆炸防护：火灾和爆炸防护是保障浮顶式原油储罐安全的重要措施。要定期检查火灾和爆炸防护设施的工作状态和性能，包括探测器、报警系统、灭火系统和防护墙等，确保设施处于正常工作状态。定期维护和保养火灾和爆炸防护设施，包括清洁探测器、检查喷射装置和灭火剂的有效性，以及修复或更换受损的防护墙等。对储罐和相关设施进行防火涂层处理，以提供额外的防火保护。防火涂层能够耐高温和火焰，减缓火势蔓延和热辐射。对储罐和其他设施进行防爆隔离，以防止火灾和爆炸的传播。隔离可以通过设置安全间距、使用防爆墙或其他物理隔离措施来实现。

（8）操作培训和应急演练：对储罐操作人员进行培训，包括火灾和爆炸防护知识、操作规程和应急处理程序，确保操作人员具备正确的应对火灾和爆炸的技能和知识。培训操作人员了解浮顶罐的工作原理和各个组成部分的功能，掌握正确的操作规程和程序，包括储罐的启停、加料、排放、清洁和维护等操作步骤。培训操作人员了解储罐操作中的潜在风险和应急处理措施，包括泄漏处理、火灾防护和紧急关闭等。同时定期进行储罐火灾和爆炸的应急演练，以验证应急响应计划的有效性和操作人员的应急反应能力。

（9）维护记录和文件管理：定期更新和维护储罐的维护记录和文件。记录维护活动、检查结果、维修和更换的部件等信息。这些记录对于追溯储罐的维护历史、评估储罐的状态和制订维护计划非常重要。

以上是一些常见的定期检查和维修内容，具体的维护要求可能会根据储罐的规格、使用条件和监管要求而有所不同。重要的是根据制造商的建议、适用的标准和实际情况，制订并执行合适的维护计划，以确保浮顶式原油储罐的安全和可靠运行。总之，浮顶罐是一种重要的储存设备，通过定期维护和采取相应的安全措施，可以确保浮顶罐的正常运行和安全性。

第二节　原油储罐建设的关键要素

一、设计和选址

外浮顶储罐的设计要点涉及多个方面，包括结构设计、安全设计、环保设计和功能设计。

1. 结构设计

罐体结构：外浮顶储罐的罐体结构应具有足够的强度和刚度，以承受内外部荷载和压力。常见的罐体结构包括圆筒形、球形或半球形，其中球形或半球形结构对于承受内部压力的均匀分布和应力集中的减轻有利。

罐底设计：外浮顶储罐的罐底设计应考虑到承载能力、密封性和防腐蚀性。常见的罐底设计包括锥形底部、平底和球形底部。罐底应具备足够的强度以支撑储存物质的重量，并采取相应的防腐措施以延长使用寿命。

外浮顶设计：外浮顶是外浮顶储罐的关键组成部分，其设计应考虑到密封性、稳定性和适应性。外浮顶通常由内外浮顶和外外浮顶组成，内外浮顶用于减少蒸发损失，外外浮顶用于保护内外浮顶和提供防火功能。外浮顶应具备良好的密封性，以防止气体泄漏和外界污染。

2. 安全设计

安全阀和爆破片：外浮顶储罐应配备安全阀和爆破片，以防止罐内压力超过安全限值。安全阀用于调整和释放压力，而爆破片则在压力超过预设值时自动破裂，释放压力。

灭火系统：为了防止火灾发生和扩散，外浮顶储罐应配备灭火系统，包括喷淋系统、泡沫灭火系统或干粉灭火系统。这些系统能够迅速控制和扑灭火灾，保护储罐和周围环境的安全。

泄漏监测系统：为了及时发现和处理泄漏情况，外浮顶储罐应配备泄漏监测系统，包括液位监测、气体监测和泄漏报警装置。这些系统能够实时监测储罐内外的情况，并在泄漏发生时发出警报。

3. 环保设计

蒸发控制：为了减少蒸发损失和环境污染，外浮顶储罐应采用有效的蒸发控制措施。常见的措施包括安装内外浮顶、采用密封性好的外浮顶设计、安装蒸发控制装置等，以减少储存物质的蒸发和气体泄漏。

废气处理：外浮顶储罐应考虑废气处理措施，以减少有害气体的排放。常见的废气处理方法包括燃烧、吸收和净化等，以确保废气排放符合环保标准。

泄漏防护：为了防止泄漏对环境造成污染，外浮顶储罐应采取泄漏防护措施，包括密封性好的外浮顶设计、泄漏监测系统的安装和泄漏应急响应计划的制订等。

4. 功能设计

液位监测：外浮顶储罐应配备液位监测系统，以实时监测储罐内液位的变化，有助于掌握储存物质的使用情况和储罐的运行状态。

温度控制：外浮顶储罐应考虑温度控制，以保持储存物质的稳定性和安全性，包括保温设计、冷却系统的安装和温度监测等。

运输和装卸：外浮顶储罐的设计应考虑到运输和装卸的便利性，包括出入口的位置和尺寸设计、配套的输送系统和装卸设备的选择等。

外浮顶储罐的选址要求涉及多个方面，包括安全性、环境影响、运输便利性和土壤条件等。要满足远离人口密集区，避免自然灾害区域，考虑火灾防控要求，避免水源保护区和生态敏感区，考虑道路、铁路、港口和水路接入条件，以及考虑地质稳定性和土壤承载力等要求。

1）安全性要求

远离人口密集区：外浮顶储罐应远离人口密集区，以降低潜在事故对人员安全的影响。根据美国石油学会(API)的标准，外浮顶储罐应与最近的居民区、学校、医院等人口密集区保持一定的距离。

避免自然灾害区域：外浮顶储罐的选址应避免位于地震、洪水、飓风等自然灾害频发区域。这样可以降低自然灾害对储罐的破坏风险。

考虑火灾防控要求：外浮顶储罐的选址应考虑到火灾防控的要求，如与消防站的距离、消防通道的设置等。这有助于提高火灾的应对和扑灭能力。

2）环境影响要求

水源保护区：外浮顶储罐的选址应避免位于水源保护区，以防止储罐泄漏对水资源的污染。

生态敏感区：外浮顶储罐的选址应避免位于生态敏感区，以保护当地的生态环境，包括湿地、自然保护区、重要鸟类栖息地等。

3）运输便利性要求

道路和铁路接入：外浮顶储罐的选址应考虑到道路和铁路的接入条件，以便于储存物质的运输和装卸。选址附近应有适当的道路和铁路交通网络。

港口和水路接入：如果储罐用于液体货物的运输，选址附近应有港口或水路，以方便海上或内河运输。

4）土壤条件要求

地质稳定性：外浮顶储罐的选址应考虑地质稳定性，避免选址在地质活动频繁、土壤不稳定的地区。这有助于减少地质灾害对储罐的影响。

土壤承载力：外浮顶储罐的选址应考虑土壤的承载力，以确保储罐能够稳定地承受储存物质的重量。

二、材料选择和施工标准

外浮顶储罐是一种常见的用于储存液体或气体的大型容器，其材料选择和施工标准对于保证储罐的安全性和可靠性至关重要。

1. 外浮顶罐材料选择

钢材：钢材是外浮顶罐的常用材料，其具有良好的强度、可塑性和耐腐蚀性，能够满足储罐的结构要求和介质特性。根据储存介质的性质、工作温度和压力等因素，可以选择不同类型的钢材，如碳钢、低合金钢或不锈钢等。

内衬材料：根据储存介质的特性和要求，有时需要在外浮顶罐的内部采用内衬材料，以提供更好的耐腐蚀性能。常见的内衬材料包括橡胶、塑料和玻璃钢等。

2. 外浮顶罐施工标准

设计标准：外浮顶罐的施工应符合相关的设计标准和规范，以确保储罐的结构安全和使用寿命。常用的设计标准包括《立式圆筒形钢制焊接油罐设计规范》(GB 50341—2014)和国际标准化组织(ISO)的相关标准。

施工工艺：外浮顶罐的施工过程包括罐体结构的焊接、防腐处理、内衬材料的安装等工艺步骤。施工工艺的控制对于保证储罐的质量和可靠性至关重要。

检验与验收：外浮顶罐施工完成后，应进行检验和验收，以确保储罐的质量和可靠性。检验和验收包括对焊缝、涂层、内衬材料等进行质量检查。

外浮顶储罐的材料选择应考虑介质特性和结构要求，常用的材料包括钢材和内衬材料。施工标准包括符合设计规范要求、施工工艺的控制和质量检验与验收。这些要求可以确保外浮顶储罐的结构安全和使用寿命。

三、安全设备和监测系统

外浮顶罐是储存液体或气体的重要设备，为了确保储罐的安全运行，需要配备一系列安全设备和监测系统。这些设备和系统旨在监测储罐的运行状态、检测异常情况，并采取相应的措施以防止事故发生。

1. 安全设备

灭火系统：外浮顶罐配备的灭火系统用于灭火和控制火灾。常见的灭火系统包括泡沫灭火系统、干粉灭火系统和水喷淋系统等。这些系统能够迅速响应并扑灭火灾，保护储罐和周围设施的安全。

防爆设备：防爆设备用于防止储罐内部或周围发生爆炸。常见的防爆设备包括爆破片、防爆电气设备和防爆隔离设备等。这些设备能够减少爆炸风险，保护储罐和人员的安全。

排放系统：排放系统用于控制和处理储罐内部产生的气体、蒸气或液体。常见的排放系统包括排气系统、排放管道和气体收集系统等。这些系统能够有效控制储罐内部压力和释放有害物质，保护环境和人员的安全。

2. 监测系统

压力监测系统：压力监测系统用于监测储罐内部的压力变化。通过安装压力传感器和监测仪表，可以实时监测储罐的压力状态，并及时采取措施防止过高或过低的压力对储罐造成损坏或安全隐患。

液位监测系统：液位监测系统用于监测储罐内液体的液位变化。通过安装液位传感器和液位控制器，可以实时监测储罐内液体的液位情况，并及时采取措施防止液位过高或过低引发的安全问题。

泄漏监测系统：泄漏监测系统用于监测储罐是否发生泄漏。通过安装泄漏传感器和泄漏报警器，可以实时监测储罐是否存在泄漏情况，并及时报警，以便采取紧急措施进行修复和防止泄漏事故发生。

综上所述，外浮顶罐建设配套的安全设备包括灭火系统、防爆设备和排放系统，用于灭火、防爆和控制储罐内部产生的气体、蒸气或液体。监测系统包括压力监测系统、液位监测系统和泄漏监测系统，用于监测储罐内部的压力变化、液体的液位变化和是否发生泄漏。

第二章 原油储罐典型火灾事故案例分析

从过去发生的事故案例中学习积累经验是降低原油储罐火灾事故风险，提高事故应急处置能力的重要渠道。一方面通过分析事故的原因、发展过程和应对措施，可以提高对火灾风险的认知，增强防火意识，制定更有效的预防和应急预案；另一方面，学习事故案例可以帮助相关从业人员掌握科学的灭火方法和技术，提升应急处置能力，从而最大限度地减少火灾造成的损失，保护人们的生命和财产安全。

本章主要收集了1971—2023年公开渠道可查的原油储罐火灾事故案例，并选取部分典型国内外事故案例和油罐全液面火灾事故进行案例分析。

第一节 原油储罐事故案例统计

从公开的网络渠道统计各国原油储罐事故案例是非常困难的，很多国家并不愿意将事故案例公布，很多公布的事故也很难查到详细的信息。因此，本节所统计的事故案例是根据目前国内外网站公布的事故数据进行的不完全统计，统计了1971—2023年国内外共发生的101起原油储罐火灾事故（国内事故13起，国外事故88起，有基本信息的65起），具体见表2-1。

表2-1 国内外原油储罐火灾事故统计（1971—2023年）

序号	事故名称	事故概述	事故原因
国内事故案例			
1	黑龙江大庆林源炼油厂油罐火灾事故	1986年3月30日，黑龙江省林源炼油厂的原油储罐区发生了一起重大火灾事故，烧掉原油、蜡油、污油约5000t	设备缺陷，油跑漏自燃
2	山东黄岛油库原油储罐火灾事故	1989年8月12日，黄岛油库储存有$2.3\times10^4m^3$原油的5号混凝土油罐由于本身存在缺陷，又遭受雷击，引起油气爆燃着火，导致附近储罐爆燃，随后席卷整个库区并波及附近其他单位	雷击
3	山东莘县炼油厂原油储罐爆炸事故	1993年8月23日，山东莘县炼油厂承包商施工队对原油罐进行保温施工过程汇总，当施工至油罐上部时，因施工队队长违规在罐旁吸烟，点燃从油罐气孔排出的油气，导致油罐起火爆炸	明火引燃、引爆

续表

序号	事故名称	事故概述	事故原因
4	茂名石化北山罐区火灾事故	1995 年 8 月 3 日，茂名石化炼油厂北山罐区上空突然一声雷响，伴随着闪电，125 号原油罐发生着火事故	雷击
5	上海炼油厂油罐火灾	1999 年 8 月 27 日，上海炼油厂一座 $2\times10^4m^3$ 外浮顶原油储罐由于遭受雷击引发了火灾事故，经过消防员约半小时的扑救，成功扑灭火灾	雷击
6	兰州石化原油储罐火灾事故	2002 年 10 月 26 日，供销公司组织清理油罐罐底污油时，在危险区域使用非防爆电器，产生静电火花，引发火灾事故	静电火花引起爆炸
7	江苏南京仪征输油站原油储罐火灾事故	2006 年 8 月 7 日，仪征输油站 16 号 $15\times10^4m^3$ 原油储罐遭雷击起火，起火点达 5 处之多。16 号罐直径约 100m，高 22m，属国内当时最大的原油储罐。事故原因分析认定，该事故是雷击引起的油罐浮顶导静电片与罐壁发生间隙放电，产生的火花引燃一次密封和二次密封之间的油气，从而导致油罐浮盘密封处火灾	雷击
8	独山子石化原油储罐闪爆事故	2006 年 10 月 28 日，独山子石化在建的 $10\times10^4m^3$ 原油储罐内浮顶隔舱在刷漆防腐作业时电火花引爆了达到爆炸极限的可燃气体，引发闪爆事故	静电火花引起爆炸
9	宁波镇海国家石油储备库油罐雷击火灾事故	2010 年 3 月 5 日，宁波镇海国家石油储备库一座 $10\times10^4m^3$ 原油储罐遭雷击起火，由于固定消防设施启动及时，火灾得到有效控制，未造成重大损失	雷击
10	新疆王家沟中国石油储备库火灾事故	2010 年 4 月 19 日，乌鲁木齐市头屯河区中国石油西北销售公司王家沟石油商业储备库一座 $3\times10^4m^3$ 原油储罐起火，经消防人员及时扑救，未造成人员伤亡	其他原因
11	辽阳石化原油储罐火灾事故	2010 年 6 月 29 日，炼油厂原油输转车间在清理油罐过程中，产生静电火花，引发闪爆事故	静电火花引起爆炸
12	中联油原油储罐火灾事故	2010 年 7 月 16 日，大连市大连保税区的大连中石油国际储运有限公司原油罐区输油管道发生爆炸，造成原油大量泄漏并引起火灾	罐区输油管道爆炸引发储罐爆炸
13	辽宁大连大港集团原油储罐火灾事故	2011 年 11 月 22 日，大连新港两座 $10\times10^4m^3$ 外浮顶罐发生火情，起火点位于大连港油品码头海滨北罐区的 T031、T032 号原油罐。火灾原因认定，在 T031 号油罐遭受直击雷、T032 号油罐遭受感应雷后，油罐浮顶的一次密封钢板与罐壁之间、二次密封导电片与罐壁之间的放电火花引发两个油罐的一次、二次密封空间内的爆炸性混合气体爆炸并起火	雷击

续表

序号	事故名称	事故概述	事故原因
国外事故案例			
1	波兰捷克维兹某炼油厂原油火灾事故	1971年6月26日，波兰捷克维兹某炼油厂，其中一道闪电击中了一个原油储罐顶部的一个呼吸阀，点燃了积聚在罐顶的油气，随后着火后引发全液面火灾，大火波及相邻的4个相同的拱顶罐，随后发生沸溢喷溅。事故造成33人当场死亡，超过105名救援人员受伤，其中40人重伤，有4人因伤势过重死亡	雷击
2	意大利里雅斯特原油储罐火灾事故	1972年8月4日，意大利的里雅斯特某炼油厂原油罐区遭受炸弹攻击，炸弹摧毁了2座外浮顶原油储罐，大火蔓延又损坏了6座原油储罐，浮顶下沉并发生翻倒	外力破坏
3	美国俄亥俄州芬德利原油储罐火灾事故	1975年6月19日，美国俄亥俄州芬德利30000bbl容量的原油储罐，因遭遇雷击造成火灾事故，经过约19h的预烧、两次轻微沸溢和一次严重沸溢后，火焰熄灭	雷击
4	美国宾夕法尼亚州费城原油储罐火灾事故	1975年8月17日，美国宾夕法尼亚州费城4个内浮顶储罐因充装过量，满溢的内浮顶原油储罐的蒸汽进入锅炉烟囱，并被点燃，进而造成原油储罐火灾事故	充装过量
5	英国Amoco炼油厂原油储罐火灾事故	1983年8月30日，英国南威尔士Milford Haven港Amoco炼油厂发生火灾事故，11号轻质原油储罐着火，大火持续约60h后才被扑灭，未造成人员伤亡	原油从罐顶裂缝处渗漏，在浮顶形成易燃蒸气
6	美国俄亥俄州利马原油储罐火灾	1983年12月25日，美国俄亥俄州利马原油罐区，由于寒冷恶劣天气，导致原油罐区中的4个原油储罐发生破裂，进而引发火灾事故	寒冷天气造成储罐破裂
7	美国路易斯安那州储罐火灾事故	1985年4月19日，美国路易斯安那州NORCO储存有200×10^4bbl原油储罐发生火灾爆炸事故，火灾持续2h	爆炸
8	美国路易斯安那州储罐火灾事故	1985年10月24日，美国路易斯安那州4个原油储罐因遭遇雷击发生火灾事故	雷击
9	希腊塞萨洛尼基储罐火灾事故	1986年2月24日，希腊塞萨洛尼基原油罐区(12个原油储罐)中10个原油储罐发生火灾事故，其中1个直径40m的原油储罐发生原油沸溢	原因不明
10	美国俄亥俄州纽波特油罐火灾事故	1986年10月1日，美国俄亥俄州纽波特发生浮顶油罐原油火灾事故，储罐直径29m，高8.5m，储存原油5500m^3	雷击

续表

序号	事故名称	事故概述	事故原因
11	美国俄亥俄州纽波特油罐火灾事故	1987年7月26日，美国俄亥俄州纽波特发生浮顶油罐原油火灾事故，储罐直径29m，高8.5m，储存原油4480m^3	雷击
12	智利罗萨莱斯村原油储罐火灾事故	1988年3月13日，智利罗萨莱斯村散装工厂/码头原油储罐因遭受雷击，发生火灾事故	雷击
13	英国设得兰群岛原油储罐火灾事故	1989年3月22日，英国设得兰群岛萨洛姆湾港，严重的雷暴导致雷击，引发原油储罐边缘起火	雷击
14	坦桑尼亚达累斯萨拉姆原油储罐火灾事故	1989年12月31日，达累斯萨拉姆坦桑尼亚/赞比亚管道公司直径55m的外浮顶原油储罐，因遭遇雷击引发360°密封圈火灾，火灾燃烧了5天	雷击
15	美国某码头原油储罐火灾事故	1990年9月30日，美国某散装工厂/码头80000bbl外浮顶原油储罐，因遭受雷击，发生火灾事故	雷击
16	美国某炼油厂原油储罐火灾事故	1990年12月7日，美国炼油厂714000bbl外浮顶原油储罐，因遭受雷击，发生火灾事故	雷击
17	印度马赫萨那原油储罐火灾事故	1991年7月11日，印度马赫萨那10000m^{3}的固定储罐，因遭遇雷击，发生储罐火灾事故	雷击
18	西班牙卡斯特利翁原油储罐火灾	1992年12月25日，西班牙卡斯特利翁某炼油厂直径21.8m原油浮顶储罐因遭遇雷击，发生火灾事故	雷击
19	丹麦弗雷德里克西亚原油储罐火灾事故	1994年2月3日，丹麦弗雷德里克西亚某炼油厂33100m^{3}的外浮顶原油储罐，在焊接过程中电火花引起原油密封圈火灾	动火作业
20	赞比亚恩多拉原油储罐火灾事故	1994年2月14日，赞比亚恩多拉英迪尼炼油厂直径42m的外浮顶原油储罐发生火灾事故	原因不明
21	也门炼油厂原油储罐火灾事故	1994年6月4日，也门亚丁炼油厂遭遇导弹攻击，导致4个固定顶储罐(储存原油、石脑油、煤油)发生火灾事故	导弹攻击
22	美国得克萨斯州米德兰油罐火灾事故	1994年7月13日，美国得克萨斯州米德兰雪佛兰80000bbl容量浮顶罐，因遭受雷击发生密封圈火灾	雷击
23	英国某炼油厂原油储罐火灾事故	1994年7月27日，英国某炼油厂240ft直径外浮顶原油储罐因遭遇雷击，发生火灾事故	雷击

续表

序号	事故名称	事故概述	事故原因
24	泰国斯里拉查原油储罐火灾事故	1995年4月26日，泰国斯里拉查 60×10^4bbl 外浮顶储罐遭遇雷击，发生火灾事故	雷击
25	美国俄克拉何马州阿丁顿原油储罐火灾事故	1995年6月11日下午，闪电击中了美国俄克拉何马州阿丁顿55000bbl 锥顶原油储罐，掀翻了罐顶。晚上10点到11点之间溢出。凌晨1点，油罐中的大量石油从罐顶喷出，造成两名消防队员死亡	雷击
26	阿尔巴尼亚 Kucove，原油储罐火灾事故	1995年8月22日，阿尔巴尼亚 Kucove 原油库区，一个原油储罐发生火灾，且火势似乎得到控制时，第二个1000t 原油罐爆炸，造成一名消防员死亡。大火在33h 后被扑灭，三个装有1600t 原油的油罐被毁	雷击
27	美国得克萨斯州原油储罐火灾事故	1995年9月20日，美国得克萨斯州休斯敦炼油厂168000bbl 原油储罐发生火灾事故，事故未造成严重后果，火灾在1h 内得到控制	雷击
28	加拿大萨尼亚原油储罐火灾事故	1996年7月1日，加拿大萨尼亚石油公司直径36m 的下沉式原油储罐发生火灾事故	原因不明
29	美国路易斯安那州威尼斯原油储罐火灾	1997年7月31日，美国路易斯安那州威尼斯以南30mile，直径48m 的低硫原油储罐发生密封圈火灾事故	原因不明
30	美国西费利西亚纳原油罐区火灾事故	1999年10月18日，火灾发生在一个废弃的石油设施内。一个1000bbl 原油罐被拆除，一名工人使用割炬引发爆炸。火势蔓延至另外两座原油储罐	电火花
31	美国得克萨斯州新教堂山原油储罐火灾	2001年5月31日，美国得克萨斯州新教堂山原油储罐发生火灾事故	原因不明
32	美国洛杉矶原油储罐火灾事故	2001年11月30日，美国洛杉矶杜森中央原油储存股份有限公司一个装有2200bbl 原油的储罐发生爆炸，造成1人三度烧伤	原因不明
33	波兰切比尼亚炼油厂油罐火灾事故	2002年5月5日，波兰切比尼亚炼油厂1座内浮顶罐因雷击发生了火灾，着火储罐直径为30m，储存能力为 $1\times10^4m^3$，着火时存有 $800m^3$ 原油	雷击
34	尼日利亚石油码头原油储罐火灾事故	2022年7月20日，尼日利亚雪佛龙德士古奴隶石油码头 $3\times10^4m^3$ 原油浮顶储罐，由于遭受雷击，发生原油火灾事故	雷击

续表

序号	事故名称	事故概述	事故原因
35	澳大利亚布里斯班原油储罐火灾事故	2003年6月4日，澳大利亚布里斯班某炼油厂原油浮顶储罐，在浮顶和罐壁连接处遭受雷击，引发火灾	雷击
36	日本北海道苫小牧市原油储罐火灾事故	2003年9月26日，日本某炼油厂因发生烈度略低于六级、震级八级的地震，造成原油浮顶罐及附属管道发生火灾，未造成人员伤亡	地震
37	美国Partridge-Raleigh油田原油储罐火灾事故	2006年6月5日，美国密西西比州的Partridge-Raleigh油田，安装连接两个原油储罐的管线时，其中一个储罐内的可燃油气从储罐顶部放空口溢出，被焊接作业产生的火花点燃，施工储罐和邻近的一个储罐相继发生爆炸，站在储罐顶部的3名作业人员死亡，另有1名作业人员严重受伤	明火引燃
38	美国MAROil公司原油储罐火灾事故	2008年10月19日，美国俄亥俄州的MAROil公司原油储罐区内，在3个相连通的原油储罐上部进行焊接作业时，流入邻近储罐的原油把可燃蒸气置换至正在进行焊接作业的储罐内，蒸气从放空口溢出，并被焊接火花点燃，导致爆炸事故，造成2名承包商人员死亡	明火引燃
39	印度安得拉邦HPCL原油储罐火灾事故	2017年7月19日6时30分左右位于印度安得拉邦马尔卡普拉姆的印度斯坦石油有限公司(HPCL)的原油储罐遭雷击起火，随后HPCL消防车赶到现场，并在1h内扑灭了火焰，未造成人员伤亡	雷击
40	马来西亚KBC公司原油储罐火灾	马来西亚当地时间2018年7月5日下午6时5分，位于特鲁克卡龙工业区(Teluk Kalong Industrial area)登州甘马挽沥青公司炼油厂(KBC)的六个原油储罐之一着火，大火迅速蔓延至第二和第三个储罐。事故造成两个原油储罐烧毁，4人受伤	明火引燃
41	马来西亚森美兰市Hengyuan炼油厂火灾事故	马来西亚当地时间2020年5月22日，马来西亚森美兰市Hengyuan炼油厂一个$1\times10^4m^3$的原油储罐发生火灾，事故未造成人员伤亡	雷击
42	古巴石油储备基地原油储罐火灾事故	2022年8月5日，古巴马坦萨斯省一处石油储备基地的原油储罐被闪电击中，造成1个原油储罐起火，进而引燃了3个储罐，并在几天内发生多次爆炸	雷击
43	日本引能仕(ENEOS)公司水岛炼油厂原油储罐火灾事故	日本当地时间2023年8月23日12时20分左右，日本冈山县仓敷市消防部门接到报警称，有储油罐发生火灾。据日本引能仕(ENEOS)公司水岛炼油厂称，发生火灾的是该工厂内一个储油罐。此外，社交媒体上有消息称，火灾发生前当地曾遭到雷击	雷击

注：其余原油储罐火灾事故(时间、地点、原因等基本信息统计不全的)约45起，其中美国25起、欧洲7起、美洲(除美国外)3起、亚洲5起、中东1起、非洲1起、地点不明3起；雷击22起、原因不明17起、充装过量3起、明火引燃3起。

如图 2-1 所示，根据本节所统计的国内外原油储罐火灾事故国家分布来看，我国原油储罐火灾事故发生数量同比其他国家和地区，位居前列，风险较高，后果严重，不容忽视。如图 2-2 所示，所统计的 101 起原油储罐火灾事故原因，雷击为最主要原因(不考虑原因不明的事故，雷击因素占比高达 71%)，其次是点火花/明火引燃、过量充装、外力破坏等。由此可知，降低雷击风险是保护原油储罐的首要考虑。

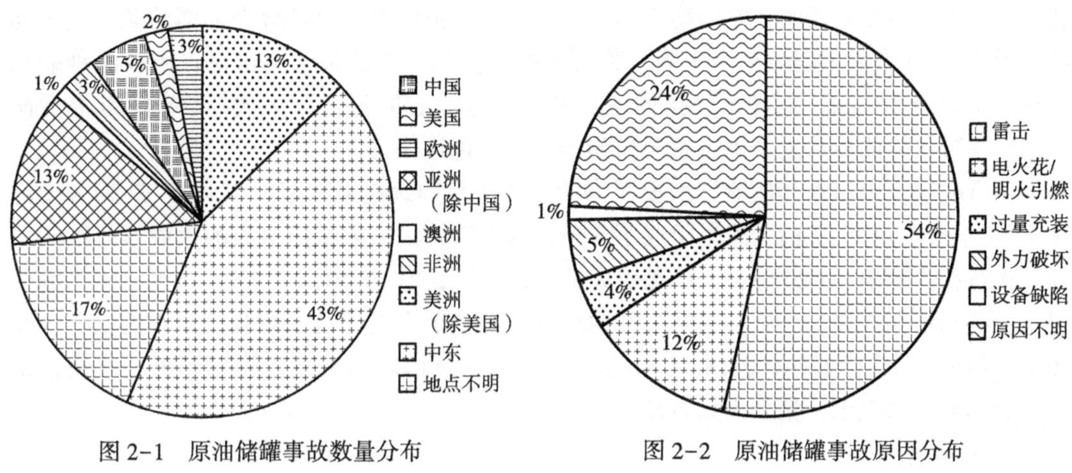

图 2-1　原油储罐事故数量分布　　图 2-2　原油储罐事故原因分布

第二节　国内原油储罐事故典型案例

一、黄岛油库原油储罐火灾事故

1. 事故概述

1989 年 8 月 12 日 9 时 55 分，山东省青岛市黄岛油库的 5 号油罐遭受雷击发生爆炸(图 2-3)。整个灭火行动共耗时 104h。事故共造成 19 人死亡，100 多人受伤，直接经济损失 3540 万元人民币。

2. 事故经过及扑救过程

图 2-3　山东黄岛油库原油储罐火灾事故现场图

1989 年 8 月 12 日上午 9 时起，黄岛地区下起雷阵雨，9 时 55 分，正在进行作业的黄岛油库 5 号储油罐突然遭到雷击发生爆炸起火，形成了约 3500m^2 的火场，10 时 15 分，青岛市的消防机构立即调派距火场较近的黄岛开发区、胶州市和胶南县消防队和设备赶往灭火，并从青岛市区派遣了 8 个消防中队的 10 辆消防车从海路赶往，10 时 40 分，市区的消防力量到达。14 时 35 分，5 号罐的火势急剧变得猛烈，并呈现耀眼的白色火光，消防指挥人员立即下令撤退，14 时 36 分 36 秒，和 5 号罐相邻的 4 号罐也突然发生了爆炸，约 3000m^2 的水泥罐顶被掀开，原油夹杂火焰、浓烟冲出的高度达到几十米。

从 4 号罐顶炸飞的混凝土碎块，将相邻 1 号、2 号和 3 号金属油罐顶部砸裂，造成油气外漏。约 1min 后，5 号罐喷溅的油火又先后点燃了 1 号、2 号和 3 号油罐的外漏油气，引起爆燃，黄岛油库的老罐区均发生火情。救火现场撤退不及，扑救人员伤亡惨重。

青岛市全力投入灭火战斗，党政军民 1 万余人全力以赴抢险救灾，山东省各地市、胜利油田、齐鲁石化公司的公安消防部门，青岛市公安消防支队及部分企业消防队，共出动消防干警 1000 多人，消防车 147 辆。黄岛区组织了几千人的抢救突击队，出动各种船只 10 艘。在国务院的统一组织下，全国各地紧急调运了 153t 泡沫灭火液及干粉。北海舰队也派出消防救生船和水上飞机、直升机参与灭火，抢运伤员。

次日凌晨，山东省其他地方增援而来的消防力量陆续赶到火场，共计有 10 辆大型泡沫车、3 辆干粉车，27 辆泵浦车组成了 5 条供水干线，集中力量向主要的火源 5 号油罐发起灭火行动，至 14 时 20 分，5 号罐明火被全部扑灭；21 时 30 分，1 号、2 号、4 号罐的明火也都基本上扑灭。之后，又经过几次反复，扑灭了多处建筑火焰和管道中的暗火，至 16 日 17 时，明火全部扑灭；18 时 30 分，除留下 5 辆消防车继续监视现场外，其余消防人员和车辆全部撤退，整个灭火行动共耗时 104h。

3. 事故原因

1）直接原因

这场大火是由雷击引起的。经分析认为，大火是由一种滚地雷引起的。俗称的“滚地雷”是一种球状雷。球状雷和线状雷不同，不是一闪即逝，而是能延续一段时间。其直径一般在 20cm 左右，能地上滚动，穿过墙壁。如果这种“滚地雷”在油库区内出现，遇到油蒸气就会引起燃烧或者爆炸。

2）间接原因

一是黄岛油库占地 572 亩，储油量可达 70×10^4m^3 以上，是座特大型油库。这样的大油库建在何处，应当认真考虑油库的选址，既要考虑到交通方便，也应考虑到消防安全。而黄岛油库中 61.5×10^4m^3 油库建在高于海平面 10 多米的地方，有些油罐距海岸线仅 90m。1987 年公安部消防局派出的调查组就指出，如遇地震、雷击等灾害或发生大的火灾、爆炸事故，原油流入胶州湾而酿成水面大火，其后果不堪设想！这次火灾不幸被言中了。幸亏没有酿成水面大火，否则，后果还要严重得多！

二是油罐应当设在比周围标高稍低的地方，以防发生燃烧、爆炸时油品外流。黄岛油库有些油罐设在半山坡上，发生爆炸、喷溅时，成千上万吨原油带着烈火溢出，顺坡而下。虽然库区有防火堤，但仍然难以挡住滚滚火流。这场大火之所以形成大面积燃烧，主要是油品四处流散。

三是油罐之间保持必要的间距，是防止发生火灾时引起连锁反应的重要措施。该油库 4 号罐、5 号罐，其两边之和为 120m，D 值为 60m，间距不应小于 $0.5D$，但是该处 5 号罐和 4 号罐的间距不足 10m，实在太小了。从这次火灾情况来看，当风力大于 5 级时，火焰与地面的夹角只有 10°～20°，这时下风罐不仅受到热辐射的威胁，而且直接受到火焰的威胁。

四是储存石油宜采用钢质的浮顶或内浮顶罐，这不仅有利于减少油耗，也有利于消防安全。钢筋混凝土罐，既容易积聚静电，又易遭受雷击；而且当发生火灾时，对钢筋混凝土罐难以进行冷却，也无法判断罐内液面高低(钢质罐可通过罐壁颜色的变化来判断)；另外，如果发生爆炸，水泥罐顶会粉碎，散落面广，后果比较严重。目前，国外已极少采用钢筋混凝土罐；我国也应尽量避免采用这种储罐。如因客观条件限制，仍需采用这种储罐时，应注意防雷。例如，将所有钢筋连接点焊接牢固并接地，并避免钢筋外露。

五是重质油发生火灾时，应注意防止沸溢、喷溅。由于重质油具有"热波特性"；它能把热量向液下传播，而油中常含有乳化水或水垫层，因此，在燃烧一段时间后，水就会被加热到沸腾、汽化，引起沸溢或喷溅，这种情况来势凶猛，对灭火人员产生严重威胁。所以，扑救重质油火灾，一定要时刻注意燃烧罐的动态，一旦发现有沸溢、喷溅迹象要立即撤离。

六是风向经常有变化，这对灭火十分不利，因此部署灭火力量时应该有所考虑。据统计，1h 内风向在 0°~90°之间保持的可能性是 85%，1h 内风向在 90°~180°之间偏转的可能性是 9.2%。一般来说，风向偏转小于 90°调整阵地较易，大于 90°时就比较困难。在这场火灾中，风向数次偏转接近 180°，给灭火战斗带来了很大的影响。

七是有大型储油罐的地方应当配备相应的消防力量。青岛市有特大型油库，但消防力量却相对薄弱，他们集中力量还不足以应对一只大油罐的火灾。而扑救油罐火灾，时间极为宝贵，等待外援常常会耽误时机。特别是扑救重质油油罐火灾，必须赶在沸溢、喷溅之前一举将火扑灭。

二、中联油原油储罐火灾事故

1. 事故概述

2010 年 7 月 16 日，位于辽宁省大连市保税区的大连中石油国际储运有限公司原油库输油管道发生爆炸，引发大火并造成大量原油泄漏，导致部分原油、管道和设备烧损，另有部分泄漏原油流入附近海域造成污染(图 2-4)。事故造成作业人员 1 人轻伤、1 人失踪；在灭火过程中，消防战士 1 人牺牲、1 人重伤。据统计，事故造成的直接财产损失 22330.19 万元。

图 2-4　中联油原油储罐火灾事故现场图

2. 事故经过

中国联合石油有限责任公司(简称中联油公司)一直代理中油燃料股份有限公司(简称中燃油公司)的原油进口业务，采购硫化氢含量较高的重质原油。为降低原油中的硫化氢含量，两家公司曾委托瑞士 SCS 公司采取添加硫化氢脱除剂的方法脱除原油中的硫化氢。

天津辉盛达石化技术有限公司(简称辉盛达公司)董事长张某某通过北京化工大学一教师得到硫化氢脱除剂配方后，交由本公司员工试验，试验后，该公司在硫化氢脱除剂没有得到相关许可的情况下，张某某决定将该试剂投入生产并使用。

中联油曾两次使用该公司超许可范围生产的脱硫化氢剂进行原油处理，两次操作都取得成功。中联油公司委托上海祥诚商品检验技术服务有限公司(简称上海祥诚公司)进行试剂添加工作。上海祥诚公司石化部经理戴某明知本公司不具备相关资质，仍违规承担该业务。

2010 年 5 月，中燃油公司与中联油公司签订了代理采取 15.3×10^4t 委内瑞拉“祖阿塔”原油确认单，中燃油公司知道这批原油需要进行脱硫化氢处理，时任该公司市场处副处长唐某、处长沈某负责对辉盛达公司的相关资质进行审核，两人未严格履行安全审查职责，未审核出该公司没有生产脱硫化氢试剂的资质，就向中燃油公司提出同意由辉盛达公司提供脱硫化氢试剂的意见。

中燃油公司经审核后，联系辉盛达公司董事长张某某，张某某在脱硫化氢试剂未经过安全生产监督管理部门审批的情况下，承担了原油除硫处理业务。同年 7 月，中燃油公司与辉盛达公司签订协议，约定由辉盛达公司提供脱硫化氢剂，并由该公司或该公司委托的上海祥诚公司负责添加试剂。当天，辉盛达公司向上海祥诚公司发送委托函，委托上海祥诚公司负责加注。

签订协议后，辉盛达公司董事长张某某再次决定批量生产脱硫化氢剂，由时任该公司生产部经理的田某、刘某负责组织生产工艺。田某在该试剂未经安全生产监督管理部门审批的情况下，接受刘某指令生产了 90t 脱硫化氢剂。上海祥诚公司石化部经理戴某接受辉盛达公司委托后，指派时任上海祥诚公司大连分公司经理的李某负责具体试剂添加工作，还派了上海祥诚公司经理助理张某某负责作业的技术方面工作。李某、张某某在本公司不具备危险化油器操作资质的情况下，接受公司指令进行除硫工作。

7 月 9 日，中联油公司通知大连中石油国际储运公司代储这批原油，下达了入库通知。7 月 11 日，辉盛达公司刘某及公司市场部员工迟某负责将 90t 脱硫化氢剂由天津起运到大连新港，并负责现场加剂作业的具体指导工作。上海祥诚公司将加剂用的螺杆泵运抵大连新港。

7 月 11 日至 14 日，时任大连石化分公司石油储运公司大班长的甄某选定在原油罐围堰外的 2 号输油管上的放空阀作为脱硫化氢剂加注点(按原设计，放空阀不具备加注脱硫化氢剂的功能)，时任大连中石油国际储运公司运营管理部经理的刘某当场未提出反对，涉案的 4 家公司有关人员都未进行作业风险评估，也未对加剂设施进行正规设计和安全审核，在选定的放空阀处安装了加注“脱硫化氢剂”临时设施，准备加注作业。

7 月 15 日 15 时 45 分，利比里亚籍“宇宙宝石”号油轮开始向原油库卸油。20 时左右，上海祥诚公司人员在选定的加注点加注脱硫化氢剂，辉盛达公司的刘某、迟某负责现场指导。

由于输油管内压力高，加注软管多处出现超压鼓泡，连接处脱落造成脱硫化氢剂泄漏等情况，致使加注作业多次中断共计约 4h，导致部分脱硫化氢剂未能随油轮卸油均匀加入。在现场负责技术指导的刘某、迟某以及戴某、李某、张某某等人对现场人员违反安全管理规定的行为未加禁止。

时任大连石化分公司石油储运公司生产安全员张某某没有履行安全员职责，未到现场指导作业管理。16 日 8 时，时任上海祥诚公司大连分公司的员工孙某、王某在对脱硫化氢剂安全技术特性和除硫作业不了解的情况下，在现场继续负责加剂工作。

13 时，油轮停止卸油，上海祥诚公司和辉盛达公司现场人员继续将脱硫化氢剂加入管道。18 时许，加完全部 90t 脱硫化氢剂后，将加注设施清洗用水也注入了输油管道，造成脱硫化氢剂局部富集，从而引发爆炸。

爆炸导致罐区阀组损坏，大量原油泄漏并引发大火。三个储油罐以及收油的储罐中原油倒流，大量泄漏并被引燃，形成低洼处流淌火。靠近火点一储油罐严重烧损。部分电缆被烧毁，库区所有电动阀门不能电动关闭。原油持续大量泄漏形成大面积流淌火并蔓延流入海中，造成附近海域污染。

3. 扑救过程

第一阶段：堵截火势蔓延，防止灾情扩大。

16 日 18 时 19 分，大连支队到场时，T103 号罐已经起火，北侧输油管线已经炸断，大面积流淌火直接威胁毗邻的 T102 号、T106 号油罐和临近的南海储油区、液体化工原料仓储区及油火经过区域的油泵房、管线和阀组等设施，现场多处输油管线、排水排污管道井连续发生爆炸。大连支队现场指挥部立即作出战斗部署。一是派出灭火攻坚组，在单位技术人员指导下，深入罐区关阀断料。二是利用 14 门车载水炮、3 门移动水炮对 T103 号罐和毗邻的 T106 号、T102 号罐及南海罐区的 T037 号、T042 号罐进行冷却抑爆。三是利用 6 门车载水炮、移动泡沫炮和 25 支泡沫管枪全力堵截消灭地面流淌火，压制输油管线火势，保护液体化工仓储区的安全。四是协调海事部门出动消防艇和拖消两用船，控制海面火势。由于大连支队初期控火得力，为全省增援力量的到达，成功扑救火灾赢得了宝贵时间。

第二阶段：全面控制火势，掌握战局主动。

21 时 30 分许，省厅、总队领导陆续到场，当时现场输油管线、泵房、明沟暗渠、油污池等处连续发生爆炸，原油从破裂管道、阀组处带压喷涌燃烧，巨大火柱照耀如同白昼，地面原油流淌火顺坡向四面八方急剧扩散，库区及毗邻的南海原油罐区、液体化工仓储区等大储罐区受到大火严重威胁，危在旦夕。特别是 T103 号罐，火势异常猛烈，火焰高达几十米。现场指挥部确立了“先控制、后消灭”“确保重点、攻克难点、兼顾一般”的原则，迅速调整作战力量，将火场划分为四个战斗区域并设置分指挥部，每个分指挥部由一名总队党委成员和一名灭火高级工程师作为指挥员。

第一战斗区域，本溪支队、锦州支队和大连石化消防队、大连机场消防队在先期力量部署的基础上，出动 3 门车载水炮、2 门移动泡沫炮和 4 支泡沫管枪对 T106 号、T102 号罐进行冷却；压制 T103 号罐东侧泵房及邻近管线的大火，堵截地面流淌火向东侧蔓延，消灭罐区阀组火势。

第二战斗区域，营口支队、沈阳支队和辽阳支队在先期力量部署的基础上，出动1门车载水炮、2门移动水炮、1门移动泡沫炮和9支泡沫管枪对T037号原油储罐进行冷却；压制T037号、T042号罐临近输油管线、阀组的火势，全力消灭地面流淌火。同时利用2台铲车，采取沙土筑堤、覆盖的措施配合泡沫管枪，全力堵截、消灭地面流淌火势。

第三战斗区域，鞍山支队、抚顺支队和抚顺石化消防队在先期力量部署的基础上，出动2门车载水炮、10支泡沫管枪对T042号罐进行冷却；堵截向T048号、T043号罐蔓延的流淌火势；消灭T042号罐邻近输油管辖和地下沟渠内的火势。

在第四战斗区域，丹东支队和盘锦支队在先期力量部署的基础上，出动8支泡沫管枪、2门移动水炮堵截火势向液体化工原料仓储区和输油管线蔓延；冷却码头区域南侧输油管线，消灭船舶燃料供应公司院内地面流淌火，堵截火势向成品油桶区域蔓延。

第三阶段：备足攻坚力量，发起总攻灭火。

17日8时20分，四个战斗区域的火势基本得到控制，现场车辆装备人员就位，泡沫灭火剂准备充足，后方供水线已全部形成。在现场各种条件都已具备、时机成熟的情况下，王路之总队长发出总攻命令。四个战斗区域利用车载泡沫炮、移动泡沫炮和泡沫管枪全力扑灭罐体、阀组、沟渠的大火，采取水流切封法彻底扑灭管线火灾，利用消防艇及拖消两用船，扑灭海面浮油火。经过95min的艰苦奋战，9时55分大火被全部扑灭。

第四阶段：彻底消灭残火，实施现场监护。

总攻结束后，现场指挥部命令四个战斗区域继续加强火场重点部位的冷却，并消灭残火。各战斗区域采取地毯式排查，不留任何死角，对发现的残火组织力量及时扑灭。对重点部位还需冷却，防止复燃复爆。尤其是在对T103号罐保持冷却的同时，利用远程供水线强行注水，然后利用泡沫消防车连接油罐固定管线向罐内灌注泡沫实施灭火。20日8时20分，T103号管内残火彻底消灭，至此，整个灭火战斗行动结束。

4. 火灾特点

一是火场面积大，火势凶猛。这起爆炸火灾发生后，瞬间整个油库罐区上空火光冲天，火焰高达几十米。因地势原因，原油借着爆炸的威力，沿着地面、管渠等地物，迅速蔓延开来，造成输油泵房、原油计量房、管线和阀组联箱等同时燃烧，并迅速向地势较低的南海罐区和危险化学品液体化工原料仓储区蔓延、扩散，形成陆地6万余平方米大面积流淌火。

二是爆炸爆裂连续发生。由于一条管线爆炸断裂引发该组其他管线爆炸断裂，在流淌火作用下，多处输油管线、管道井连续发生爆炸爆裂，井盖、阀门被抛向空中，大量原油带压涌出，火势初起就形成猛烈态势，燃烧的原油在地面、沟渠流淌。

三是火势形成大面积立体燃烧。地面流淌燃烧的大量原油由下水井、排污井等进入地下空间燃烧，并沿排水、排污管道进入码头海域，造成万余平方米的海面流淌火，严重威胁停靠在码头的船舶和油轮。同时，3号罐内原油燃烧，火焰高达几十米，整个火场形成大面积立体燃烧。

四是多个原油储罐受大火烧烤。有多个$10\times10^4m^3$原油储罐周边的输油管线被炸断，阀组联箱严重损坏，大量原油喷涌燃烧，在储罐周围形成流淌火，$10\times10^4m^3$原油储罐受火势严重威胁。特别是3号原油储罐内油品，在大火的烧烤下已经燃烧，火焰高达几十米。

五是危险化学品液体储罐受火势严重威胁。距火场不足百米有51个甲苯、二甲苯罐等十多种，约12.45×10^4t的危险化学品储存区，这些危险化学物品受到火势严重威胁，一旦发生爆炸燃烧，毒气扩散，后果不堪设想。

六是复燃复爆危险性大。油库储罐区输油管线纵横交错，输油管线通过沟渠、地面、架空铺设，造成死角、死面多，泡沫灭火剂喷射受限。另外，管线、沟渠火势被扑灭后，因冷却水破坏泡沫，复燃复爆危险性大。

5. 事故原因

1）直接原因

中国石油国际事业有限公司（中国联合石油有限责任公司）下属的大连中石油国际储运有限公司同意、中油燃料油股份有限公司委托上海祥诚公司使用天津辉盛达公司生产的含有强氧化剂过氧化氢的脱硫化氢剂，违规在原油库输油管道上进行加注脱硫化氢剂作业，并在油轮停止卸油的情况下继续加注，造成脱硫化氢剂在输油管道内局部富集，发生强氧化反应，导致输油管道发生爆炸，引发火灾和原油泄漏。

2）间接原因

一是上海祥诚公司违规承揽加剂业务。

二是天津辉盛达公司违法生产脱硫化氢剂，并隐瞒其危险特性。

三是中国石油国际事业有限公司（中国联合石油有限责任公司）及其下属公司安全生产管理制度不健全，未认真执行承包商施工作业安全审核制度。

四是中油燃料油股份有限公司未经安全审核就签订原油硫化氢脱除处理服务协议。

五是中国石油大连石化公司及其下属石油储运公司未提出硫化氢脱除作业存在安全隐患的意见。

六是中国石油天然气集团公司和中国石油天然气股份有限公司对下属企业的安全生产工作监督检查不到位。

七是大连市安全监管局对大连中石油国际储运有限公司的安全生产工作监管检查不到位。

三、大连新港油罐雷击着火事故

1. 事故概述

2011年11月22日，大连新港两个$10\times10^4m^3$储油罐发生火情（图2-5），事故地点与2010年7月16日大连新港火灾起火罐体（103号罐）属同一区域。起火点是位于大连港油品码头海滨北罐区的T031号、T032号原油罐。

图2-5 中国石油大连新港油罐雷击着火事故现场图

2. 事故经过

2011 年 11 月 22 日 18 时 30 分左右，大连天空接连响起 3 声巨大的雷声。18 时 35 分，大连港公安局消防支队接到报警，大连港新港油品码头公司海滨北罐区的 T103 号、T032 号两座 $10\times10^4m^3$ 原油储罐因雷击引起爆炸起火。接到报警后，大连港公安局消防支队立即出动消防车赶赴现场展开扑救。雷击使得该罐区消防系统供电设备损坏，固定灭火系统无法启动，于是紧急请求大连市公安消防支队增援。

此次事故共出动 700 多名官兵、180 辆消防车。经过 1 个多小时的紧急扑救，22 日 20 时左右，大火基本被扑灭，无人员伤亡。

3. 火灾事故原因

在 T031 号油罐遭受直击雷、T032 号油罐遭受感应雷击后，油罐浮顶的一次密封钢板与罐壁之间、二次密封导电片与罐壁之间的放电火花引发两个油罐的一次密封、二次密封空间内的爆炸性混合气体爆炸并起火。

此外，大连港油品码头公司海滨北罐区的消防水来自其 2 号消防泵房，泡沫来自其附近的泡沫泵站。2 号消防泵房消防泵采用双回路供电，由其附近的中心变电所供电。11 月 22 日晚，大连地区的雷电灾害在大连港油品码头公司附近导致了方圆 2km 范围内大量设施损坏，中心变电所无法送电。

第三节　国外原油储罐事故典型案例

一、波兰捷克维兹某炼油厂原油火灾事故

1. 事故概述

1971 年 6 月 26 日是波兰捷克维兹的一个雨天。傍晚时分，一场短暂的风暴从该镇上空掠过。大约晚上 7 点 50 分，其中一道闪电击中了一个原油储罐顶部的一个呼吸阀，点燃了积聚在罐顶的油气，随后着火后引发全液面火灾，大火波及相邻的 4 个相同的拱顶罐，随后发生沸溢喷溅(图 2-6)。火灾扑救过程中，33 人当场死亡，超过 105 名救援人员受伤，其中 40 人重伤，有 4 人送医院后因伤势过重死亡。

图 2-6　波兰捷克维兹某炼油厂原油火灾事故现场图

2. 事故经过

1971 年 6 月 26 日 19 时 50 分，炼油厂附近出现雷雨天气，闪电击中 251 号储罐，产生的火花引燃了原油挥发出的油气，发生了剧烈爆炸，造成罐顶坍塌并在罐内形成全液面火灾。爆炸导致部分油品泄漏并在防火堤内形成流淌火和池火。

火灾发生后，26 日 19 时 51 分，该炼油厂的消防队在 2min 内到达现场。火势极其猛烈，消防队员用两门流量为 2400L/min 的消防炮向 251 号储罐喷射低倍泡沫，泡沫混合液供给强度为 5.6L/(min·m^2)。同时使用两个流量为 25m^3/min 的中倍数泡沫枪处置防火堤内的火。部分消防队员利用水枪对相邻防火堤内的第 252 号、253 号、254 号储罐进行冷却保护。

26 日 20 时，来自邻近地区的消防部门增援力量抵达现场后，增设了一个流量为 2400L/min 的消防炮向 251 号储罐内喷射低倍泡沫，一个 200m^3/min 的泡沫发生器产生高倍数泡沫扑灭防火堤内的大火，并通过车载消防炮向 251 号储罐的防火堤内喷射了 3t 干粉灭火剂。但由于火势较大，即使泡沫混合液供给强度增加到 8.4L/(min·m^2)，罐内火势仍未得到明显控制，仍需要进一步集结救援力量。

来自 Bielsko-Biała 的基础消防队、来自 Czechowice-Dziedzice 的志愿消防队以及当时的 Bielsko、Oświęcim、Cieszyn 区的三个部门到达现场。被委派参加灭火行动的还有附近军事单位的 160 名士兵。该公司自卫队的消防员也协助了这次行动。

6 月 27 日凌晨 1 时，3 门 2400L/min 的消防炮喷射低倍数泡沫集中对 251 号罐展开了进攻，供给强度达到 8.433L/(min·m^2)。同时，针对防火堤内的火，消防队采用了 1 套高倍数泡沫发生器和 4 套中倍数泡沫水带。消防队通过水和泡沫对事故罐周围的储罐持续冷却降温。同时对 254 号罐防火堤内火喷射高倍数泡沫。

27 日凌晨 1 时 20 分，251 号储罐上方火焰突然变小，并发出尖锐的嗞嗞声，随即储罐发生剧烈沸溢喷溅，罐内油品夹杂着火焰向各个方向抛射，最远达到了 250m。沸溢喷溅后 251 号储罐的火势大大削弱，数秒后，252 号油罐被引燃并发生爆炸，火势不仅迅速蔓延至防火堤内的四个储罐，同时炼油厂其他较远的防火堤内也燃烧了起来，整个防火堤区域变成一片火海。

由于撤退不及时，此次沸溢喷溅产生的火雨和巨大的热辐射造成油罐附近 33 人当场死亡(13 名 ZSP 的消防员、7 名士兵、7 名 TSO 成员、1 名炼油厂员工和 5 名 ZOSP 和 ZOS 的消防员)，超过 105 名救援人员受伤，其中 40 人重伤(2 个月后有 4 人因伤势过重死在医院)。

爆炸发生后，救援行动被迫停止。爆炸造成 22 辆消防车、消防炮、4 台泡沫机、15 台机动泵被毁。炼油厂的其他基础设施也被严重损坏。

27 日 2 时左右，指挥员再次集结消防力量。由于现场大部分消防器材受损，消防队员人手不足，而随着其余 3 个油罐陆续爆炸和起火，灭火工作进入最困难的阶段。由于依靠当地消防力量远远不足以扑灭如此大规模的火灾，整个波兰和捷克斯洛伐克的消防资源都被调集过来。6 月 27 日上午 10 时，大火再次蔓延至防火堤区域和储罐。

6 月 27 日 14 时，大量增援力量陆续抵达。共有 86 辆各式消防车到达，55t 泡沫液运抵火场。同时，经过爆炸和长时间的燃烧，251 号储罐和 252 号储罐大部分坍塌，剩余罐壁高度分别仅为 2m 和 4m，当时现场着火总面积(包括防火堤内和储罐)约为 12500m^2。6 月 28 日 14 时，捷克维兹炼油厂的第 252 号油罐发生了爆炸。

随着波兰和捷克斯洛伐克的消防支援陆续到位，6 月 29 日 15 时 10 分，在现场指挥部的布置下，开始对罐区火场进行最后一次总攻。首先，使用高倍数泡沫在15时30分成功扑灭252号储罐防火堤的流淌火。随后利用4个流量为2400L/min的消防炮向252号储罐进攻，泡沫混合液供给强度达到11.2L/(min·m^2)，252号储罐内的火灾在15时40分得到控制，并在16时15分彻底扑灭。在扑救过程中，由于储罐管线的损坏，导致除了全液面火外，形成了更复杂的立体火灾，加大了火灾扑救的难度，延长了扑灭火灾所用的时间。

扑救252号储罐大火的同时，消防人员使用4个中倍数泡沫枪(每个枪的泡沫流量为25m^3/min)扑灭253号储罐的防火堤火灾。等到252号储罐火灾扑灭后，又将4个消防炮直接投入扑灭253号储罐中的火灾，并在大约15min后将其扑灭。

在扑灭252号、253号储罐的同时，利用高倍数泡沫在30min内扑灭251号储罐的防火堤火灾，然后利用3个流量为2400L/min的消防炮扑灭3号储罐内的火灾，泡沫混合液供给强度为8.43L/(min·m^2)，并在50min内就将其扑灭。利用高倍数泡沫在20min内扑灭254号储罐的防火堤火灾。在扑灭254号储罐火灾时，首先利用1台流量为2400L/min消防炮，火势得到控制后，增加2支流量为600m^3/min的低倍数泡沫枪和200m^3/min高倍数泡沫发生器，10min后将罐内火灾彻底扑灭。将罐区所有火灾扑灭后，为防止复燃，消防人员继续向所有防火堤区域喷射泡沫直至17时整。

在最后的灭火总攻中，使用了90t蛋白泡沫液(共准备了113t)、15t合成泡沫液(产生中倍数和高倍数泡沫，共准备了20t)、2000m^3 水、3t碳酸氢钠化学干粉灭火剂。灭火行动连续进行了近70h。共有来自371个部门的2610多名专业和志愿消防员参加了行动。在这些人中，包括来自捷克斯洛伐克的消防员。这次行动涉及313辆消防车、卡车和重型泡沫车。使用了超过220t的泡沫液。火灾后的扑灭工作又持续了几天(直到7月1日)。

3. 事故原因

一是该炼油厂安全管理缺失。可能导致悲剧发生的迹象早在1971年就已出现，1971年1月，炼油厂负责石油生产部门的蒸馏塔发生了火灾。而仅仅五个月后，在炼油厂靠近原油分配器的堆场发生了另一场火灾。虽然这两场火灾都被炼油厂消防队控制住了，但炼油厂的危险性正在慢慢显现出来。

二是炼油厂存在严重的安全缺陷，这些储油罐的防雷接地性能很差，也没有安装可消除气体积聚能力的浮顶，储罐间距太小，导致火灾蔓延严重。

三是储罐自身的消防系统和冷却系统被发现无法操作。

四是缺乏足够的消防设备和资源。

二、Amoco炼油厂原油储罐火灾事故

1. 事故概述

1983年8月30日，英国南威尔士 Milford Haven 港 Amoco 炼油厂发生火灾事故，11号储罐着火，大火持续了约60h后才被扑灭，这是英国自第二次世界大战以来最大的单个油罐火灾事故。所幸该事故未造成严重的人员伤亡(图2-7)。

Amoco 炼油厂建成于 1973 年，到 1983 年其年产能力已增至 500×10^4t。炼油厂内共有 67 个储油罐，发生火灾事故的 11 号储罐是一个单盘式外浮顶储罐，浮顶有 24 个浮舱。该储罐直径 78m，高 20m，罐容为 94110m^3，是厂内最大的储罐(当时全欧洲最大的原油储罐)。

图 2-7 Amoco 炼油厂原油储罐火灾事故现场图

11 号储罐周边围堰高度约 20in(0.5m)，面积约 16222m^2。该储罐西侧是一个馏分油罐区，有 6 个固定顶储罐，单罐罐容为 13000m^3，距离该储罐最近(约 60m)的 609 号罐和 610 号罐，分别储存了 4500m^3 真空瓦斯油和 2800m^3 常压燃料油。距离该储罐围堰北侧防火墙约 99m 处有一座 83m 高的火炬。

事故发生前，储罐所在沿海地区刮起的狂风导致储罐浮顶表面出现裂缝，裂缝的长度为 28cm(图 2-8)，浮桥表面观察到原油渗漏，炼油厂组织人员进行了检查和修复。事故当天，储罐已半满，共存有 4.7×10^4t 轻质原油(闪点为 38℃)。

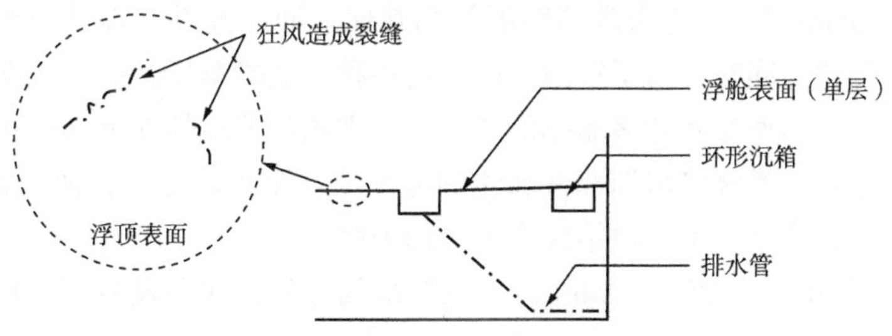

图 2-8 单层环形浮筒储罐示意图

2. 事故经过

1983 年 8 月 30 日上午 10 时 45 分，Amoco 炼油厂催化裂化装置的一台压缩机发生故障；10 时 50 分左右，11 号储罐罐顶出现火光，一名专职消防员首先发现了火情并通知了炼油厂消防队。

11 时 05 分，炼油厂消防队率先派出 4 名消防员以及 1 辆 4500gal(17t)泡沫消防车、1 辆 32m 举高消防车和 1 台流量为 5000L/min(所有文献中均是 5000gal/min，但业界内存有疑问)的消防炮。为了能够将泡沫混合液喷射至罐顶，消防队将消防炮架设在举高消防车的液压升降平台上。

同时，炼油厂依据《区域炼油厂互助计划》，积极协调地方消防救援组织，调集第二波救援装备，包括 20 台泵、5 辆举高消防车。

由于 11 号储罐未配备固定灭火设施，浮顶上的裂缝受热进一步扩大，导致事故加剧，罐顶火焰高度达 12m，过火面积达到 50%，着火区域的密封装置完全被破坏，使得更多易燃蒸气出现泄漏。

事故发生约1h后，罐顶大火已蔓延至整个浮顶，形成全液面火灾，现场急需大量泡沫原液，而前期处置力量携带的泡沫原液已消耗殆尽。

随着救援工作的持续进行，积聚在11号储罐罐顶的泡沫混合液、消防水和原油越来越多，初步估算重达700t以上，导致罐顶浮盘进一步下沉，使得更多的原油涌到了罐顶上方。

因为Amoco炼油厂只有63t的泡沫原液储备，该厂的专职消防队已无法控制储罐火势，随后由赶来的市政消防队承担了救援行动的指挥工作。

13时31分，市政消防队指挥人员下达指令：(1)在救援装备从其他炼油厂调集完成之前，停止罐顶泡沫覆盖；(2)对11号罐罐壁进行全方位冷却。

15时，参与11号储罐救援的人员和装备已经增加到150人、26台泵、7辆泡沫消防车、6辆举高消防车和4台其他特种装备。

初步估算，原油的燃烧速率约300t/h，Amoco炼油厂决定对11号储罐及其相邻的609号罐和610号罐采取倒罐措施，转移罐内油品，11号储罐倒罐速率约1700t/h。在11号储罐罐壁受热膨胀状态下将该罐完全倒空似乎不切实际，而倒空相邻的两个馏分油储罐则相对容易一些。

据计算，现场需要约45000gal(244574L)的6%泡沫原液。作为《区域炼油厂互助计划》的一部分，Milford Haven港市政消防部门和其他炼油厂提供了额外资源，但泡沫液的短缺仍然是主要问题；同时，当运输泡沫原液的各种商业罐车抵达时，消防员面对的是这些泡沫罐车有许多不同型号和许多非标准的接头。现场的消防员在炼油厂内尽可能寻找各类转接头并进行组装，最终将泡沫原液加注到泡沫消防车内。随后，消防人员尝试使用1台消防炮灭火，但最终因为泡沫供给强度不足而失败。

23时30分(事故火灾发生12.5h后)，火焰瞬间分裂，并引发溢流，罐内油品溢出至罐区。

几分钟后，11号储罐毫无征兆地发生了第一次“典型的喷溅”，瞬间产生了一个半径约90m的巨大火球，火焰整体高度达到150m。大量滚烫的原油喷涌而出，火势蔓延至罐区内。6名消防员在撤退过程中受轻伤，现场大部分消防装备被烧毁，消防水带里的水受高温后沸腾并引起水带爆裂，救援行动被迫停止。由于11号储罐相对独立，距离炼油厂最近的炼化装置有915m，并且该罐周边有高达5m的围堰，此次喷溅影响程度有限。

8月31日凌晨2时10分，11号储罐发生了第二次喷溅(强度略轻)，该罐罐壁和罐底的四个连接装置断开，燃烧的原油顺势倾泻至围堰内。受到热辐射的影响，紧邻11号储罐的2座馏分油罐罐壁的保温材料着火。

2h后，其中一个馏分油罐罐壁变形开裂，逸出的油蒸气被引燃，由于消防队预先对该罐罐顶及罐壁进行了泡沫覆盖，仅30min内，火势就得到了有效控制并被扑灭。

在随后的4h，现场救援力量持续不断对11号储罐及邻近储罐进行冷却。期间，英国全国各地向炼油厂增派了大量消防设备以及泡沫原液。

8月31日8时，所需救援设备到位，包括67000gal(约305t)泡沫原液。消防队决定对11号储罐发起进攻，并同时对相邻馏分油罐喷射泡沫液，以预防火势进一步蔓延。

消防队从三个方向开始进攻，先使用3台消防炮控制罐区流淌火，以便救援力量能够靠近，并且尽力将流淌火与11号储罐分隔开来。随后，消防队布置了4台大功率消防炮，对11号储罐同一位置喷射泡沫。

9时15分，11号储罐围堰内火势开始得到有效控制。

14时，11号储罐罐区流淌火被扑灭，并且形成了较好的泡沫覆盖。

15时左右，11号储罐火势开始减弱，但是罐顶的泡沫覆盖层还在因为热量而不断瓦解。此时，储罐顶部只剩下3个隐蔽火点。

9月1日凌晨2时，因为泡沫液再次耗尽，而此时又开始刮风，11储罐罐顶泡沫覆盖失效加剧，火势再次蔓延至整个罐顶表面，形成全液面火灾。

9月1日8时，在泡沫原液得到补充之后，消防队再次使用3台消防炮重新对11号储罐开展进攻。另外，现场指挥员还调集了一台吊机，将泡沫炮吊至高点位，增加泡沫覆盖量。

10时，11号储罐火势开始得到控制。

15时左右，11号储罐火焰强度明显减弱，但是罐壁的高温使泡沫无法形成完整覆盖。消防队在随后的数个小时持续采取喷射措施，保持泡沫覆盖，确保不会发生复燃。

22时30分，火灾发生约60h后，罐内余火被完全扑灭，现场总指挥下达停止指令。

此次救援行动总共调集了150名消防员、50台泡沫消防车、44台消防泵、6辆举高消防车、14辆泡沫供给车以及66辆商用泡沫罐车。用时约60h，消耗765t泡沫原液(含3%和6%两种类型)。

3. 事故原因

1）直接原因

11号储罐原油从罐顶裂缝处渗漏，在浮顶形成易燃蒸汽；由于催化裂化装置的压缩机发生故障，带火星的焦炭颗粒从83m高的火炬飘落至11号储罐罐顶上，从而引燃了罐顶积聚的易燃蒸气。

2）间接原因

一是现场设计原因。储罐上应配置固定消防装置，便于前期开展救援行动。泡沫发生器可扑灭密封圈火灾，固定喷淋系统可以防止储罐的部分变形和卷曲。固定式和移动式消防装备必须与现场的配置型号相适应。应配备足够的泡沫原液库存以应对重大事故，配备适合全液面火灾的大流量灭火装置。考虑到连带效应，应进行详尽的风险分析，考虑到各类事故发生的场景(例如，浮顶起火)。Amoco炼油厂位于偏远港口，应将资源的远距离运送问题编入应急预案中。应针对性研究大型油品存储区域所存在的优势和不足，包括相应的围堰的面积与容积。应提前考虑、调整火炬与其他设施之间的距离，尤其是要根据当地的气象情况。

二是现场管理原因。当发现或检测到故障时，要考虑到任何情况恶化所带来的风险，并规划出面对或克服危机的措施，应优先考虑安排紧急维修作业，而不是等待依据定期维修计划。应根据火炬使用情况调整其清理频率，以避免焦炭颗粒飘落到炼油厂的其他设施上。应针对炼油厂在应急管理方面的各类问题进行复盘，无论是正面的还是负面的。

三是救援行动原因。应针对这种极端事故场景进行消防演练，明确规定救援行动中操作人员和公共机构的责任。应权衡在资源有限的情况下，开展快速救援行动与等待外部资源发动大规模攻击两者之间的利弊。

三、古巴石油储备基地原油储罐火灾事故

1. 事故概述

古巴马坦萨斯省一储油基地遭雷击后发生火灾，事故造成至少 1 人死亡、125 人受伤，另有 10 余名消防员失踪。马坦萨斯省石油储备基地火灾和爆炸事故造成 1 个原油储罐起火，进而引燃了 3 个储罐，并在几天内发生多次爆炸。古巴官员表示，此次大火导致古巴 40%的燃油储备被烧毁，还造成大面积停电(图 2-9)。

图 2-9　古巴石油储备基地原油储罐火灾事故现场图

2. 事故经过

2022 年 8 月 6 日晚，古巴马坦萨斯省港口一个油库在一个油罐顶部遭到雷击后发生大火，里面储有 $2.5\times10^4m^3$ 石油。尽管消防队持续工作，大火蔓延至相邻的油罐，发生了一系列爆炸。

当地时间 2022 年 8 月 8 日凌晨，古巴石油储备基地第三个储油罐发生爆炸，并危及周边储油罐。

当地时间 8 月 8 日下午，古巴消防局官员亚历山大阿瓦洛斯豪尔赫在新闻发布会上证实，马坦萨斯省石油储备基地火灾和爆炸事故已造成 8 个原油储罐中的 4 个起火，几天内发生多次爆炸。

据俄罗斯卫星通讯社 9 日午间报道，古巴消防局表示，马坦萨斯省港口的火势已经波及第四个油罐，其容量为 5×10^4t。古巴官员表示，这一火灾在古巴是史无前例的，他无法预测扑灭的时间，“可能需要几天”。

当地时间 2022 年 8 月 10 日，据古巴政府消息，古巴马坦萨斯省储油罐的火势已经得到控制，救援队伍将继续扑灭小规模余火，并为地面降温，以推进失踪人员的搜寻工作。

当地时间 2022 年 8 月 12 日，古巴消防局通报称，马坦萨斯省储油基地持续多日的大火已于当天上午被扑灭。

3. 事故原因

古巴储油基地原油储罐雷击火灾爆炸事故可能原因：油罐穹顶上安装的避雷针无法对雷电进行有效防护，雷电直接击中了穹顶，甚至可能击穿了穹顶后引燃储罐内可燃油气；也可能是避雷针虽然有接闪防护，但泄放雷电电流时在某些间隙产生火花放电，从而引燃储罐内可燃油气，发生火灾并引发爆炸事故。

第四节　其他油罐全液面火灾典型案例

一、美国 Orion 炼油厂汽油储罐全液面火灾事故

1. 事故概述

2001 年 6 月 7 日，一场恶劣的热带风暴席卷墨西哥湾，位于美国路易斯安那州诺科市的 Orion 炼油厂发生油罐火灾事故。起火储罐为外浮顶罐，直径为 82.4m，高 9.8m，事故发生时罐内储有 47700m^3 的汽油。雷击是引发火灾的直接原因，着火前浮盘发生部分沉没(由于暴雨的原因)(图 2-10)。

图 2-10　美国 Orion 炼油厂汽油储罐全液面火灾事故现场图

2. 事故经过及救援情况

位于新奥尔良西部 25mile 的 Orion 炼油厂，日产量为 15×10^{4}bbl，是墨西哥湾沿岸众多的炼油厂之一。2001 年 6 月 7 日早上，阿里森热带风暴突然席卷墨西哥湾，三天的时间里给得克萨斯和路易斯安那带来近 40in(1m)的降雨量，暴雨导致 Orion 炼油厂 325-4 油罐浮盘部分下沉，Orion 炼油厂专职消防队伍接到报警后紧急出动。

但是肆虐的热带风暴给消防员带来众多难题，通往 325-4 油罐的三条道路仅剩一条没有被淹。受暴风影响，抽水泵取电问题一时无法解决，因此无法及时排出厂区内沉积的雨水。同时，厂区内道路的高水位导致重型设备无法在油罐周边集结。

325-4 油罐与另外两个油罐由一个 10ft(3m)高的防火堤围起，每个储罐之间都由隔堤分隔。当时防火堤内积水深度达到了 4ft(1.22m)，已经漫过隔堤。作为预防性措施，Orion 炼油厂专职消防队首先对隔堤内被淹的区域进行泡沫覆盖，以防止雷击引燃该区域的油蒸气。

就在消防队员对隔堤区域进行泡沫覆盖时，附近闪过一道闪电。消防队长即刻命令除了自己和另外两名队员之外的所有人立即离开该区域。不久后，325-4 油罐遭雷击击中，油罐表面起火，火势还蔓延至隔堤区域(由于预先采取了泡沫覆盖，隔堤区域火势未扩大)。除了处理罐区隔堤区域内的火灾，Orion 炼油厂专职消防队同时对罐壁进行冷却。

强烈的辐射热影响着 325-4 油罐北侧区域，堵住了唯一一条未被淹的道路。前往事故现场的重型设备不得不冒着巨大风险，在狭窄的、被水淹没的道路上移动，最终只有部分轻型的多用途救援设备参与初期灭火救援。

在大型油罐火灾事故救援方面，公认的“surround and drown”的灭火理念是对着火罐采取不间断的持续喷射。除此理念之外，专业救援机构使用的主要灭火方法是通过火焰吸氧

口以固定角度、稳定流量持续大流量射入泡沫混合液，形成稳定的泡沫覆盖层，随后进一步扩大覆盖区域，形成全表面覆盖，进而扑灭余火。这就是“footprint methodology(足迹)”灭火理论，是这家专业救援机构从成功扑救700余次火灾的经验中总结出来的一套针对大型油罐全液面火灾的扑救理论，并且注册了专利。“足迹”理论认为泡沫混合液在油罐表面是有流动趋势的，有效利用其流动足迹可以快速分割油罐表面火场并且形成全面覆盖，同时有效避免泡沫液的浪费。

专业救援机构的现场指挥员作为总指挥直接指挥所有救援队伍和相关应急部门。救援团队在火灾现场外围成立了一个“临时作战室”，密切监视着火灾发展情况。

在被淹的罐区实施灭火，所面对的是一系列特殊的难题。道路泥泞、路面狭窄，这些因素导致灭火装备的定位必须一次一动。消防员们也需要尽力克服辐射热的影响，利用水幕保护重新开辟罐区北侧的干道。

救援团队使用吊车将拖车炮和泵放置在道路外的泥泞区域。由于进出受限，救援团队没有采用使用消防车供水的作战方案，只能依靠炼油厂一条直径18in(457mm)的消防管线作为水源补给线，这条消防管线由5台消防泵实施供给保障。同时，邻近的炼油厂也利用自己的消防水系统给Orion炼油厂补充消防用水。

糟糕的道路状况导致无法使用水带铺设车，所以必须采取徒手的方式在水下铺设水带。

除了环墨西哥湾附近所有炼油厂提供的泡沫原液外，还从路易斯安那州的应急仓库调拨了近60000gal(227124L)的泡沫原液。

随后，救援团队做好了第一轮进攻的准备。现场指挥在研究后决定：在着火罐的4点钟方向部署一台流量为8000gal/min(30283L/min)的消防炮，同时在8点钟方向部署一台流量4000gal/min(15141L/min)的消防炮，总喷射流量为12000gal/min(45424L/min)，向着火罐中心喷射泡沫混合液。

通过火焰吸氧口射入的泡沫混合液的落点会形成椭圆形印迹，由于较大的初始动能及热辐射效应会在液体表面继续向前漂移一定距离(约30m)。随着持续投放，泡沫混合液会沿箭头所指方式流动，直至覆盖整个油罐。若油罐直径很大，则很有可能出现无法覆盖的死角，需要其他消防装备配合灭火。

此次专业救援机构的两台消防炮同时以最大功率工作时，其喷射总流量能达到20000gal/min(75708L/min)。经过深思熟虑后，现场指挥决定最终将喷射总流量控制在12000gal/min(45424L/min)。

单台12000gal/min(45424L/min)的消防炮的射流落到油罐中心位置，会推动泡沫混合液向前漂移大约95ft(29m)。在汽油类池火灾救援过程中，通常消防队员不希望泡沫漂移距离(落点至远端罐壁)超过80ft(24.4m)。但是结合实际现有的设备，救援机构把这个泡沫的落点控制在离远端罐壁85ft(26m)。现场指挥表示冗余的10ft(3m)浮动泡沫混合液就可以用来冷却罐壁。

10min后，火势控制初见成效。20min后，罐顶火势得到有效控制，不久即被扑灭。为进一步巩固灭火效果，救援团队在着火罐南侧又增加了一台流量为3785L/min的消防炮，重点对着火罐内壁东南侧位置小范围的余火进行扑救。

提高泡沫供给强度是救援团队的一个重要决策。当时，美国消防协会(NFPA)针对油罐火灾的泡沫供给强度为6.5L/(min·m^2)。而专业救援机构一直认为NFPA制定的标准过低，最终采取的泡沫供给强度为9L/(min·m^2)。

65min后，着火罐罐顶的最后一部分余火被全部扑灭。

由于天气预报预测该区域还有雷阵雨，救援团队并未停止向罐内喷射泡沫混合液，而是继续以45424L/min的流量持续喷射了约2h，此后又以15100L/min的流量持续喷射了约30min。之后，炼油厂工作人员开始进行倒罐作业，将该油罐内的汽油转移到另外的一座油罐。在倒罐过程中，为防止复燃，救援团队每隔45min向罐内喷射一次泡沫混合液，每次喷射持续约15min。

着火13h后，Orion炼油厂油罐火灾最终被成功扑灭。

此次救援行动的灭火阶段共使用了106t泡沫原液。在罐顶火灾扑灭之后，为了保证油罐安全，持续覆盖又使用了约140t泡沫原液。事后经过统计，最后罐内仍剩有约25700m^3的汽油。

此次事故是迄今为止全球范围内成功实施扑救的尺寸最大的一起油罐全液面火灾。

3. 经验教训

(1) 此次事故反映出油罐抵御自然灾害风险的重要性，在进行罐区设计时，应充分考虑到可能发生的自然灾害事故，以及自然灾害可能引起的次生灾害影响。

(2) 此次事故中，由于自然灾害的影响，救援力量的集结较为缓慢。在力量集结前，企业专职消防队采用冷却罐壁的措施，罐体在长时间燃烧后仍然保持较好的完整程度，说明冷却措施取得了良好的效果。

(3) 确定扑救油罐全液面火灾成败的关键在于有足够的泡沫供给能力。当救援力量不足时，应采取冷却罐壁、控制燃烧的措施，在避免事故扩大的前提下让罐内介质燃烧殆尽。只有当救援力量充足时方能采取灭火进攻措施。此次事故中，该油罐内汽油近乎满罐，等待燃尽需要较长的时间，在此过程中可能会有意外发生。因此，尽管救援力量因热带风暴影响集结缓慢，但仍要以集中力量一举扑灭火灾为目标，并且在火灾扑灭后对油罐采取持续覆盖，防止罐内介质因泡沫覆盖层被破坏后发生复燃。

(4) 这起事故是迄今为止发生的尺寸最大的成品油罐全液面火灾，堪称油罐全液面火灾事故救援的范例。此次发生事故的油罐附近水源充足，为灭火救援行动提供了充足的水源保障，这也是成功扑救此次火灾的重要原因。因此，在水源充足的油罐区设置专用取水点显得尤为重要。

二、沧州鼎睿石化油罐全液面火灾事故

1. 事故概述

2021年5月31日14时28分，位于沧州市渤海新区南大港产业园区东兴工业区的鼎睿石化有限公司发生火灾事故，直接经济损失3872.1万元，未造成人员伤亡(图2-11)。

图 2-11　沧州鼎睿石化油罐全液面火灾事故现场图

2. 事故经过

2021 年 5 月 30 日，鼎睿公司东厂区进行油气回收装置安装工作，东厂区厂长刘某某安排工人张某某进行油气回收装置管线与储罐油气回收集气管线连接作业，工人王某某、刘某、王某、马某某协助张某某作业。当天完成储罐油气回收集气管线盲板拆除、法兰连接工作。

5 月 31 日上午，张某某、王某某、刘某、王某、马某某 5 人在储罐防火堤外预制连接管道。工作完成后，14 时 20 分左右，张某某和王某某进入储罐防火堤内进行切割作业，张某某在 1 号与 2 号储罐间的油气回收集气管上选定切割点位后，14 时 28 分左右，开始用气割枪切割，几秒钟后，一声闷响，2 号、3 号、4 号、5 号储罐顶部几乎同时起火，随即 1 号储罐顶部起火，2 号储罐顶盖掀翻到地面。张某某和王某某迅速跑出防火堤，随即同防火堤外的刘某、王某、马某某 3 人一起躲到厂内的仓库避险。

5 月 31 日 23 时 13 分，3 号罐发生喷溅，引起 6 号罐闪爆起火。

6 月 3 日 12 时，5 号罐火被扑灭；12 时 25 分，3 号罐、4 号罐火被扑灭；20 时 10 分，1 号罐、2 号罐火被彻底扑灭；6 月 4 日 2 时 30 分，6 号罐火被扑灭。火情持续 84h。

3. 事故上报及救援处置情况

1）事故报告情况

5 月 31 日 14 时 37 分，鼎睿公司东厂区厂长刘某某拨打“119”向消防报警。5 月 31 日 15 时 10 分，东兴工业区管委会向南大港产业园区党政办报告事故情况；15 时 28 分，南大港安全监管局向沧州市应急管理局报告事故情况；16 时 01 分，南大港产业园区管委会向渤海新区管委会报告事故情况；16 时 02 分，渤海新区管委会向沧州市政府报告事故情况；16 时 30 分，沧州市应急管理局向河北省应急管理厅报告事故情况；16 时 45 分，沧州市政府向河北省政府报告事故情况。

2）事故救援情况

事故发生后，应急管理部、省政府和现场指挥部迅速构建了协同作战指挥体系，及时视频研判会商，科学决策部署，有效处置火情。现场指挥部坚决贯彻执行应急管理部和河北省委、省政府决策部署，高效组织、果断处置，在事故核心区、1km、2km 范围连续设置三道警戒线，严防无关人员进入事故现场，果断组织园区内企业及附近村庄人员有序撤离，防止发生次生事故、造成人员伤亡；及时应对 9 次大的沸溢喷溅（火焰最高达 200 多米，辐射热影响范围最高达 1000m），10 次小的沸溢喷溅，准确判断了 32 次罐体喷沸和异动突变；采取远输搭架放空燃烧、注氮置换方式，及时消除南侧港盛公司 LNG 储罐爆炸风险。应急、公安、消防、生态环境、气象等相关部门各司其职、协调联动，公安部门严格现场管控、组织人员疏散、控制事故企业相关人员；应急管理部门对事故单位厂区地下管网实施封堵，紧急调用挖掘机、装载机、翻斗车、吸污车等工程机械参与救援；生态环境部门实时监测，对现场消防废水及管道中的油水、污水进行收集处理；气象部门密切关注风向变化和强降雨天气，全程做好气象预警；卫健部门为现场应急、消防救援人员提供医疗保障；宣传部门第一时间正面发声，始终坚持"一个声音对外"，正确引导舆论导向，舆情平稳。天津、山东2个消防救援总队以及国家危化应急救援天津石化队，石家庄、唐山等6个消防救援支队和华北油田消防支队及7个化工灭火救援编队、2个战勤保障编队先后驰援沧州；共351辆消防车、1547名消防指战员参与火灾扑救。经各方力量通力协作，事故被成功处置。主要救援处置过程如下：

5月31日14时55分，南大港辖区兴港路消防救援站到场。现场指挥员立即部署力量冷却着火罐、扑救地面流淌火，对6号储罐进行水幕保护。

5月31日16时30分，沧州消防支队全勤指挥部及后续增援力量到场，部署力量冷却1号至5号着火罐体，扑灭流淌火，部署供水系统为前方战斗车辆不间断供水。

5月31日20时至23时，河北省、天津市、山东省消防总队增援力量先后到场，现场指挥部及时调整力量部署，进一步加大着火罐、临近罐区的火势压制和冷却降温。

5月31日23时13分，3号2000m^{3}储罐发生第一次喷溅，引燃厂区东南侧6号1000m^{3}储罐。现场指挥部立即组织力量全力扑救流淌火，在6号罐和毗邻企业港盛公司3台3000m^{3}储罐之间设置水幕隔离火势。组织搬运沙袋构筑防护堤，部署专门力量对港盛公司LNG储罐进行保护，确保南侧罐区安全。

6月1日18时07分，在安全专家指导下，工艺处置队对港盛公司LNG储罐采取远输搭架放空燃烧措施，16h后储罐内LNG排空，并实施注氮置换保护，消除了LNG储罐爆炸风险。

6月2日1时36分左右，现场突降大雨，沸溢喷溅风险加大。现场9门移动炮、1辆高喷车对港盛公司3台3000m^{3}储罐进行持续冷却，设置水幕隔离墙，确保南侧罐区安全。

6月3日11时起，对火场态势充分研判后，现场指挥部决定发起灭火总攻，对5号罐实施冷却降温和泡沫覆盖。12时许，5号罐明火被彻底扑灭。12时25分许，3号、4号罐明火被彻底扑灭。20时18分，1号罐、2号罐明火被彻底扑灭。

6月4日2时13分，现场指挥部命令对6号罐发起总攻，在南侧设置两门重型车载泡沫炮，东侧两部高喷车协同配合攻击。2时30分，6号罐明火被成功扑灭。随后，现场指挥部组织力量，利用测温仪、无人机等持续进行温度检测，利用移动炮对罐体实施冷却保护，确保罐体温度趋于稳定，无复燃可能。

3）现场处置情况

南大港产业园区管委会制定了事故废水和危险废物收集和处置工作方案，封堵了事故企业周边管网，在雨水泵站收集池四周建立围堰，防止消防废水过大造成外溢，设置拦油索防止石油类污染物入河、入海，污染环境。在事故现场紧急建设了33000m^{3}的废水收集池和28200m^{3}的危险废物收集池，均使用防渗布进行了防渗漏处理。委托河北益清环保工程有限公司对消防废水、雨排污油水等事故废水进行治理；委托辽河油田溢油应急处置中心对事故产生的残油、地面污油泥、边角油泥、其他油沾染物等危险废物进行收集清理。

事故废水共29850m^3，其中应急池内22850m^3，地下雨污管网中7000m^3，于6月19日全部完成治理。事故产生的危险废物主要分布在事故现场、周边道路和绿化带中。至6月13日，清理完毕事故现场周边道路、绿化带和事故厂区内罐区围堰以外的危险废物，共清理面积24000m^2，收集处置危险废物约6200m^3。7月10日，完成了事故现场生产设施和储罐的拆解清理工作，至8月16日，事故现场及周边所有危险废物已全部清理完毕。

6月11日，南大港产业园区管委会对鼎睿公司西厂区违规储存的2667.3t国六柴油进行转运，于6月12日23时全部转运完毕。剩余的沥青和船舶燃料油在储罐中已冷却凝固，暂未转运。

渤海新区监控中心对现场周边及河流重点点位进行持续监测，未发现超标问题，未发生次生事故和环境事件。

4. 事故原因及性质

1）事故直接原因

未在油气回收管线安装阻火器和切断阀，违规动火作业，引发管内及罐顶部可燃气体闪爆，引燃罐内稀释沥青，是事故发生的直接原因。

2）事故间接原因

非法储存稀释沥青。事故单位在储罐建成未验收的情况下，擅自投入使用，非法储存稀释沥青。

事故单位安全生产主体责任不落实。一是违反《化学品生产单位特殊作业安全规范》的规定，作业前未进行危险有害因素辨识，未制定并落实安全措施，未对设备、管线进行隔绝、清洗、置换，未进行动火分析，未对作业人员进行安全教育和安全交底，未办理动火作业审批手续，未安排专人监火，违章指挥未取得特种作业资格的人员冒险作业。二是未落实隐患排查治理主体责任，未按照“防风险、除隐患、保安全”安全生产大排查大整治工作要求，开展隐患排查整治。

渤海新区、南大港及东兴工业区落实安全监管属地责任不到位。渤海新区落实安全生产监管属地责任不到位，对南大港及东兴工业区安全生产和“打非治违”工作督促检查不到位。南大港产业园区及东兴工业区开展安全生产大排查大整治工作不深入、不彻底，未有效落实“打非治违”属地责任，对事故单位非法储存的行为失察失管。

第三章 原油浮顶储罐火灾风险与特性

原油储罐储存大量易燃液体，一旦发生火灾或爆炸，可能导致严重的人身伤亡、财产损失和环境破坏。通过风险分析，可以识别和控制潜在的火灾风险，防止灾难性事故发生。本章主要介绍了原油储罐火灾安全风险、原油储罐火灾特征现象、原油储罐火灾燃烧特性与原油储罐火灾沸溢机理。

第一节 原油储罐火灾安全风险

一、原油火灾危险性

1. 原油一般性质及其组成

原油是从地下天然油藏直接开采得到的液态碳氢化合物或其天然形式的混合物，通常是流动或半流动的黏稠液体。

世界各油区所产原油的性质和外观都有不同程度的差别。从颜色上看，绝大多数是黑色，但也有暗黑色、暗绿色、暗褐色，甚至呈赤褐色、浅黄色乃至无色的；以相对密度论，绝大多数原油介于 0.8~0.98。原油大多具有浓烈的气味，这是因为其中含有臭味的含硫化合物。

原油的主要元素为碳、氢、硫、氮、氧及微量元素。其中，碳和氢占 96%~99%，其余元素总含量一般为 1%~4%，上述元素都以有机化合物的形式存在。组成原油的主要有机化合物为碳、氢元素构成的烃类化合物，主要由烷烃、环烷烃和芳香烃以及在分子中兼有这三类烃结构的混合烃构成。

原油中一般不含烯烃和炔烃，但在某些二次加工产物中含有烯烃。除了烃类，原油中还含有相当数量的非烃类化合物。这些非烃类化合物主要包括含硫、含氧、含氮化合物以及胶状、沥青状物质，含量可达 10%~20%。原油是一种多组分的复杂混合物，其沸点范围很宽，从常温一直到 500℃以上，每个组分都有各自的特性。但从油品使用要求来说，没有必要把原油分成单个组分。

通常来说，对原油进行研究或者加工利用，只需对其进行分馏即可。分馏就是按照组分沸点的差别将原油切割成若干馏分。馏分常冠以汽油、煤油、柴油、润滑油等石油产品的名称，但馏分并不就是石油产品。石油产品必须符合油品的质量标准，石油馏分只是中间产品或半成品，必须进行进一步加工才能成为石油产品。

2. 原油及其产品主要性能指标

原油及其产品的性能指标包括密度、黏度、凝点、胶质和沥青质、硫含量、蜡含量、析蜡点、水含量、酸值、闪点、比热容、爆炸极限等。对原油而言，物理性质是评定原油产品质量和控制原油炼制过程的重要指标。原油的密度即单位体积原油的质量，一般密度低的原油轻油收率越高。

因油品的体积会随温度的升高而变大，密度则随之变小，所以油品密度应标明温度。我国国家标准(GB/T 1884)规定20℃时的密度为石油和液体石油产品的标准密度，以 ρ_{20} 表示。油品的相对密度是其密度与规定温度下水的密度之比。油品在 t℃时的相对密度通常用 d_4 表示，我国及东欧各国常用的相对密度是 d_4；欧美各国常用的相对密度是 $d_{60℉}$(60℉=15.6℃)，即60℉油品密度与60℉水的密度之比。

欧美各国常采用比重指数表示油品密度，也称为60℉API度，简称API度，并以此作为油品标准密度。与通常密度的概念相反，API度数值越大表示密度越小。目前，国际上把API度作为决定原油价格的主要标准之一，它的数值越大，表示原油越轻，价格相应越高。

1）黏度

原油黏度的表示和测定方法很多，各国有所不同。我国主要采用运动黏度和恩氏黏度，英美等国大多采用赛氏黏度和雷氏黏度，德国和西欧各国多用恩氏黏度和运动黏度。国际标准化组织规定统一采用运动黏度。在此仅对运动黏度做一简要介绍。

原油的运动黏度是其动力黏度与密度之比。

动力黏度的国际单位制(SI)单位为帕·秒(Pa·s)，厘米克秒单位制(CGS，一种国际通用的单位制式，即Centimeter-Gram-Second system of units)单位为泊(P)和厘泊(cP)，其换算关系为

$$1\mathrm{Pa\cdot s}=10\mathrm{P}=10^3\mathrm{cP} \tag{3-1}$$

运动黏度SI单位为 m^2/s 或 mm^2/s，CGS制为斯(St)，1/100斯称为厘斯(cSt)，如180cSt燃料油就是运动黏度为180厘斯的燃料油。单位间的换算关系为

$$1\mathrm{m^2/s}=10^6\mathrm{mm^2/s}=10^6\mathrm{cSt} \tag{3-2}$$

黏度是衡量原油流动性能的指标，原油黏度随温度升高而减小。在易凝高黏原油或重质燃料油的输送过程中，为保持其良好的流动性，通常需进行加热。

2）低温性能

油品的低温性能是一个重要的质量标准，它直接影响油品的输送、储存和使用条件。油品低温性能有多种评定指标，如浊点、结晶点、冰点、凝点、倾点、冷滤点等。其中凝点和倾点是原油的重要低温指标。

凝点指在规定的热力条件和剪切条件下，油品冷却到液面不移动时的最高温度。倾点指在规定的试验条件下，油品能够保持流动的最低温度。原油的凝点在-50~35℃之间，

其数值的高低与原油中的组分含量有关，轻质组分含量高，凝点低，重质组分含量高，尤其是石蜡含量高，凝点就高。

3）燃烧性能

油品绝大多数都是易燃易爆的物质，其闪点、燃点和自燃点等指标越低，越容易燃烧，这些指标是表征油品火灾危险性的重要指标，对于确保原油及其产品在储存、运输等环节的安全具有重要意义。

4）硫含量

原油及其产品几乎都含不同浓度水平的硫化物。含硫化合物对原油加工及其产品应用的危害是多方面的，如腐蚀金属设备及管道、造成催化剂中毒、影响产品质量等。特别是近年来随着经济发展，汽车拥有量增多，含硫燃料燃烧后产生的SO_2、SO_3等会严重污染环境。因此，限制油品中的硫含量具有重要意义，在原油进行深加工前通常对其进行脱硫处理，从而降低各种产品中的硫含量。

5）含蜡量

含蜡量指原油中所含石蜡和微晶蜡的质量占原油总质量的比例，用%来表示。石蜡是一种白色或淡黄色的固体，由高级烷烃组成。石蜡在地下以胶体状溶于石油中，当压力和温度降低时，可从石油中析出。地层原油中的石蜡开始结晶析出的温度叫析蜡温度，含蜡量越高，析蜡温度越高，而析蜡温度越高，避免油井结蜡的难度越大，生产的难度也就越大。

6）含胶量

含胶量指原油中所含胶质的质量占原油总质量的百分比，用%来表示。胶质指原油中分子量较大的(300~1000)的含有氧、氮、硫等元素的多环芳香烃化合物，呈半固态分散状溶解于原油中。胶质易溶于石油醚、润滑油、汽油等有机溶剂。原油的含胶量一般在5%~20%之间。

7）溶解性

原油不溶于水，但可与水形成乳状液；可溶于有机溶剂，如苯、石油醚、三氯甲烷、二硫化碳、四氯化碳等，也能局部溶解于酒精之中。

3. 原油分类

根据不同标准，原油可进行以下分类：

按组成分类：石蜡基原油、环烷基原油和中间基原油三类。

按硫含量分类：低硫原油、含硫原油和高硫原油三类。

按相对密度分类：轻质原油、中质原油和重质原油三类。

1）石蜡基原油、环烷基原油、中间基原油的区分

石蜡基、环烷基和中间基原油是按照原油中烃类的成分来划分的。石蜡基原油含烷烃较多；环烷基原油含环烷烃、芳香烃较多；中间基原油介于二者之间。

2）轻质原油和重质原油的区分

轻质和重质是按照原油的相对密度来区分的。原油的相对密度，在我国指压强为

101325Pa 下，20℃原油与 4℃纯水单位体积的质量比；美国则是在压强为 101325Pa 下，60℉(15.6℃)原油与 4℃纯水单位体积的质量比。API 度和 60℉的原油相对密度(原油与水的密度比)的关系满足：API 度=(141.5/原油在 60℉的相对密度)-131.5。

按照国际通行分类标准，超轻原油 API 度≥50，轻质原油 35≤API 度<50，中质原油 26≤API 度<35，重质原油 10≤API 度<26。不同国家和公司对密度的划分标准可能会有所差异，现实中并不完全机械遵循这些标准，往往还会考虑定价基准等其他因素。

3）低硫原油和高硫原油的区分

低硫和高硫是按照原油的含硫量来区分的。原油的含硫量指原油中所含硫(硫化物或者单质硫)的百分比。硫对原油性质的影响很大，因为硫对管线有腐蚀作用，对人体健康有害。一般来说，原油中的硫含量占比较小。根据含硫量的不同，可以将原油分为低硫原油、含硫原油和高硫原油。低硫原油的含硫量小于 0.5%，含硫原油的含硫量介于 0.5%与 2.0%之间，高硫原油的含硫量大于 2.0%。

4. 火灾风险分析

原油为甲 B 类易燃液体，具有易燃性，爆炸极限范围较窄，但数值较低，具有一定的爆炸危险性，同时原油的易沸溢性。其火灾危险性具体来说主要体现在以下几个方面。

1）易燃性

原油的闪点为-20~30℃。原油中通常含有少量的可燃气体，这些可燃气体的爆炸下限很低，最小点火能量仅几毫焦耳，极易燃。

2）易爆性

由于原油中通常溶解有少量可燃气体，这些可燃气体挥发后与空气会形成可燃性爆炸混合物。原油的爆炸极限为 1.1%~8.7%。储存原油的大型浮顶原油储罐的一次密封和二次密封之间往往可能处于爆炸极限范围内，遇到雷击等引火源会发生爆炸，从而形成密封圈火灾。

3）流动扩散性

石油产品在生产、储存、运输、使用等过程中，储罐、换热器、泵、管道等的焊缝、接口、孔、盖、法兰、阀门等处是易发生泄漏的部位。油品一旦发生泄漏会四处漫溢、积聚在低洼处或喷溅流淌。泄漏的油品一旦遇到引火源，会立即燃烧形成地面流淌火。

4）火焰扩散快

与可燃固态的燃烧相比，油品一旦被引燃，其火焰传播速度很快。一般是油品流动到的位置就会有火焰很快传播到，从而形成大面积的流淌火。

5）静电荷积聚性

原油的介电常数低于 10，电阻率通常大于 $10^6\Omega\cdot cm$。其介电常数低、电阻率高，易产生静电电荷。在原油输送时，由于原油与管壁的摩擦作用或产生静电，且不易消除，当静电积累到一定程度时放电产生电火花，其能量达到原油的最小点火能，并且原油的蒸气浓度在爆炸极限范围内时，可立即引起爆炸、燃烧。

6）受热膨胀

原油的体积会随着温度的升高而膨胀，因此油罐内不能装满，要留出一定的空间。一般应保持 5%~7%的气体空间，以防止油品受热膨胀溢出。

7）燃烧速度快、热值大、热辐射强

原油具有很高的热值，1kg 原油完全燃烧会产生 7000~10500kcal 的热量，火焰的中心温度将高达 1000~1400℃。一旦原油储罐发生燃烧，在没有冷却的情况下，罐壁温度会迅速升高，导致储罐的承载能力迅速下降。

8）长时间燃烧可能导致沸溢事故

含水原油发生着火后，火焰燃烧的热量除加热油品液面外，还会向液面下层传递，使得下层油品逐渐汽化燃烧。上部油品由于轻组分燃烧，造成密度增大，从而自然向罐底沉降，即为热波传播。热波遇到油罐底层的水垫层时，会导致这些水汽化。大量水蒸气穿过油层向油品液面上浮，使得油品体积迅速膨胀，喷出罐外，形成沸溢性火灾。

二、原油储罐火灾分类

导致储罐发生火灾多是由储料注入过量导致的，溢出的油品遇到点火源即可发生火灾爆炸事故，其次为浮顶破损。除去环境因素，在注油过程中未能及时发现储罐已满，是导致火灾事故的主要原因。从存储介质发生火灾的频次上看，发生事故的 32.5%是原油；从起火储罐的罐型来看，以浮顶储罐为主，占比约 29.5%，其次是拱顶罐。

由国际资源保护组织（RPI）负责，BP、Shell 等 16 家石油公司组织开展的 LASTFIRE 项目表明每年发生 15~20 起大型石化储罐火灾事故，统计表明，外浮顶储罐发生火灾次数最多，对于大型外浮顶原油储罐，依据火灾场景发生的位置和规模可分为密封圈火灾、浮顶溢油火灾、防火堤火灾、浮筒爆炸和局部或全液面火灾，其中密封圈火灾是最主要的火灾形式，往往先发生闪爆，雷击是其引发的主要原因；局部或全液面火灾指浮盘发生局部下沉或直接沉盘而形成的液面火灾，是扑救难度最大、损失最严重的火灾事故类型。这些初始火灾场景若不能得到很好的扑救和控制，都有可能发展为全液面火灾或多罐火灾。LASTFIRE 项目中一起密封圈火灾升级为全液面火灾，浮顶溢油火灾发展为全液面火灾的概率非常高，而沸溢导致多罐火灾或防火堤火灾的概率高达 100%。

引发储罐间火灾蔓延的原因包括同时引燃、地面流淌火、着火罐沸溢、火焰热辐射影响以及沸溢、热辐射等因素的综合作用等。其中，地面流淌火危害巨大且难以扑灭，引发邻罐事故概率基本上为 100%；沸溢是原油储罐火灾事故中最为严重的事故模式，防火堤火灾、局部或全液面火灾主要是热辐射影响邻罐安全，而多罐火灾往往是热辐射、沸溢和地面流淌火等多因素综合作用的结果。

1. 密封圈火灾

原油储罐浮顶的外缘环板与罐体内壁之间设有宽 20~300mm 的间隙（大型油罐可达 500mm），其间安装随浮顶上下移动的环形密封装置，该环形区域发生的火灾即为密封圈火灾（rim seal）。密封圈火灾是浮顶罐尤其是外浮顶罐最常见的火灾类型，占浮顶储罐火灾事故的 70%以上。《石油储罐火灾扑救行动指南》（XF/T 1275—2015）中对密封圈火灾给出定义，即在浮顶油罐浮船与油罐罐壁连接的密封装置处形成的火灾。

对于初始密封圈火灾，若罐区设有固定或半固定式泡沫灭火系统、气体灭火系统或预混泡沫灭火系统等，可快速及时扑救常见短时密封圈火灾；若没有及时扑救，可能发展为长时密封圈火灾，甚至全液面火灾(图 3-1)。

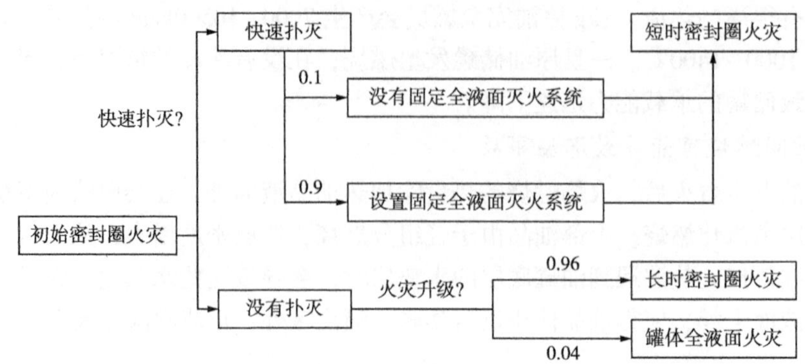

图 3-1　密封圈火灾扩展事件树(数值表示发生概率)

由于罐基础的多种客观技术原因，浮盘密封圈的密封效果会慢慢降低，时间一长密封圈内容易集聚油气，致使部分区段的密封圈内油气浓度处于燃爆区间内。处于开阔地带的浮顶储罐在雷雨季节容易遭受雷击，瞬时强雷电流在钢制储罐内会通过浮盘、扶梯等路径向罐壁释放，经过密封圈部位的电流过到放电间隙时会在密封圈内部释放电火花，造成密封圈内的可燃气燃爆，进而形成密封圈火灾，雷击是引发密封圈火灾的最主要原因。密封圈火灾短时间内若没有得到有效控制，会朝着全液面火灾发展。

浮顶罐密封圈火灾有如下四点特性：

(1) 雷击是主因，常伴有大风、暴雨等恶劣天气。

(2) 闪爆通常首先发生在密封环内，如果有充足的可燃气体，则发生连续燃烧。

(3) 密封环存在多个爆炸点。密封燃烧段往往同时在多个位置发生，燃点不连续。每个燃烧段处的密封圈长度为几米，甚至长度可能大于 10m。若不及早扑灭明火，必将导致整个密封圈的完全点火。

(4) 初始火源相对较小。如果火灾发生不及时，会迅速发展为特大火灾。

2. 浮顶局部火灾

浮顶局部火灾(spill on roof)指大型外浮顶储罐的浮顶发生侧倾导致局部下沉，罐内油品从浮盘下沉处溢出，直接暴露于大气环境中，在遇到明火后形成浮顶局部火灾。当浮盘完全下沉时，浮顶局部火灾将上升为全液面火灾(图 3-2)。

3. 防火堤内火灾

防火堤内火灾(mall/large bund)形成的原因是罐区内输油管道或者储罐发生泄漏，油品流入防火堤内形成液池，遇到明火从而引发防火堤内火灾。由管道泄漏引起的防火堤内火灾通常为小范围火灾，而由于储罐泄漏、塌陷造成的防火堤内火灾通常是大范围的全液池火灾。

对于初始防火堤内火灾，通常采用泡沫枪或移动灭火设备进行快速扑救，往往形成相对封闭密封圈内火灾；若不能有效得到控制形成防火堤火灾，大大提高了引发储罐火灾的概率，多为密封圈火灾；一旦防火堤决裂，就会形成大面积流淌火，甚至引发邻罐火灾事故(图 3-3)。

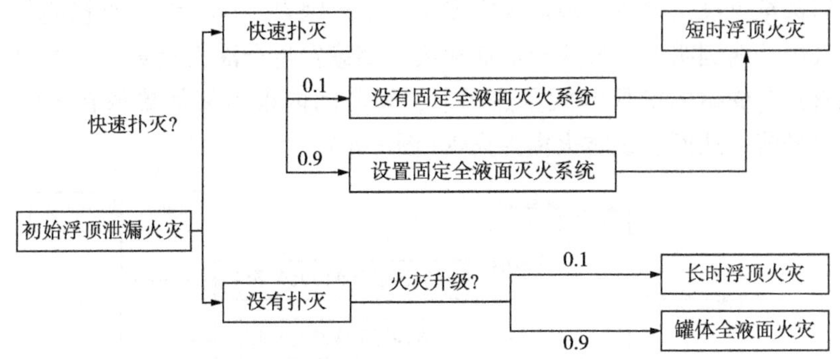

图 3-2　浮顶局部火灾扩展事件树(数值表示发生概率)

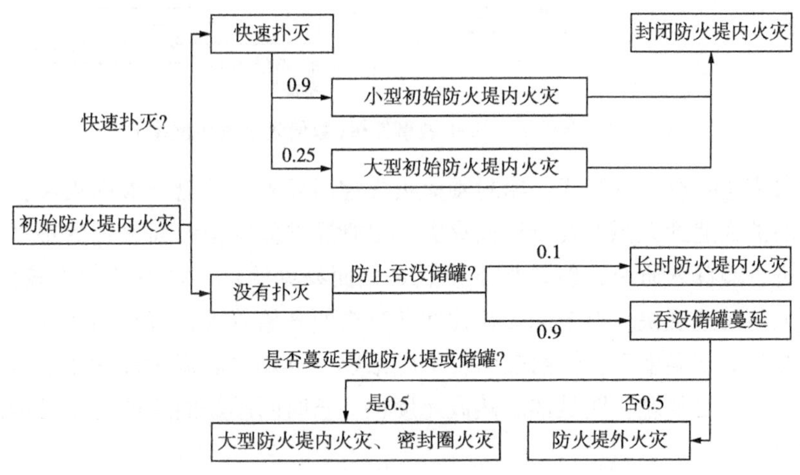

图 3-3　防火堤内火灾扩展事件树(数值表示发生概率)

防火堤内火灾主要具有以下特点：

一是燃烧速度快、火焰温度高、持续时间长。原油的燃烧热值决定了其具有闪点低，油蒸气挥发快，燃烧温度高，持续时间长等特点。原油的性质决定了其在燃烧过程中火焰会周期性的起伏现象，原油中的重组分越多，火焰周期性的起伏现象就越明显，火场上可通过观察烟雾的浓淡和火焰的高低来判断原油火灾的起伏阶段，在烟雾淡、火焰低时要及时抓住有利战机迅速展开灭火战斗行动。

二是烟雾浓、热值大、辐射热强。防火堤内原油流淌火在燃烧猛烈阶段时浓烟滚滚，火焰可达 10~25m。1kg 原油燃烧可产生 10500kcal 以上热量，热值大，辐射热强。

三是易发生沸溢。原油具有“热波”特性，其温度越高、黏度越低，传热速度越快，原油中含有的自由水和乳化水受热后其体积会迅速膨胀；用水和泡沫灭火时，射入燃烧区的水一部分被汽化蒸发，一部分溶解在热油中的水受热后体积迅速扩大造成沸溢现象的发生。

4. 全液面火灾

全液面火灾(full surface)是最严重的储罐火灾场景。罐内浮盘在浮力失效或断裂后出现的严重倾斜甚至沉没是导致全液面火灾发生的重要因素，这一结果直接使位于上层的油品暴露于空气中，遇到明火后形成全液面火灾。储罐发生全液面火灾后，若罐内油品液位较低，火焰直接向储罐内壁释放大量热辐射，短时间内很容易使罐壁在热应力作用下失效，罐内油品外流，从而形成防火堤内火灾(图3-4)。

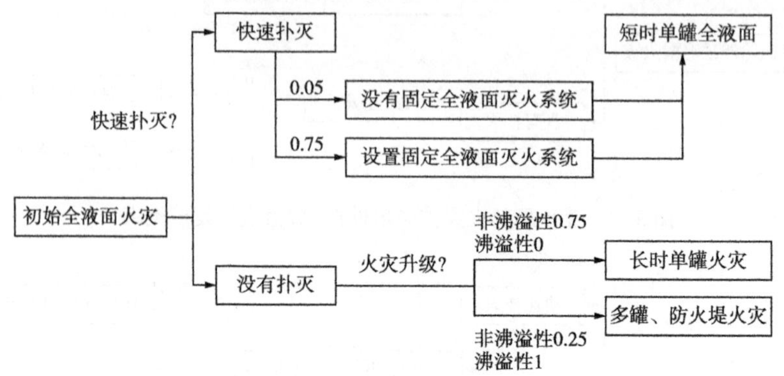

图3-4　全液面火灾扩展事件树(数值表示发生概率)

全液面火灾主要有两种模式：密封圈火灾失控后发展为浮盘全液面火灾，浮盘沉没或倾斜后暴露的油面遇到火源引发全液面火灾。尽管原油储罐全液面火灾的很多特性和发展规律有待于进一步深入研究，但是如下特点是显而易见的：一是原油闪点较低，易挥发，火焰在油面上蔓延速度快，整个油面往往在几秒内便开始着火，着火面积大，火焰中心热气流猛烈；二是火焰温度高，辐射热强，烟尘浓厚，火焰中心温度高达1050~1400℃；三是储罐油面灭火后易复燃；四是油层热波速度快，长时间燃烧的原油储罐可能发生多次沸溢、喷溅现象。

5. 火灾场景统计

本书对87起大型外浮顶储罐火灾事故的火灾场景进行了统计分析，其中有63起对其火灾类型进行了描述，各种火灾场景发生次数如图3-5所示。

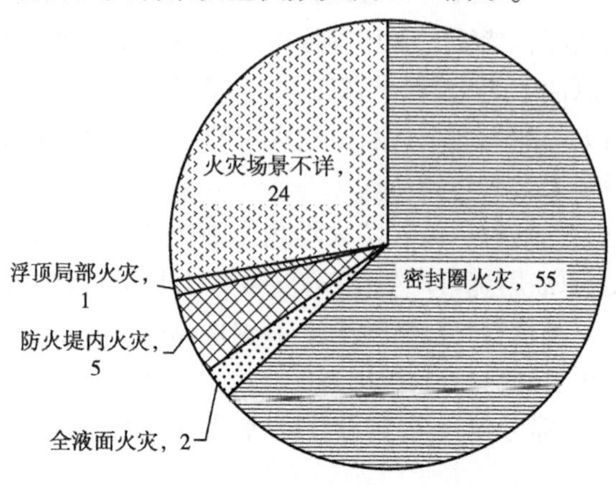

图3-5　外浮顶储罐火灾场景数量

由图 3-5 中的数据可知，在 63 起有火灾场景记录的大型外浮顶储罐火灾事故中，出现次数从高到低排序为密封圈火灾、防火堤内火灾、全液面火灾和浮顶局部火灾。

密封圈火灾是外浮顶储罐火灾事故中最为常见的火灾场景，通常是由雷击引起的。密封圈火灾是在储罐壁与储罐浮顶间的接触失去密封的情况下，油品蒸发的可燃蒸汽被点燃形成的。密封圈火灾的面积是不固定的，从小的局部到浮顶与罐壁接触的整圈区域均有可能。可燃蒸汽在密封圈处的形成位置与密封圈自身设计有关。

防火堤内火灾指任何不超出防火堤范围的火灾，其规模可以是在防火堤内由于泄漏形成的小面积原油，也可以是覆盖整个防火堤的火灾。小型的防火堤内火灾常见的是管道和法兰泄漏形成的火灾。

理论上全液面火灾场景用来描述浮顶完全沉没形成的火灾场景。而在实际中，如果浮顶发生部分沉没导致整个浮顶倾斜，导致整个液面没有浮顶保护，在这种情形下发生火灾也称为全液面火灾。全液面火灾是储罐火灾事故最为危险的一种事故场景，对周围辐射强度最高，灭火难度最大。统计中的 20 起事故中，一起是由于注油过程中液面盖过浮顶后被点燃形成的，另外一起火灾原因不详。另外有两起火灾事故初始火灾场景并不是全液面火灾，但火灾没有得到控制，升级形成了储罐全液面火灾，一起是由密封圈火灾发展形成的，一起则是由浮顶局部火灾事故升级形成的，这两起火灾分别按其初始火灾场景记录在各自的分类中。

浮顶局部火灾指在没有完全失去浮力的浮顶上形成的较浅油池被点燃形成的火灾。多种情形下可以形成浮顶局部火灾，例如，浮顶表面出现裂缝后，渗漏出来的原油在浮顶上面形成的浅油池被点燃；浮顶失去浮力，浮顶一部分沉入液面以下，暴露在浮顶上的油面被点燃；从浮顶上的开口或小零件中泄漏出的可燃蒸汽被点燃等。

6. 火灾频率分析

LASTFIRE 项目组曾经对世界范围内的密封圈火灾发生频率进行了统计，得到数据见表 3-1。

表 3-1 密封圈火灾发生频率统计表

国家/地区	每年雷暴天数/天	密封圈火灾频率/[10^{-3}次/(罐·年)]	95%置信区间对应频率/[10^{-3}次/(罐·年)]	
			低	高
尼日利亚	160	21	8	43
欧洲南部	30	2	1	4
欧洲北部	10~20	1	0.5	2
北美	40	2	1	4
委内瑞拉	60	13	2	45
新加坡	120	2	0.2	7
泰国	70	13	3	39
沙特阿拉伯	10	0.3	0.01	2

将表3-1中的雷暴天数与密封圈火灾进行回归分析拟合，得到密封圈火灾发生频率预测模型式(3-3)和式(3-4)，其中式(3-3)适用于年雷暴天数大于50天的地区，式(3-4)适用于其他地区。

$$R=1.5\times10^{-4}T-8.8\times10^{-4} \tag{3-3}$$

$$R=0.5\times10^{-4}T \tag{3-4}$$

式中 R——该地区发生密封圈火灾的频率，次/(罐·年)；

T——该地区每年的雷暴天数，天。

根据以上公式和我国各地雷暴天气数据，可以得出我国石油储备库发生密封圈火灾的频率，计算结果见表3-2。

表3-2 国内各大石油储备库密封圈火灾发生频率

石油储备库	储罐数量/座	当地每年雷暴天数/天	密封圈火灾发生频率/[次/(罐·年)]
浙江舟山岱山	—	47.1	7.07×10^{-3}
浙江镇海($520\times10^4m^3$)	52	47.1	7.07×10^{-3}
辽宁大连($300\times10^4m^3$)	30	30	4.50×10^{-3}
山东黄岛($320\times10^4m^3$)	32	20.7	3.11×10^{-3}
广东湛江	—	95.6	1.35×10^{-3}
广东惠州($500\times10^4m^3$)	50	87.1	1.22×10^{-3}
甘肃兰州($300\times10^4m^3$)	30	25.1	3.77×10^{-3}
江苏金坛($300\times10^4m^3$)	30	35.6	5.34×10^{-3}
天津曹妃甸、南港($1000\times10^4m^3$)	100	26.8	4.02×10^{-3}
新疆鄯善($800\times10^4m^3$)	80	7.2	1.08×10^{-3}
新疆独山子($540\times10^4m^3$)	54	19.4	2.91×10^{-3}
锦州(地下水封洞库)($300\times10^4m^3$)	—	28.7	无

密封圈火灾之外的集中火灾场景的发生频率，可参照LASTFIRE项目组提供的数据库资料，见表3-3。

表3-3 其他火灾场景基础频率

火灾场景	基础频率/[次/(罐·年)]	火灾场景	基础频率/[次/(罐·年)]
浮顶溢流火灾	3×10^{-5}	大型防火堤内火灾	6×10^{-5}
小型防火堤内火灾	9×10^{-5}	浮顶全液面火灾	3×10^{-5}

三、原油储罐火灾原因

根据国内外大量油罐火灾事故数据的统计分析，油罐起火(或爆炸)的原因主要包括明火、静电、雷电、自燃以及其他等几个方面。其中，明火引燃占53.5%，静电引燃占14.8%，雷击引燃占12.9%，自燃占10.9%，其他原因占7.9%。由此可知，各种明火引燃是原油储罐火灾发生的最主要原因。

1. 明火引燃、引爆

有关数据表明，由明火引起的油罐火灾位居第一，其主要原因是在使用电气、焊修储油设备时，明火管理不善或措施不力。除此之外油罐附近的烟道的火星、车辆喷出的火星、放鞭炮和烧纸的飞火、库区内违章吸烟等情况也极易引燃泄漏在地面的油品或引爆弥漫在空气中的油蒸气。

2. 静电火花引起爆炸

在原油进入管道后与管道接触的过程中会产生电子，这些电子有的被流体带走，从而形成在某一段原油中电荷量不均等的现象而产生静电。产生静电的方式主要有四种：一是液体的沉降带电，这种带电大部分会发生在储罐中；二是流体带电，就是电子分布不均匀产生的电荷；三是喷射带电，这是由微小液滴产生的电子云；四是摩擦带电，原油的流动与管道之间进行接触导致的。

电阻率在 1012Ω · cm 左右的原油最容易产生聚集静电。原油的电阻率大于 1012Ω · cm，为带静电物质，很容易产生和聚集静电荷，而且消散慢。由于油罐接地电阻过大(大于 100Ω · cm)，或消除静电的装置失灵，或孤立的导体(如浮顶)与油罐接触不良，很容易聚集静电荷，静电聚集到一定程度就可发生火花放电，如果在放电空间还同时存在爆炸性气体，便可能引起着火和爆炸。

3. 雷击引起火灾或爆炸

雷电是由带电的云层对地面建筑物及大地的自然放电引起的，它会对人、建筑物以及大地上的生命体形成严重的危害。雷电虽然属于自然现象，但也是引起油罐发生火灾爆炸不可忽视的重要因素。在油罐上空发生雷击时会发电并产生一个瞬间冲击压力，在没有完善的安全设施将此电压立即消除的情况下就极有可能引发油罐的爆炸，如果此时罐区空气中含有一定量的原油轻组分，同时有雷击的放电足够引燃空气的能量时火灾便不可避免地发生。

4. 自燃引起火灾

自燃是物质自发的着火燃烧过程，通常由缓慢的氧化还原反应引起，即物质在没有火源的条件下，在常温中发生氧化还原反应而自行发热，因散热受到阻碍，热量积蓄，逐渐达到自燃点而引起的燃烧。引发原油储罐自燃的原因主要包括三种，一是静电自燃(在前文“静电火花引起爆炸”章节已阐述)，二是硫自燃，三是磷化氢自燃(概率极低)。

其中，硫自燃属于硫化铁自燃，铁及其化合物的锈皮暴露于空气中，可能发生快速的氧化反应，将其加热到炽热状态。对于含硫油料，当硫醇或硫化氢存在时其一般为细微的硫化铁粉末，暴露空气中时其温度会快速上升并超过大多数油料的自燃温度。

5. 其他原因

碰撞和摩擦火花引起火灾：油罐的量油孔口应用有色金属制作，钢尺放入或拉出时易与量油口边缘摩擦而产生火花，引燃油罐内油蒸气；用钢铁造的工具开启油罐孔口或搬运时相互撞击产生火花易引燃泄漏的油蒸气。

电气原因引起火灾：油罐的主要电气设备如输电设备、线路、泵房电机照明设备等，若发生短路、漏电、接地、过负荷等故障时，产生的电弧、电火花、高热极易引燃泄漏的油及油蒸气。

机械故障或腐蚀：包括密封圈或浮筒损坏、支架故障或浮盘支架垫故障、浮盘破裂、浮盘排水故障、储罐底部或底圈腐蚀、蒸汽盘管故障以及管路、法兰、阀门泄漏等。机械故障是导致浮盘泄漏的主要故障模式，也是引发油料防火堤内严重泄漏的主要诱因。

工艺过程故障：包括油料过满，非油品管路进入易燃油气、油料过热或部分支架处于维护位置时浮盘下降。

由环境因素造成过载而引起的故障：如大雨。降雨过量而造成的浮盘过载是导致浮盘沉盘的主要原因。此外，浮盘支架由于腐蚀而失去作用也可能引发沉盘事故。

第二节　原油储罐火灾特征现象

一、火灾典型模式

由于外浮顶油罐储存的介质大都为易燃、可燃的石化化工产品，因明火、静电、自燃或雷电均可引发火灾。油罐火灾典型模式可总结为：先爆炸后燃烧、先燃烧后爆炸、爆炸后不再燃烧、稳定燃烧、沸溢和喷溅、隐蔽燃烧、多处着火等。

1. 先爆炸后燃烧

油罐火灾大多是先爆炸后燃烧。当罐内液面以上的油蒸气与空气混合达到爆炸极限时，遇明火或具有点燃能量的火花(当然也有因高温、高压作用而产生的物理性爆炸)，即发生瞬间的爆炸。随爆炸产生的高温，使油液面的汽化加剧，大量的油蒸气与空气混合成高浓度的混合气体，产生猛烈的燃烧。

2. 先燃烧后爆炸

油罐发生火灾后，在燃烧过程中产生的爆炸一般有三种情况。

一是油罐在火焰或高温作用下，使罐内的油蒸气压力急剧增加，当超过油罐承受的耐压强度时，会发生物理性爆炸。

二是燃烧罐的邻近罐在受到辐射热作用时，罐内的油蒸气增加，并通过呼吸阀等部位向外扩散，与周围空气混合达到爆炸极限，遇燃烧罐的火焰，即发生爆炸。

三是回火引起的爆炸。由于燃烧罐的罐盖未被破坏，当采取由罐底部导流排油时，如排速过快，使罐内产生负压，大量空气进入罐内，与可燃气体形成爆炸混合物，很容易发生“回火”现象，将会导致油罐爆炸。

3. 爆炸后不再燃烧

如果油品的温度低于其闪点，并且油蒸气与空气混合浓度处于爆炸极限范围内，或储存罐内无油品仅有爆炸性混合气体，那么遇有明火，就会发生爆炸，但爆炸后不再继续燃烧。

4. 稳定燃烧

当罐内液面以上的气体空间池蒸气与空气混合浓度达不到爆炸极限时，遇明火或其他火源，燃烧仅在液面稳定进行。如果外界条件不能使罐内混合浓度达到爆炸极限范围，将会使油料烧完为止。

5. 沸溢和喷溅

重质油品发生火灾，会出现沸溢、喷溅现象，如原油、渣油、污油的黏度大，导热性能好，燃烧能使油品温度很快达到它的沸点而发生沸溢。如果油品不纯，含有一定的水分或油层下部垫水，在燃烧中，因高温火焰作用，热波传递速度大于燃烧速度，使水遇热汽化，形成气泡，体积扩大，产生一股有一定压力的水蒸气，从油品内冲出，致使罐内燃烧油料发生喷溅。

6. 隐蔽燃烧

圆柱形罐爆炸燃烧时，罐顶能否全部掀开，取决于爆炸威力的大小、爆炸点的部位、罐顶与罐壁焊接强度3个因素，能够全部爆开罐顶呈敞开式燃烧的只有40%。但存油量较多，罐间空间小，可燃混合物爆炸产生的压力小，不足以使罐顶全部掀开，只是在罐顶或罐壁焊接处爆开一个大裂口，罐顶的一部分还接连在罐壁上，另一部分落在罐内与燃烧液面形成一个泡沫射不进去的“死角”，灭火战斗中，尽管向罐内喷射泡沫，使大火扑灭，但死角内的火焰还在继续燃烧，一旦停射泡沫，就会复燃。

7. 多处着火

发生油罐火灾的多处着火，并不鲜见。例如，油罐发生爆炸，罐顶落在其他油罐或管道、阀门上，砸坏油罐引起油品流淌，出现多处着火；罐区油罐着火，着火罐辐射热引起多罐着火，尤其是下风方向的油罐极易产生爆炸着火，而形成多处着火；重质油火灾，发生喷溅、沸溢、油品流淌或洒落而引起多处着火。

二、沸溢及喷溅

1. 基本概念

1）溅溢(slopover)

溅溢是将水喷洒在燃烧着的热油表面，且该油品黏度较大，防止温度超过水的沸点而产生的燃烧着的油品溅出的现象(图3-6)。由于这种现象只涉及表层油品处，因而这种现象不甚剧烈。

2）沸溢(frothover)

国家标准《建筑设计防火规范》(GB 50016—2014)(2018年版)第2.1.20条中对沸溢性油品进行了规定，即含水并在燃烧时可产生热波作用的油品为沸溢性油品。

沸溢属于液体燃烧中的一种燃烧现象，常见于含有水分(乳化水、水垫)的油品在燃烧过程中，其中的水汽化不易在黏度大的油品中挥发，以至于形成了膨胀气体使液面沸腾，就像烧开的沸水一样的表面现象。由于原油(或重油)的燃烧速率小于轻质油品的燃烧速率，也小于油品表层以下被加热的速率（小于2～4倍）。当热波面与油中悬浮水滴相遇，水被加热汽化并形成气泡，这种表面含有油品的气泡，由于水被汽化时体积迅速增加为原体积的千倍以上，急剧上升到油面，对油面形成强烈的搅拌，这种外包有油品薄膜的气泡形成沸溢，从而将油品携带出管外，在油罐四周地面扩散。发生沸溢的时间与原油的种类、水分含量有关。根据实验，含有1%水分的石油，经45～60min燃烧就会发生沸溢（图3-6至图3-9）。

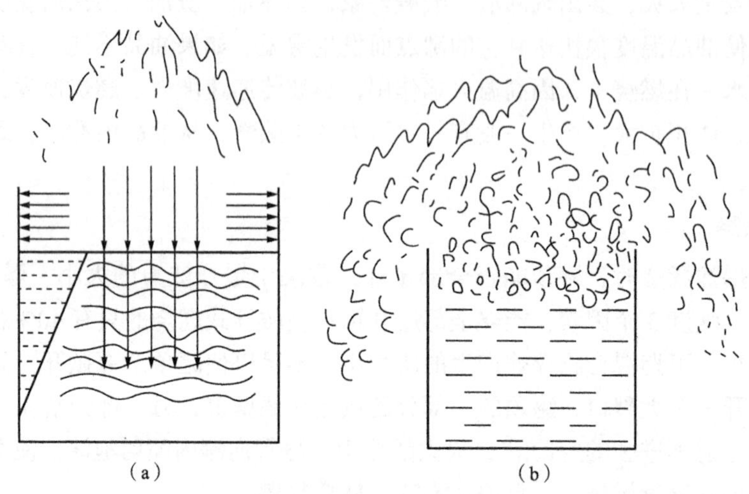

图3-6　油罐沸溢火灾示意图

3）喷溅（boilover）

喷溅常发生于原油沸溢之后，当热波面逐渐向下传递，到达油罐底部水垫层高度时，若将油罐底部沉积水加热到汽化温度（100℃），则沉积水将变成水蒸气，体积扩大，将上部油品抬起，最后冲破油层进入大气，将燃烧着的油滴和包油的气泡冲向天空，造成喷溅。

原油火灾发生后，储罐可能安静稳定地燃烧数个小时，然后在毫无征兆的情况下在储罐边缘上方喷出大量燃烧的油品，其速度可达20km/h。在极端情况下，大量易燃液体喷出，对储罐周围数百英尺范围内均有影响。溢出的物质燃烧所产生的火柱高度会达到储罐直径的10倍。

NFPA 30中对“boilover”的定义为：储存在敞口式储罐里的某种油品，经过长时间稳定燃烧，火焰强度突然增加并有燃烧的油品自储罐内喷出的现象。

油罐从起火到喷溅的间隔时间与油层厚度成正比，与燃烧速度、油品温度传递速度成反比。可利用下面的公式计算求得，即

喷溅时间（h）-油层厚度（cm）÷［燃烧速度（cm/h）+油品温度传递速度（cm/h）］

上式可以说明，油层越薄，燃烧速度、油品温度传递速度越快，越能在起火后较短的时间内发生喷溅。喷溅时间一般晚于沸溢时间，常常是先发生沸溢，间隔一段时间，再发生喷溅。油罐发生沸溢和喷溅的征兆及现象如下：原油罐发生火灾后，如液面的高度小于0.5m，大约1h即可发生沸溢、喷溅。通常发生沸溢前几分钟，油面呈现蠕动、涌涨现象，

出现油沫 2～4 次，火焰增大、发亮、变白，烟色由浓变淡，并发生剧烈的“嗞、嗞、……”声。当油罐沸喷时，罐壁颤抖，液面剧烈沸腾，金属罐壁变形，产生强烈的噪声，雾减少，火焰更加发亮，火舌更大，形似火箭。

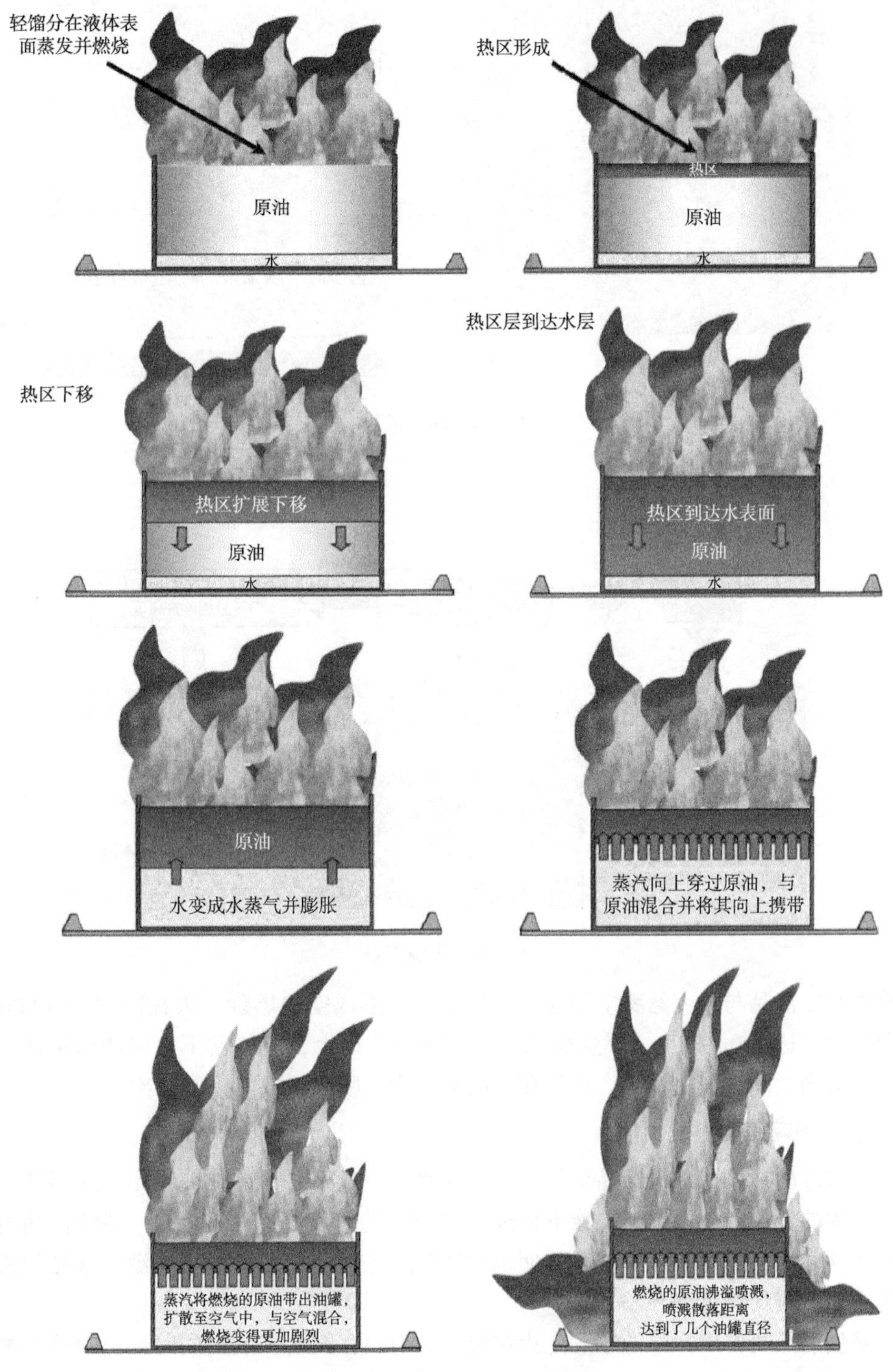

图 3-7　沸溢阶段的示意图

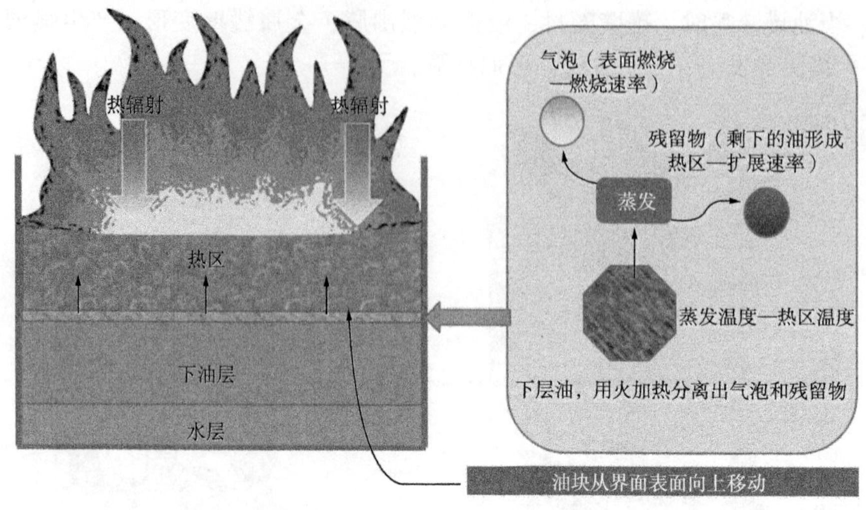

图 3-8　沸溢机制

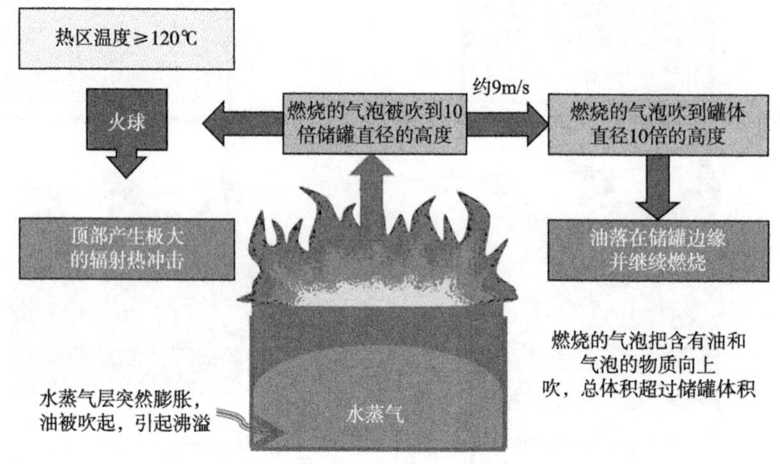

图 3-9　沸溢灾难

喷溅时，油品与火突然腾空而起，向外喷出，形成空中燃烧，火柱高达 70～80m，顺风方向喷射可达 100m 以上，燃烧面积可达 10000m^2 以上，火焰卷下，向四周扩散，可导致附近人员伤亡和可燃物燃烧。往往在一次火灾中，喷溅现象能重复多次。

2. 沸溢和喷溅发生的原因

对于沸溢性油品，不仅油品要具有一定含水率，且必须具有热波作用，才能使油品液面燃烧产生的热量从液面逐渐向液下传递。当液下的温度高于 100℃时，热量传递过程中遇油品所含水后便可引起水的汽化，使水的体积膨胀，从而引起油品沸溢。常见的沸溢性油品有原油、渣油和重油等。

一是辐射热的作用。原油罐发生火灾时，辐射热在四周扩散的同时，也加热了油品表面。随着加热时间的延长，被加热的液层也越来越厚，当温度不断升高，原油被加热至沸点时，燃烧着的原油就会沸腾，溢出罐外。

二是热波的作用。热波作用就是重质油品燃烧时，处于燃烧面的轻馏分被烧掉，被燃烧热和辐射热加热的重馏分逐步下沉，热量向油品深层传递，从而形成一个向油品深层不断发展的界面，这种现象通常称为热波。

三是水蒸气的作用。原油中含有自由水、乳化水，热波会使原油中的水被加热汽化，变成水蒸气。水一旦变成水蒸气，其体积膨胀，蒸气压也相应增大，当超过原油的液压时，水蒸气会向上逸出，并形成大量的气泡，蒸气泡沫被油薄膜包围形成油泡沫，这样使原油的体积剧烈膨胀，超出贮罐所能容纳时，就向外溢出，形成沸溢。

随着燃烧的继续进行，热波的温度逐渐升高，且不断向下移动，当热锋面遇到水垫层(或大量水)时，大量水变成水蒸气，蒸气压迅速增大，以致将水垫层上部的原油抛向上空，形成喷溅。

3. 沸溢和喷溅的条件

一是油品具有形成热波的条件。原油、重油等油品中各组分的沸点范围较宽，可发生沸溢和喷溅；而汽油组分的沸点范围较窄，只能在距液面 6~9cm 处存在一个固定的热锋面，即热锋面的推移速度与燃烧的直线速度相等，故不会产生沸溢和喷溅。

二是油品中含有一定量的水。水是导致发生沸溢和喷溅的重要因素，原油中就含有一定的乳化水或悬浮状态的水，且一般在油层下还有水垫层。

三是油品的黏度较大。油品只有具有足够的黏度，水蒸气不易自下而上逸出，才能使水蒸气泡沫被油膜包围，形成油泡沫。而原油的黏度一般都较大。而冷热油界面称为热波面。热波面的温度可达 149~316℃。

油品在热辐射和热波的共同作用下，当温度达到油品沸点时，则发生沸腾和外溢。或者热波将油品中的悬浮水滴加热汽化，被油膜包围形成泡沫，当油泡沫突破油层压力上升至油面时出现突沸。更为严重的是，热波面传递到水垫层时，水被汽化，体积急剧膨胀增大(水变为蒸汽后体积可达其原体积的 1700 倍)，压力升高，将上部油品抬起，最后突破油层而发生喷溅。

4. 沸溢和喷溅两者的区别

一是发生的时间不同，一般是先沸溢后喷溅；

二是水的来源不同，发生沸溢是原油的乳化水，而发生喷溅是水垫层的水；

三是危害不同，与沸溢相比，喷溅危害更大。

5. 发生沸溢和喷溅的征兆

在扑救原油火灾时，要特别注意观察是否出现沸溢和喷溅的前兆，发生沸溢和喷溅前一般有以下征兆：

一是油品表面因大量气泡生成，呈翻涌蠕动现象，此现象会出现 2~4 次；

二是火焰高度增加，颜色由深变亮且发白；

三是油罐壁出现剧烈颤抖，有的稍有膨胀现象；

四是燃烧发出的声音变异，发出强烈的嘘嘘声或呼呼声。

若出现以上征兆，火场指挥员要立即下达撤退命令，待沸溢或喷溅发生后，再抓住时机灭火，才能避免和减少不必要的伤亡。1989 年的黄岛油库火灾就是由于发生了沸溢燃烧，原油喷溅，使得火势迅速蔓延。

6. 危害性

沸溢和喷溅在原油火灾中危害极大，沸溢可使原油溅出距离达几十米，大油罐储油多时，其溢出的面积可达几千平方米，从而使火灾大面积扩散。喷溅时，原油的火焰突然腾空，火柱可高达 70~80m，火柱顺风向喷射距离可达 120m 左右。火焰下卷时，向四周扩散，容易蔓延至邻近油罐，扩大灾情，并且可能使灭火人员突然处于火焰包围中，造成人员伤亡。决不能因重油闪点高、着火危险性小而放松防火的警惕。

第三节　原油储罐火灾燃烧特性

一、火灾燃烧基本原理

1. 燃烧的定义

燃烧指可燃物质与氧或者氧化剂发生伴有发光、放热的一种激烈的化学反应。发光、放热和生成新物质是燃烧的三个特征。不仅可燃物质和氧化合的反应属于燃烧，某些反应，如氯和氢的化合反应，虽然没有与氧化合，但由于所发生的反应是十分剧烈的发光、放热的化学反应，并且生成新的物质氯化氢，因此也属于燃烧。当然，大部分燃烧还是有氧参加的剧烈的氧化反应。燃烧反应虽然是氧化反应，但与一般的氧化反应不同，其特点是燃烧反应非常剧烈，放出的热量多。其放出的热量足以把燃烧的产物加热到发光的程度，并进行化学反应生成新的物质。很多氧化反应是放热反应，但其放出的热量不足以使产物发光，只能称为一般的氧化反应，不能称为燃烧。

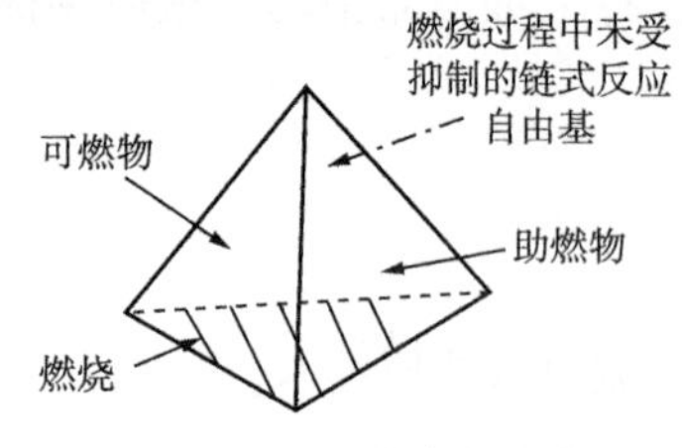

图 3-10　燃烧条件示意

2. 燃烧的条件

燃烧必须具备三个条件，即可燃物、助燃物和着火源，这三个条件必须同时存在并相互作用时才能发生燃烧(图 3-10)。

1）可燃物

指能与空气、氧气和其他氧化剂发生剧烈氧化反应的物质。可燃物的种类很多，按其状态不同可分为气态、液态和固态三类，按其组成不同可分为无机可燃物和有机可燃物两大类。无机可燃物如氢、一氧化碳等，有机可燃物如甲烷、乙醇等。

2）助燃物

指具有较强的氧化性能的物质，如空气、氧气、氯气。

3）着火源

指具有一定温度和热量的能源，通俗地讲指能引起可燃物质着火的能源。常见的着火源有明火、电火花、高温物体。燃烧的三个条件如果发生变化，会使燃烧的速率改变，甚至停止燃烧。例如，当氧在空气中的浓度降到一定的数值时，燃烧可能会停止；空气中可燃气体的量降低到一定比例时，燃烧速率会减慢，甚至停止。

3. 燃烧现象的分类

燃烧现象按其发生燃烧瞬间的特点分为着火、自燃、闪燃。

1）着火

可燃物质受到外界火源直接作用而开始持续燃烧的现象称为着火。可燃物质开始持续燃烧所需要的最低温度叫作该物质的燃点或着火点。物质的燃点越低越容易着火。

2）自燃

可燃物质虽然没有受到外点火源的直接作用，但受热达到一定温度，或由于物质内部的物理（辐射、吸附等）、化学（分解、化合）或生物（细菌、腐败作用）反应过程所提供的热量积聚起来，使其达到一定的温度，从而发生自行燃烧的现象称为自燃。例如，黄磷暴露在空气中时，在室温下与空气中的氧发生氧化反应放出来的热量就足以达到使黄磷自行燃烧的温度，故黄磷在空气中很容易自燃。可燃物质无须直接点火源就能发生自行燃烧的温度称为该物质的自燃点。自燃点越低，发生火灾的危险性就越大。

3）闪燃

闪燃是液体可燃物的燃烧特征之一。高火焰或炽热物体接近易燃和可燃液体时，其液面上的蒸气与空气的混合物会发生一闪即灭的燃烧，这种燃烧现象称为闪燃。闪燃是短暂的闪火，不是持续的燃烧，这是因为液体在该温度下的蒸发速度不快，液体表面积聚的蒸气一瞬间即燃尽，而新的蒸气还来不及补充，故闪燃一下就熄灭了。

闪点与物质的饱和蒸气压有关，饱和蒸气压越大，闪点越低。同一液体的饱和蒸气压随其温度的增高而变大，所以温度较高时容易发生闪燃。如果液体的温度高于它的闪点，则随时都有接触点火源而被点燃的危险。所以将闪点低于45℃的液体叫作易燃液体，表明它比一般可燃液体的危险性更高。

4. 燃烧的特性参数

1）燃烧热

燃烧热指单位质量或单位体积的可燃物在完全燃烧时放出的热量，简称热值。

2）燃烧温度

燃烧温度实质上就是指火焰温度。燃烧温度的特点是可燃物质的热值越大，燃烧时温度越高，燃烧蔓延的速度也越快，可燃物在燃烧时产生的热量集中于火焰燃烧区内析出，因而火焰的温度就是燃烧温度。一般燃烧温度都在1000℃以上，不同的燃烧物质燃烧时的温度不同。

3）燃烧速度

一般认为，燃烧速度是单位面积上单位时间内烧掉的可燃物质的数量。液体的燃烧速度可以用质量速度和直线速度两种方法来表示，直线速度就是指以单位时间内烧掉的液层高度表示的液体燃烧速度。

针对液体的燃烧速度，工业上用两种方法来表示上述的质量速度和直线速度。液体燃烧的初始阶段是蒸发，然后蒸气分解、氧化达到自燃点而燃烧。液体蒸发需要吸收热量，它的速度是比较慢的，液体的燃烧速度主要取决于蒸发速度。易燃液体的燃烧速度高于可燃液体的燃烧速度。影响液体燃烧速度的因素有：初始速度越高，燃烧速度越快；不含水的液体比含水液体燃烧速度快；如果液体在罐内，则其燃烧速度与罐径、液面高低等因素有关，一般来讲，罐径越大、罐内液面越高，易燃液体的燃烧速度越快；风对液体的燃烧速度也有影响，风越大，燃烧速度越快。

5. 燃烧的过程和形式

由于可燃物的形态不同，当其接近火源或受热时，发生不同的变化，形成不同的燃烧过程和燃烧方式。可燃气体、液体和固体在空气中燃烧时，可分为扩散燃烧、蒸发燃烧、分解燃烧和表面燃烧四种燃烧形式。

（1）扩散燃烧指可燃气体分子和空气分子之间相互扩散、混合，当其浓度达到燃烧极限范围时在外界火源的作用下，使燃烧蔓延和扩大。

（2）蒸发燃烧指液体蒸发产生蒸气时，被点燃起火后，火焰温度继续加热液体表面，从而加速液体蒸发，使燃烧继续扩大和蔓延。

（3）分解燃烧指在受热过程中伴随有热分解现象，由于热分解而产生可燃气体，这种气体的燃烧称为分解燃烧，如一些爆炸性物质缓慢分解引起的燃烧和某些可燃性固体物质分解的可燃性气体的燃烧。

（4）表面燃烧指固体表面可燃物被加热后进行的燃烧，燃烧后高温气体以同样的方式将热量传到下一个层面的可燃物使燃烧继续下去。

在扩散燃烧、蒸发燃烧和分解燃烧过程中，可燃物虽然是气体、液体或者固体，但它们经过熔化、蒸发、升华、分解等过程最后都形成可燃气体或蒸气燃烧，即上述燃烧过程总是全部地或者部分地在气相中进行。

可燃物质的燃烧过程是吸热和放热化学过程及传热物理过程的综合。固态和液态物质的燃烧，实际上从凝聚相开始，在气相火焰中结束。在凝聚相中，可燃物质开始燃烧，其实是吸热过程，而在气相中的燃烧则是放热过程。大多数凝聚相中产生的反应过程是靠气相燃烧放出的热量来实现的。在反应的所有区域内，吸热量和放热量的平衡遭到破坏时，若放热量大于吸热量，燃烧持续进行，反之则燃烧熄灭。

二、油罐火灾燃烧的一般特点

1. 火焰温度高、辐射热强

油罐发生火灾，火场周围环境温度都较高，辐射热强烈。火焰中心温度可达 1050～1400℃，油罐壁温度达 1000℃以上。油罐发生燃烧时与燃烧物的热值、火焰温度有关。燃烧时间越长，辐射热越强。油罐火灾的热辐射强度与发生火灾时间成正比。火焰温度越高，辐射热强度越大。

2. 燃烧火焰起伏

油罐发生火灾燃烧，火灾趋势有起有伏。火焰起时，火焰迅猛、高大，燃烧速度很快，辐射热量强；火焰伏时燃烧火势缩小，燃烧速度减缓，火焰矮小。原油成分内含轻质和重质的不同馏分是造成燃烧起伏的原因。

3. 极易形成大面积火灾

油罐火灾发展蔓延速度快，极易造成大面积火灾。发生火灾后，伴随油罐爆炸，油品沸溢、喷溅、流散，便落在周围建筑物上，造成大面积火灾。如果火灾周围有其他油罐，后果更加严重。石油气储罐发生火灾时，随着油气储罐破裂、泄漏，气体向外扩散，火灾面积就越大。

4. 爆炸危险性大

原油一定温度下蒸发产生大量蒸气，这些油蒸气与空气混合达到一定比例，遇明火即会爆炸。此时油罐在火焰或高温作用下，油蒸气压力急剧增加，超过容器所能承受极限压力，容器即发生爆炸。油罐气体空间发生爆炸，引起油品迅速燃烧。因罐体破裂，罐内燃烧的油品往往流淌形成火灾向四周蔓延，具有火灾蔓延扩大的危险性。若罐底有积水，罐内原油长时间猛烈燃烧，因温度火焰过高，积水沸腾，形成燃烧的原油沸腾喷溅，会加剧火灾激烈性。

5. 具有复燃性、复爆性

扑灭火灾后，没有切断可燃源的情况下，遇到火源或高温将产生复燃复爆。随着爆炸，往往油罐罐顶破裂，或罐体变形甚至破裂，故具有重来的破坏性。灭火后的油罐壁温相当高，不继续进行冷却处理，会重新引起原油燃烧。扑救油罐火灾，经常会因为灭火措施不当造成复燃、复爆。

三、火灾燃烧特性表征参数

了解储罐火灾的燃烧特性，对油罐区的安全设计和消防管理具有重要意义。本节主要介绍油罐液体燃烧的基本特性。

1. 燃烧速率

液体的燃烧速度有两种表示方法，即燃烧线速度和质量燃烧速度。

燃烧线速度(v)指的是单位时间内燃烧掉的液层厚度。可表示为

$$v=\frac{H}{t} \tag{3-5}$$

式中 H——燃烧掉的液层厚度，mm；

t——液体燃烧所需时间，h。

质量燃烧速度指的是单位时间内单位面积燃烧的液体的质量，可以表示为

$$G=\frac{m}{St} \tag{3-6}$$

式中 G——质量燃烧速度，kg/(s · m^2)；

m——液体的燃烧质量，kg；

S——燃烧面积，m^2。

但针对原油储罐火灾，其燃烧速度受热辐射、火焰位置和形状以及油品容器的导热性等多个因素影响。

目前，针对池火灾建立了较成熟的燃烧速率模型。通常情况下，池火灾发展过程分为三个阶段。第一阶段是在火焰升温的过程中燃烧速度随之加快；第二阶段是燃料从火焰中获得热量与燃料传递到周围介质的热量相当，此时燃烧速度达到稳定值；第三阶段则由于燃料不充足导致燃烧速度下降。常用的可燃液体燃烧速率计算模型有 Hertzberg 和 Babrauskas 计算模型。

Hertzberg 计算模型按照油品的沸点水平可分为两种计算公式。

当油品的沸点小于环境温度时，质量燃烧速率为

$$m''=0.001\frac{\Delta H_c}{H_e} \tag{3-7}$$

当油品的沸点大于环境温度时，燃烧速率为

$$m''=0.001\frac{\Delta H_c}{c_p(T_b-T_0)+H_e} \tag{3-8}$$

$$c_p=(0.403+0.00081t)/d \tag{3-9}$$

式中 m''——质量燃烧速率，kg/(m^2 · s)；

ΔH_c——燃烧热，kJ/kg；

H_e——汽化热，kJ/kg；

c_p——比定压热容，kJ/(mol · K)；

T_b——常压沸点；

T_0——环境温度，K；

d——液体相对密度；

t——液体燃烧所需时间，h。

Babrauskas 更进一步将油池火的燃烧模式划分为四种，见表 3-4。

表 3-4 不同油池直径下的燃烧模式

油池直径/m	燃烧模式	油池直径/m	燃烧模式
<0.05	对流，层流	0.2~1	辐射，光学薄
0.05~0.2	对流，湍流	>1	辐射，光学厚

对于油池火来说，质量燃烧速率由可燃蒸气产生的速率控制，而火焰传递到燃料表

面的能量对可燃蒸气的产生起到决定性作用，可以计算为热传导、热对流、热辐射的总和。

$$Q_F = 4\frac{c_1(T_F - T_f)}{D} + c_2(T_F - T_f) + c_3(T_F^4 - T_f^4)[1 - \exp(-k\beta D)] \tag{3-10}$$

式中 Q_F——燃料接收到的总热量，W；

T_F——火焰温度，K；

T_f——燃料表面温度，K；

D——燃料池直径，m；

c_1——导热传热系数，W/(m·K)；

c_2——对流传热系数，W/(m²·K)；

c_3——辐射传热系数，W/(m²·K⁴)，包含 Stefan-Boltzmann 常数[其值为 5.67×10^{-8} W/(m²·K⁴)]和视野因子；

k，β——分别是火焰的吸收衰减系数和平均光线长度校正系数，一般使用 k 与 β 的乘积 $k\beta$ 为经验系数(m^{-1})，通常为试验测定值，$k\beta$ 值的确定取决于燃料的种类。

随着油池直径的增大，辐射项比其他两种传热机制起着更为重要的作用，因此可以忽略热传导和热对流的影响，Burgess 总结了大量的实验数据，提出了适用于直径大于 0.2m 的油池火稳定燃烧速率的经验公式：

$$\dot{m}_s = \frac{Q_F}{\Delta H_c} \approx \frac{c_3(T_F^4 - T_f^4)}{\Delta H_c}[1 - \exp(-k\beta D)] = \dot{m}_\infty[1 - \exp(-k\beta D)] \tag{3-11}$$

式中 $\dot{m}_s$——稳定时期的质量燃烧速率，kg/(m²·s)；

ΔH_c——物质的燃烧焓，kJ/kg；

$\dot{m}_\infty$——燃料在无限池直径下的最大质量燃烧速率，kg/(m²·s)。

常见物质的 $\dot{m}_\infty$ 和 $k\beta$ 见表 3-5。

表 3-5 常见物质的 $\dot{m}_\infty$ 和 $k\beta$

物质	$\dot{m}_\infty$	$k\beta$	物质	$\dot{m}_\infty$	$k\beta$
液化氢气	0.169	6.1	二甲苯	0.090	1.4
LNG	0.078	1.1	汽油	0.055	2.1
LPG	0.099	1.4	柴油	0.039	3.5
丁烷	0.078	2.7	JP-5 航空燃料	0.054	1.6
己烷	0.074	1.9	甲醇	0.015	1
庚烷	0.101	1.1	乙醇	0.015	1
苯	0.085	2.7	胜利原油	0.05	0.9

对于无法查表得出的物质，通常采用下式估算：

$$\dot{m}_s = \frac{0.001 \times \Delta H_c}{\Delta H_v + c_p (T_b - T_0)} \tag{3-12}$$

式中 ΔH_v——物质的蒸发焓，kJ/kg；

c_p——物质的比定压热容，kJ/(kg·K)；

T_b——燃料沸点，K；

T_0——环境温度，K。

2. 火焰特征参数

1）火焰高度 H

火焰高度作为另一个重要的特征参数，与燃烧液池的传热过程直接相关，它影响火焰的热交换。油罐火灾的火焰高度 H 取决于油罐直径和油罐内储存的油品种类。油罐的直径越大，储存的油品越轻，则火焰高度越高。火焰高度可以预测火焰对外部环境的辐射、燃烧速率以及油品燃烧的发展过程。常用的火焰高度计算公式有以下四种。

BrLtz 经验公式：

$$H = 1.73D + 0.33D^{-0.43} \tag{3-13}$$

Heskestad 方程：

$$H = 0.235q^{2/5} - 1.02D \tag{3-14}$$

$$q = V\Delta H_c A_f \tag{3-15}$$

式中 D——燃烧油池直径，m；

q——燃烧油池燃烧的热释放速率，kW；

V——油池单位面积的质量燃烧速率，kg/(m²·s)；

ΔH_c——燃烧热，kJ/kg；

A_f——油池面积，m²。

Thomas 提出了无风和有风时不同的火焰高度计算公式。

无风条件下的池火火焰高度为

$$H = 42D\left[\frac{m''}{\rho_0 (gD)^{0.5}}\right]^{0.6} \tag{3-16}$$

式中 H——火焰高度，m；

ρ_0——空气密度，通常取 1.16kg/m³；

g——重力加速度；

m''——质量燃烧速率，kg/(m²·s)。

有风条件下，火焰不垂直于燃烧油池，将弯曲并发生倾斜，火焰高度 H 也会随风速的增大而下降。有风条件下的池火火焰高度为

$$H=55D\left(\frac{m''}{\rho_0(gD)^{0.5}}\right)^{0.67}\left(\frac{U_w}{U_c}\right)^{-0.21} \tag{3-17}$$

$$U_c=(gD\,m''/\rho_0) \tag{3-18}$$

$$U_w=\frac{U_{wind}}{[(m''/\rho_0)gD]^{1/3}} \tag{3-19}$$

式中 U_w——当量风速，m/s；

U_{wind}——实际风速，m/s；

U_c——特征风速；如果$U_w<U_c$，则U_w/U_c取1。

Moorhouse 公式适用于有风情况下的火焰高度计算。

$$H=6.2D\left(\frac{m''}{\rho_0\sqrt{gD}}\right)^{0.254}\left(\frac{U_w}{U_c}\right)^{-0.044} \tag{3-20}$$

2）火焰倾斜度

油罐内油品燃烧的火焰呈锥形，锥形底就等于燃烧油罐的面积。锥形火焰受到风的作用就产生一定的倾斜角度，这个角度的大小与风速直接有关。当风速等于或大于4.0m/s时，火焰的倾斜角为60°~70°；在无风时，火焰的倾斜角为0°~15°。

很多研究者给出过火焰倾角的计算模型，最为经典的模型是 Thomas 模型和美国气体协会的 AGA 模型。

Thomas 模型：

$$\cos\theta=0.7\,(u^*)^{-0.49} \tag{3-21}$$

AGA 模型：

$$\cos\theta=\begin{cases}1 & ,\ u^*\leqslant 1\\ 1/(u^*)^{0.5} & ,\ u^*>1\end{cases} \tag{3-22}$$

式中 θ——倾斜角，(°)；

u^*——无量纲风速。

3）火焰温度

火焰温度主要取决于可燃液体种类，一般石油产品的火焰温度在900~1200℃之间。火焰沿纵轴的温度分布如图3-11所示。

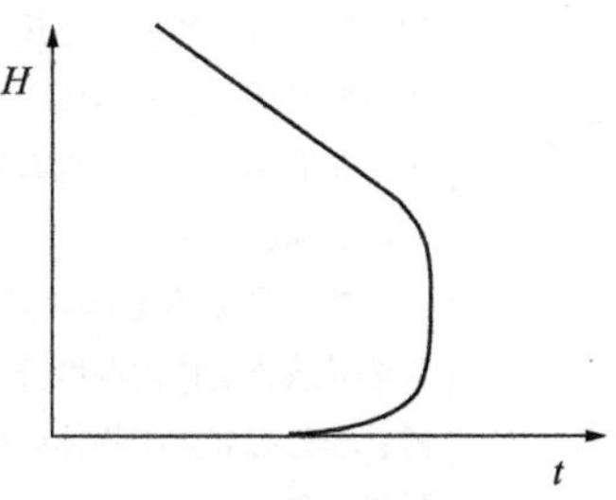

图3-11 火焰沿纵轴的温度分布

从油面到火焰底部存在一个蒸气带，从火焰辐射到液面的热量有一部分被蒸气带吸收，因此，温度从液面到火焰底部迅速增加；到达火焰底部后有一个稳定阶段；高度再增加时，则由于向外损失热量和卷入空气，火焰温度逐渐下降。

McCaffrey 应用数学模拟理论对试验结果进行整理，得到了火焰中心线上火焰内、火焰顶部过渡段及火焰上方的浮烟羽的温度分布公式：

$$\frac{2g\Delta T_0}{T_0}=\left(\frac{K}{C}\right)^2\left(\frac{h}{\dot{Q}_C^{\frac{2}{5}}}\right)^{2\eta-1} \tag{3-23}$$

式中 T_0——环境温度，K；

$\dot{Q}_C$——整个火焰的热释放速率，kW；

h——火焰中心线上的点与液面的距离，m；

ΔT_0——火线中心线与环境温度差，K；

K，C，η——常数，见表 3-6。

表 3-6 式(3-23)常数项

区域	K	η	$\frac{h}{\dot{Q}_C^{\frac{2}{5}}}$/(m/kW$^{2/5}$)	C
火焰	6.8m$^{1/2}$/s	1/2	<0.08	0.9
火焰间断区	1.9m/(kW$^{1/5}$·s)	0	0.08~0.2	0.9
烟羽	1.1m$^{4/3}$(kW$^{1/3}$·s)	−1/3	>0.2	0.9

3. 传热模式

储罐火灾传热模式有热传导、热对流、热辐射三种，三种传热模式基本概念与公式计算见表 3-7。

表 3-7 传热模式的表征

传热方式	内容描述	公式计算
热传导	热传导又称导热，属于接触传热，是连续介质就地传递热量而又没有各部分之间相对宏观位移的一种传热方式。从微观角度讲，之所以发生导热现象，是由于微观粒子(分子、原子或它们的组成部分)的碰撞、转动和振动等热运动引起能量从高温部分传向低温部分。在固体内部，只能依靠导热方式传热；在流体中，尽管也有导热现象发生，但通常被对流运动所掩盖。 热传导分为稳态导热和非稳态导热两种形式。稳态导热指物体内温度分布不随时间变化的导热过程；非稳态导热指物体内的温度分布随时间变化的导热过程	热传导服从傅里叶定律，即在不均匀温度场中，由于导热所形成的某地点的热流密度正比于该时刻一地点的温度梯度，在一维温度场中，数学表达式为 $q''_x=-\lambda\frac{dT}{dx}$ 式中 q''_x——热通量，在单位时间内经单位面积传递的热量，W/m^2； $\frac{dT}{dx}$——沿 x 方向的温度梯度，℃/m； λ——热导率，W/(m·℃)。热导率表示物质的导热能力，即单位温度梯度的热通量

续表

传热方式	内容描述	公式计算
热对流	热对流又称对流，指流体各部分之间发生相对位移，冷热流体相互掺混引起热量传递的方式。所以，热对流中热量的传递与流体流动有密切关系。当然，由于在流体中存在温度场，所以也必然存在导热现象，但导热在整个传热中处于次要地位。工程上，常把具有相对位移的流体与所接触的固体壁面之间的热传递过程称为对流换热	对流换热的热通量服从牛顿冷却公式： $q''=h\Delta T$ 式中 q''——单位时间内单位壁面面积上的对流换热量； ΔT——流体与壁面间的平均温差，℃； h——表面传热系数，表面传热系数 h 不是物理常数，而是取决于系统特性、固体壁面形状与尺寸，以及流体特性，且与温差有关
热辐射	辐射是物体通过电磁波来传递能量的方式。热辐射是因为热的原因而发出的辐射能的现象。辐射换热是物体之间以辐射方式进行的热量传递。与热传导和对流不同的是，热辐射在传递能量时不需要相互接触即可进行，是一种非接触传递能量的方式，即使空间是高度稀薄的太空，热辐射依然可进行	在工程中，通常考虑两个或者两个以上物体间的辐射，系统中每个物体辐射并同时吸收热量。它们之间的净热量可以通过斯蒂芬-玻尔兹曼(Stefan-Boltzmann)方程表示： $Q_{1,2}=\varepsilon F_{1,2}A_1\sigma(T_1^4-T_2^4)$ 式中 $Q_{1,2}$——Δt 时间内表面 1 到表面 2 的辐射换热量，W/m^2； $F_{1,2}$——角系数，或称有限面对有限面的角系数； A_1——表面 1 的面积，m^2； ε——表面 1 的灰度； σ——斯蒂芬-玻尔兹曼常数，取 5.67×10^{-8} $W/(m^2\cdot K^4)$； T_1——表面 1 的温度，K； T_2——表面 2 的温度，K

在小尺度油罐火灾的研究中，通过罐壁热传导对油品的加热效果不可忽略，油罐热传导服从傅里叶定律：

$$q=-\lambda\frac{\mathrm{d}t}{\mathrm{d}x} \tag{3-24}$$

式中 q——热流密度，W/m^2；

λ——导热系数，$W/(m\cdot K)$；

$\mathrm{d}t/\mathrm{d}x$——物体沿 x 方向的温度变化率。

火焰燃烧释放的一部分热量会加热罐壁，热量会在内外两侧温度差的作用下传递，对于薄壁油罐，可以近似看成服从一维稳态导热过程，而对于有一定厚度的罐壁来说，应考虑罐壁内部的热传导以及罐壁上不同位置温度分布随时间的变化情况，须采用导热微分方程来运算。

油罐中的冷热油品会通过流动来互相掺混进而导致热量传递，这就是热对流，这与工程上所说的基于牛顿冷却公式的“对流传热”有所不同。

物体通过电磁波传递的能量称为辐射，因热的原因而发出的辐射能现象称为热辐射。油罐发生火灾时，火焰本身的伤害并不大，主要危害源于火焰对四周的热辐射，物体热辐射的能量上限值符合 Stefan-Boltzmann 定律：

$$q=\varepsilon\sigma T^4 \tag{3-25}$$

式中 q——辐射热强度，W/m^2；

ε——黑度，其值在 0~1 之间；

σ——Stefan-Boltzmann 常量，其值为 $5.67\times10^{-8}W/(m^2\cdot K^4)$；

T——黑体表面热力学温度，K。

关于热辐射的计算，普遍采用的是点源模型和固体火焰模型。

1）点源模型

$$q=\frac{\dot{q}_r\cos\theta}{4\pi l^2} \tag{3-26}$$

式中 q——被辐射目标物接受的热辐射值，kW/m^2；

$\dot{q}_r$——火焰的热释放速率，kW；

θ——目标物法线与火焰点源到目标物连线的夹角，rad；

l——点火源与被辐射目标之间的距离，m。

2）固体火焰模型

$$q=\tau EF \tag{3-27}$$

式中 τ——空气透射率，与距离和湿度有关；

E——火焰的发射功率，kW/m^2；

F——形状因子。

点源模型将全部辐射看作由火焰中心位置发射出，假设池火灾为点火源来计算目标物接受到的热辐射值。该模型计算简便，缺点是不能计算火焰附近位置的辐射热流密度。固体火焰模型则根据池火火焰的几何形状，将其视为圆柱体或锥体，认为火焰的辐射传热由固体表面发出，该模型的计算结果较点源辐射模型更加准确。

3）总热辐射通量

油罐全液面火灾的总热辐射通量计算公式为

$$Q=\frac{(\pi r^2+2\pi rH_i)m''_\infty\eta\Delta H_c}{72m''^{0.61}_\infty+1} \tag{3-28}$$

式中 Q——总热辐射通量，kW；

ΔH_c——燃烧热，kJ/kg；

H_i——火焰高度，m；

r——油池半径，m；

m''_∞——单位面积燃烧速率参考值，kg/(m² · s)；

η——效率因子，一般取 0.13～0.35。

4）周围热辐射强度

油罐全液面火灾周围热辐射强度计算公式为

$$I=\frac{\varepsilon Q}{4\pi d_1^2} \tag{3-29}$$

$$D=d_1-r_1 \tag{3-30}$$

式中 I——到油罐全液面火灾中心距离为 r 处目标受到的热辐射强度，kW/m²；

ε——空气路径的热辐射透过率，一般取 1；

d——目标到临近罐壁距离，m；

d_1——目标到油罐全液面火灾中心的距离，m；

r_1——油罐等效半径，m。

5）油罐全液面火灾热辐射危害分析

油罐全液面火灾强烈的热辐射会造成一定程度上的人员伤亡及财产损失等，人员和设备遭受的损害程度取决于其所接受的热辐射和暴露时间。根据火灾热辐射作用下人员伤害和设备破坏的热通量准则（表 3-8），当热辐射强度达到 4kW/m²以上时，一定时间内可致人员烧伤、设备损坏，当热辐射强度低于 1.6kW/m² 时，对人员和设备基本无伤害。

表 3-8 热辐射强度与危害的关系

热辐射强度/(kW/m²)	对人员伤害	对设备伤害
37.5	1min 内 100%人员死亡；10s 内 1%人员死亡	设备严重损坏
25.0	1min 内 10%人员死亡；10s 内人员重伤	无火焰、长时间热辐射电热木材的最小能量，设备钢结构变形
12.5	1min 内 1%人员死亡；10s 内人员 1 度烧伤	有火焰时点燃木材和熔化塑料的最小能量
4.0	20s 以上人员感觉疼痛，可能烧伤	30min 玻璃破碎
1.6	长时间暴露人员无不适感	

在消防救援人员及装备可接受的热辐射强度值确定后，即可从上述理论计算和实验结果确定出不同油料和不同面积油罐全液面火灾的救援安全距离。例如，对于 200m² 油罐全液面火灾，若以 1.6kW/m² 的热辐射强度作为可接受的安全临界值，则扑救汽油时的安全临界距离约为 60m，扑救柴油火灾时的安全临界距离约为 50m，扑救原油火灾时的安全临界距离约为 40m（表 3-9 和表 3-10）。

表 3-9 热辐射损害判定准则

热辐射强度/(kW/m²)	设备损坏程度	人员伤亡程度
37.5	辐射半径内所有设施破坏	10s 内 1%人员死亡，60s 内 100%人员死亡
25	无火焰长时间辐射下，导致木材自燃的最小能量	10s 内重伤，60s 内 100%人员死亡
12.5	有火焰时可引燃木材或者熔化塑料的最小能量	10s 内 1 度烧伤，60s 内 1%人员死亡
4	—	20s 以上有疼痛感
1.6	—	长时间暴露人员无不舒适感觉

表 3-10 储罐火灾损坏程度和储罐安全距离计算结果

计算项目	$1\times10^4m^3$ 储罐	$2\times10^4m^3$ 储罐	$5\times10^4m^3$ 储罐	$10\times10^4m^3$ 储罐
储罐储存量/kg	2384250	3034500	36125000	72250000
防火堤面积/m²	3300	4200	9000	13200
储罐着火油池直径/m	64.8	73.1	107.1	129.7
储罐火灾火焰高度/m	23.8	25.9	33.77	38.57
储罐火灾火焰表面热通量/(kW/m²)	41186	42090	44985	46454
储罐火灾总热辐射量/kW	212009	264031	627868	751867
临界热辐射强度对应的储罐安全距离/m	26.85	25.55	40.7	37.4
国内标准对应的储罐防火间距/m	11.4	16.2	24	32
美国标准对应的储罐防火间距/m	14.25	20.25	30	40

4. 原油燃烧时热量在液层中的传播特点

沸程较宽的混合液体主要是一些重质油品，如原油、渣油、蜡油、沥青、润滑油等，由于没有固定的沸点，在燃烧过程中，火焰向液面传递的热量首先使低沸点组分蒸发并进入燃烧区燃烧，而沸点较高的重质部分则携带在表面吸收的热量向液体深层沉降，形成一个热的锋面向液体深层传播，逐渐深入并加热冷的液层。这一现象称为液体的热波特性，热的锋面称为热波。

热波的初始温度等于液面的温度，等于该时刻原油中最轻组分的沸点。随着原油的连续燃烧，液面蒸发组分的沸点越来越高，热波的温度会由 150℃ 逐渐上升到 315℃，比水的沸点高得多。热波在液层中向下移动的速度称为热波传播速度，它比液体的直线燃烧速度(即液面下降速度)快(表 3-11)。

表 3-11 热波传播速度与直线燃烧速度的比较

油品种类		热波传播速度/(mm/min)	直线燃烧速度/(mm/min)
轻质油品	含水量(质量分数)<0.3%	7~15	1.7~7.5
	含水量(质量分数)>0.3%	7.5~20	1.7~7.5
重质燃油及燃料油	含水量(质量分数)<0.3%	约 8	1.3~2.2
	含水量(质量分数)>0.3%	3~20	1.3~2.3
初馏分(原油轻组分)		4.2~5.8	2.5~402

在已知某种油品的热波传播速度后，就可以根据燃烧时间估算液体内部高温层的厚度，进而判断含水的重质油品发生沸溢和喷溅。因此，热波传播速度是扑救重质油品火灾时要用到的重要参数。

热波传播速度是一个十分复杂的技术参数，其主要影响因素包括以下几个方面。

(1) 油品的组成。油品的轻组分越多，液面蒸发汽化速度越快，燃烧越猛烈，油品接收火焰传递的热量越多，液面向下传递的热量也越多；此外，轻组分含量越大，则油品的黏性越小，高温重组分沉降速度越大。因此，油品中轻组分越多，热波传播速度越大。

对于含水量小于或等于0.1%，190℃以下馏分含量为5%～6%原油，热波传播速度v_t与190℃以下馏分的体积分数[CH]有如下近似关系：

$$v_t = 1.65 + 4.69\lg[\mathrm{CH}] \tag{3-31}$$

(2) 油品中的含水量。在一定的数值范围内(如小于4%)，含水量增大，热波传播速度加快。这是因为含水量大的油品黏度小，油品中的高温层易沉降。但含水量大于10%，油品燃烧不稳定；而含水量超过6%时，点燃很困难，即使着火了，燃烧也不稳定，影响热波传播速度。

对原油，当含水量[H_2O]小于2%时，有

$$v_t = 5.12 + 1.62\lg[\mathrm{H_2O}] + 4.69\left(\lg[\mathrm{CH}] - \frac{1}{2}\right) \tag{3-32}$$

当含水量[H_2O]为2%～4%时，有

$$v_t = 5.45 + 0.5\lg[\mathrm{H_2O}] + 4.69\left(\lg[\mathrm{CH}] - \frac{1}{2}\right) \tag{3-33}$$

(3) 油品储罐的直径。实验研究表明，在一定的直径范围内，油品的热波传播速度随着储罐直径的增大而加快。但当储罐直径大于2.5m后，热波传播速度基本上与储罐直径无关。

(4) 储罐内的油品液位。储罐内的油品发生液面燃烧时，如果液位较高，空气就较容易进入火焰区，燃烧速度就快，火焰向液面传递的热量就多，所以热波传播速度就快；反之，液位低，热波传播速度就慢。例如，含水量为2%的原油，在储罐中油面距离罐口的高度分别为145mm和710mm时，热波的传播速度分别为5.94mm/min和5.00mm/min。

第四节 原油储罐火灾沸溢机理

原油储罐沸溢机理较为复杂，包含燃烧、传热、传质、湍流、相变等问题，目前，对于沸溢火灾的机理尚未完全理解，有效阻止沸溢发生的对策措施较不成熟。因此，开展沸

溢机理研究，了解沸溢发生的时间与危害，提前采取预防控制措施，是油品储罐火灾安全施救、科学施救的前提。

一、热区机理

早期有两种热区形成理论：(1)蒸馏效应理论。其认为燃料燃烧时，一部分能量用来使油中轻组分蒸发，另一部分能量留下来驱动热区流体循环；(2)壁面导热效应理论。其认为热区生长所需热量是通过储罐壁的热传导而传播。

上述两种观点存在一定争议，通过对比总结可以发现，热区形成原因不单受某种机理主控，其主要取决于储罐尺度、燃料性质与厚度等因素。1989 年，Hasegawa 使用混合油品在不同尺寸不同材质的储罐中进行实验，发现热区的温度与密度在燃烧过程中保持相对恒定，在小尺度储罐中，热区的形成在很大程度上取决于储罐的材料和直径；而当直径超过 900mm 时，热区的形成主要取决于油品本身的性质，该结果说明小尺度实验比较适用于壁面导热理论，而大尺度实验则与蒸馏效应更加吻合。1995 年，Broeckmann 和 SchecherB 研究不同燃料的沸溢机理，将燃料归为无热区形成油品和有热区形成油品两大类，无热区形成的油品高温层薄，油层厚度很薄时沸溢才会发生；而对于有热区形成的油品，轻组分蒸发形成的气泡以及水蒸气的产生会引起油品内部强烈对流，因此，界面处的温度具有震荡特性。1997 年，Nakakuki 研究罐壁的传热情况，发现在热区温度较低的池火中，从罐壁到燃料的对流换热主要集中在热区上层部位，而在热区温度较高的池火中，热区在罐壁处损失的热量会促使罐壁附近的燃料向下流动。此外，Hasegawa、Broeckmann 等研究结果发现气泡的产生会引起持续强劲的对流，促进换热过程并加快热区形成。为观测上述影响过程，可视化方法被应用到热区机理的相关研究中。2016 年，Kamarudin 等在可视化实验平台上对热区形成过程进行观测，结合数据分析结果和实验拍摄的照片，直观展示出热区生长及界面处水过热后发生沸溢的过程。2020 年，Tseng 等在小型储罐中增加可调节位置和网孔大小的金属网，使其在储罐不同高度处产生不同体积的气泡，研究结果为气泡对热区形成的影响研究提供了一定参考。

二、沸溢条件及影响因素

沸溢现象威胁着消防人员的生命安全，研究沸溢条件与影响因素，对减少事故损失具有重大意义。20 世纪 90 年代初，Michaelis 提出过一个半经验关系式来预测燃油能否发生沸溢：

$$F_{\rm boi}=\left[\left(1-\frac{393}{T_{\rm b}}\right)\left(\frac{\Delta T_{\rm b}}{60}\right)\left(\frac{\mu_0}{0.73}\right)\right]^{\frac{1}{3}} \tag{3-34}$$

式中 $T_{\rm b}$——燃油的平均沸点；

$\Delta T_{\rm b}$——燃油沸程；

μ_0——燃油黏度。

应用此公式时：

（1）T_b应大于水的沸点；

（2）油品在120℃时的黏度μ_0应大于0.73m^2/s；

（3）$F_{boi}\geqslant 0.6$，会发生沸溢。

该半经验公式只考虑了燃油的平均沸点、燃油沸程以及黏度，需进一步研究沸溢影响因素以加深对沸溢临界条件的认识。

水是导致沸溢发生的必要条件，有无水垫层、油品含水率甚至是外部环境水的介入都会影响沸溢行为。谭家磊等研究了油品含水率和乳化水粒径对沸溢的影响，发现乳化水直径小于80μm时油品不会发生沸溢，此外，含水率为1.3%～2%时热波传播速率存在一个最大值；Koseki对Sarukawa高含水率原油进行研究，认为油品中的乳化水会导致沸溢发生时间提前；董四海发现当储罐底部有水垫层时必沸溢，无水垫层时若原油中水滴的分散度小且含水率达到一定程度也会沸溢；李自力研究了乳化原油的热波传播速率模型，发现原油含水率大于1%、乳化水粒径在110μm以上时，热波到达罐底后才会发生沸溢现象；何利明等发现热波传播速率随燃料轻组分的增加和含水率的降低而升高，热区温度随轻组分与含水率的增加而降低。从上述学者的研究中不难看出，水的含量、水的存在形式及分布状态等会对沸溢能否发生及发生时间、热区温度、热波传播速率等造成影响。此外，水还能与其他影响因素耦合，使得沸溢现象具有很大的不确定性。

初始油层厚度、储罐直径、油品性质、环境因素等均会对沸溢产生影响。梁志桐、杨大伟等发现沸溢发生时间和初始油层厚度与储罐直径的0.5次方之比具有较好的线性关系；李建华等对油品取样分析，发现油品质量汽化率较低时，轻重组分密度比对热波传播速率有明显的影响，而质量汽化率较大时则难以形成明显的热层，沸溢发生的概率会减小；Chen等在拉萨和合肥进行实验，发现低气压时沸溢强度会变弱，沸溢发生时间和沸溢前兆期时间会延迟；Kong等对油罐尺寸与初始油层厚度进行研究，发现沸溢发生时间和沸溢强度两个参数会随燃料厚度的增加而增加，随储罐直径的增大而减小；Ping等在0～1.5m/s的横向风下进行实验，发现气体流速对沸溢时期的燃烧速率和火焰长度的影响体现出非线性关系且存在临界值，火焰倾角会随风速增大而增大，但增长速率会变缓慢。

研究沸溢的影响因素时，沸溢发生时间是需要重点关注的参数。由于沸溢机理尚未研究透彻，目前主要是根据实验结果进行拟合或通过理论推导给出预测模型。Ahmadi等曾将沸溢时间预测模型进行了归纳整理并进行实验，以验证沸溢时间t_b计算模型的准确性，但实验结果并不理想。现有沸溢时间预测模型主要和初始油层厚度与储罐直径相关，还涉及燃烧速率、热波传播速率、环境因素及油品本身性质，这些公式未给出明确的适用范围，存在局限性，见表3-12。

表3-12 沸溢时间预测模型总结

序号	预测模型	符号含义及单位	提出者
1	$t_b=-20.5235+557.2043\dfrac{H_0}{\sqrt{D}}$	t_b：沸溢发生时间(min)； H_0：初始油层厚度(m)； D：储罐直径(m)	谭家磊

续表

序号	预测模型	符号含义及单位	提出者
2	$t_b=\frac{\rho_1 c_p H_0(T_{HW}-T_a)}{Q_f-m[\Delta h_v+c_p(T_{0av}-T_a)]}$	t_b：沸溢发生时间(s)； T_a：环境温度(K)； H_0：初始油层厚度(m)； T_{0av}：燃料平均沸点(K)； Δh_v：温度为 T_a 时蒸发热(kJ/kg)； ρ_1：燃料在 T_a 时的密度(kg/m^3)； T_{HW}：热波温度(K)； Q_f：燃料表面热流量(≈60kW/m^2)； m：质量燃烧速率[kg/(m^2·s)]； c_p：燃料在 T_a 温度时的比热容[kJ/(kg·K)]	Casal
3	$t_b=\frac{H_0}{V}-k(H_0+h)$	t_b：沸溢发生时间(min)； H_0：初始油层厚度(m)； V：热波传播速率(m/min)； h：水垫层厚度(m)； k：提前系数(贮存温度低于燃点取0，温度高于燃点取0.1)	杨大伟
4	$t_b=600.769\times\left(\frac{H_0}{\sqrt{D}}\right)^2+237.464\times\frac{H_0}{\sqrt{D}}+1.15$	t_b：沸溢发生时间(min)； H_0：初始油层厚度(m)； D：储罐直径(m)	樊海燕
5	$t_b=\frac{\rho}{\dot{m}_s+v\rho}H_0$	t_b：沸溢发生时间(s)； ρ：燃料密度(kg/m^3)； $\dot{m}_s$：稳定时期质量燃烧速率[kg/(m^2·s)]； H_0：初始油层厚度(m)； v：热波传播速率(m/s)	Kong

三、其他机理认识

热区沸溢常发生于油层厚度较大的宽沸程重质油品，还有一类是薄层沸溢，薄层沸溢不能形成稳定热区，二者的划分目前没有明确界限。Garo 等认为，若要发生薄层沸溢，燃料的沸点必须高于水的沸点，沸溢强度主要取决于油层厚度、油池直径和燃料沸点；Fabio 等将相关研究成果应用到大尺度实验，改进了燃料对流速度模型，研究了薄层沸溢对火灾动力学的影响；Chatris 等对薄层沸溢的燃烧速率、沸溢前燃尽燃料比率等进行分析，发现燃烧速率、沸溢前燃尽燃料比率与初始油层厚度和燃烧面积之比 Λ 存在特殊关系，$\Lambda<1.5$ 时，沸溢时期的燃烧速率会低于稳态燃烧速率，沸溢前燃尽燃料比率在40%~70%之间，

$\Lambda>1.5$ 时，沸溢前燃尽燃料比率约为 50%；此外，Laboureur 等用可视化手段研究薄层沸溢现象，提出了用最大火焰高度和平均火焰高度之比来表征沸溢强度的方法。油罐火灾属于热区沸溢，但薄层沸溢的研究方法和重要思想在热区沸溢研究中仍起到关键作用。

沸溢现象的研究集中在中小尺度，尺度差异会导致传热机理不同，需要大尺度实验的结论来指导消防救援。Koseki 等进行了 5m 直径的大尺度实验，发现沸溢时期的最大热辐射是稳定燃烧时期的 22 倍。阿联酋阿布扎比陆上石油公司开展了直径 2.4m 和直径 4.5m 的大尺度原油燃烧实验，验证该公司存储的原油是否会发生沸溢，并对热区增长速率及沸溢发生时间进行了预测分析，估算出热区增长率约为 2.2m/h。大尺度实验难度极高，总体上研究得不够深入，没有深刻揭示沸溢机理，是今后重点的研究方向。此外，提前预测预警储罐火灾沸溢发生时间，对提升储罐救援效率、保障人员财产具有重要意义。早在 1995 年，Fan 等对沸溢前兆期产生的微爆噪声进行过详细分析，提出了一种基于噪声识别技术的沸溢预测方法。朱渊提出了基于声呐的沸溢预警技术，利用声呐探头检测油内气泡信息，在沸溢发生前预警，为消防救援工作提供了保障。

第四章 原油浮顶储罐火灾安全风险防控措施

通过系统的储罐火灾风险防控措施，石油化工企业可以有效降低原油储罐火灾的发生概率和损失，提高整体安全管理水平，保障生产安全和环境保护。本章从原油储罐火灾防火设计、防雷防静电、防腐、检测、工艺控制、施工安全控制等六个方面详细介绍了原油储罐火灾安全风险防控措施。

第一节 储罐火灾防火结构设施

一、防火间距

防火间距指储罐与周围建筑物、设施之间的最小安全距离，是储罐区防火安全设计的关键指标，确保一旦某一储罐发生火灾，不会迅速波及相邻的储罐或设施，减少连锁火灾和爆炸的风险。适当的防火间距能够为消防救援提供足够的操作空间，降低火灾扑救的难度和风险。

防火间距的设计通常需考虑以下四个要素：着火油罐能否引起相邻油罐爆炸起火、满足消防操作要求、采取的消防设施能力和经济成本。国内外不同国家储罐防火间距(仅对储罐间的防火间距进行对比)要求有所不同，见表4-1。

表4-1 国内外储罐间防火间距设计要求

国家	标准	要求
中国	《建筑设计防火规范》(GB 50016—2014)	第4.2.2条款规定浮顶储罐或设置充氮保护设备的甲、乙类液体储罐之间防火间距为0.4*D*(*D*为相邻较大立式储罐的直径)
	《石油库设计规范》(GB 50074—2014)	第6.1.15条款规定外浮顶、内浮顶储罐防火间距为0.4*D*
	《石油储备库设计规范》(GB 50737—2011)	第5.1.4和5.1.5条款规定一个罐组油罐总容量不应大于$60\times10^4m^3$，罐组内油罐之间的防火间距不应小于0.4*D*；两个罐组相邻油罐之间的防火间距不应小于0.8*D*，且油罐总容量不大于$240\times10^4m^3$的石油储罐库应将储油区划分为多个油罐区，两个油罐区相邻油罐之间的防火间距不应小于1.0*D*

续表

国家	标准	要求
美国	《易燃与可燃液体规范》(NFPA30 2003版)	规定直径大于45m的浮顶储罐间距取相邻罐径之和的1/4(对同规格储罐即为0.5D)
英国	《石油工业安全操作标准规范》(英国石油学会BS)	关于储存闪点低于21℃的油品和储存温度高于油品闪点的浮顶储罐的间距规定，对直径小于或等于45m的罐，建议罐间距为10m；对于直径大于45m的罐，建议罐间距为15m，且要求浮顶储罐灭火采用移动式泡沫灭火系统和移动式消防冷却水系统
法国	《石油库管理规则》(法国石油企业安全委员会)	关于储存闪点低于55℃的油品浮顶储罐，若两座浮顶储罐中一座的直径大于40m时，最小间距可为20m
日本	《消防法》(1976年)	关于闪点低于70℃的危险品储罐的间距规定为最大直径或最大高度，取其中较大值，且储罐可不设固定式消防冷却水系统

二、防火堤

为了限制事故影响范围，把损失降至最低限度，国内外相关标准规范均规定了地上储罐应设防火堤。防火堤是用于围绕储罐、油池或其他危险物品存储设施的土堤或围墙，旨在防止火灾蔓延和液体泄漏扩散，从而减少火灾和环境污染的风险。地上油罐一旦发生爆炸、火灾、破裂等事故，油品会流出油罐形成大面积流淌火灾。

我国2008年后相关规范要求防火堤为最大储罐容量的100%，但之前建设的防火堤有效容积仅为最大储罐容积的50%。例如，《石油库设计规范》(GB 50074—2014)第6.1.15条款和《石油储备库设计规范》(GB 50737—2011)第5.3.1和5.3.2等条款均规定地上储罐组应设防火堤，防火堤内的有效容量不应小于罐组内一个最大储罐的容量，且《石油储备库设计规范》(GB 50737—2011)要求隔堤内油罐的数量应为1座。《国家安全监管总局关于进一步加强化学品罐区安全管理的通知》(安监总管三〔2014〕68号)规定，可燃液体储罐要按单罐单堤的要求设置防火堤或防火隔堤，与现行规范要求不一致，没有关于储罐类型和容量的限制，目前大部分可燃液体储罐不符合要求。此外，日本《消防法》规定防火堤有效容积不应小于防火堤内一个最大储罐容量的110%；美国规范NFPA30规定防火堤有效容积不应小于防火堤内一个最大储罐的最大泄放量。

关于大型浮顶油罐区防火间距、防火堤有效容积的比较见表4-2。对于大型浮顶油罐，我国防火间距的要求低于美国和日本；防火堤有效容积的要求与美国相当，略低于日本。

表4-2 大型浮顶油罐防火间距与防火堤有效容积比较

标准规范	防火间距/m	防火堤有效容积
NFPA30(>45m)	D>45m(150ft)且设有储液池时：1/6(D_1+D_2)	防火堤内最大储罐的最大泄漏量
	D>45m且设有防火堤时：1/4(D_1+D_2)	

续表

标准规范	防火间距/m	防火堤有效容积
GB 50074—2014 GB 50737—2011 中国石化安〔2011〕754 号	油罐间距不应小于 0.4*D*(*D* 为最大罐直径)	不低于罐组内最大罐公称容积
日本	闪点小于 70℃时，储罐最大直径与最大高度中的较大值	110%最大储罐容积
英国	0.3*D* 且≥15m	—
法国	*D*>40m 时：20m	—

注：D_1 为两个建筑物之间的距离；D_2 为储液池的直径或长度。

防火堤内有效容积对应的防火堤高度刚好容易使油料漫溢，故防火堤实际高度应高于计算高度 0.2m。现行国家标准《石油化工企业设计防火标准(2018 年版)》(GB 50160—2008)、《储罐区防火堤设计规范》(GB 50351—2014)、《石油天然气工程设计防火规范》(GB 50183—2004)等出于防火堤内可燃液体着火时用泡沫枪灭火易冲击造成喷溅考虑，要求防火堤高度不低于 1.0m，为方便消防人员手持移动水枪对储罐进行灭火作业，规定罐组防火堤高度不应超过 2.2m。此外，《建筑设计防火规范》(GB 50016—2014)第 4.2.5 条款规定浮顶储罐防火堤有效容积可为最大储罐容积的一半，高度应为 1.0~2.2m，并应在防火堤适当位置设置灭火时便于消防员进出防火堤的踏步。

《石油储备库设计规范》(GB 50737—2011)、《石油库设计规范》(GB 50074—2014)等考虑到现在消防队扑救有关火灾主要依靠消防车作业，增加了防火堤高度，规定罐组防火堤高出防火堤外侧设计地坪的高度不宜超过 3.2m，相对其他规范提高了 1.0m，提高了防火堤容积，且没有设置事故存液池要求。美国消防协会 NFPA30 规定在设有正常通道和应急通道接近油罐、阀门和其他设备的地方以及防火堤内设置有安全出口时，防火堤的平均高度大于 3.6m(从内部地面量起)，或任何储罐与防火堤内缘顶部之间的距离小于防火堤高度，应采取措施使操作人员能正常操作阀门，并且能够直接登上罐顶，而无须从防火堤顶部以下进入。为此，增大了防火堤高度还应相应提高人员安全操作和疏散逃生的措施保障。

三、罐区道路

对于一般石油库区，《石油库设计规范》(GB 50074—2014)规定石油库储罐区应设环形消防车道；铁路装卸区应设置消防车道，并应平行于铁路装卸线，且宜与库内道路构成环形道路。消防车道与铁路罐车装卸线的距离不应大于 80m。汽车罐车装卸设施和灌桶设施，应设置能保证消防车辆顺利接近火灾场地的消防车道。储罐组周边的消防车道路面标高，宜高于防火堤外侧地面的设计标高 0.5m 及以上。位于地势较高处的消防车道的路堤高度可适当降低，但不宜小于 0.3m。消防车道与防火堤外堤脚线之间的距离，不应小于 3m。一级石油库的储罐区和装卸区消防车道的宽度不应小于 9m，其中路面宽度不应小于 7m；覆土立式油罐和其他级别石油库的储罐区、装卸区消防车道的宽度不应小于 6m，其中路面宽度不应小于 4m。

单罐容积大于或等于 $10\times10^4m^3$ 的储罐区消防车道应按现行国家标准《石油储备库设计规范》(GB 50737—2011)的油罐规定执行，每个油罐区均应设环形消防道路。油罐区周边的消防道路宽度不应小于 11m，其中路面宽度不应小于 7m；油罐组之间的消防道路宽度不应小于 9m，其中路面宽度不应小于 7m。

消防车道的净空高度不应小于 5.0m，转弯半径不宜小于 12m。尽头式消防车道应设置回车场。两个路口间的消防车道长度大于 300m 时，应在该消防车道的中段设置回车场。

第二节 储罐防雷防静电技术措施

通过本书第二章国内外原油储罐典型案例分析可知，雷击是原油储罐火灾的最主要原因，一旦油罐发生雷击，在泄放雷电流时，易产生电弧或火花，引起一次、二次密封空腔可燃气体爆炸着火。原油外浮顶油罐由于罐的顶盖随液面的升降而浮动，可以不装避雷针，一般只接地即可。但浮动的金属罐顶，要用可扰得跨接线与金属罐体相连，并通过罐体接地，其接地电阻不应大于 10Ω。防雷防静电装置的设计安装主要依据国家标准《石油库设计规范》(GB 50074—2014)、《石油与石油设施雷电安全规范》(GB 15599—2009)。

一、防雷技术措施

1. 通用防雷技术措施及标准要求

原油储罐防雷系统包含接地网、接地极、接闪装置及引下线，同时储罐罐体安装有高中频雷电流分路器、中低频雷电流分流器，包含罐体扶梯、排水管和呼吸阀等金属附件的等电位连接，具体标准要求见表 4-3。

2. 典型储罐防雷技术措施

1) 雷电流分路分流技术

雷电流分路技术是通过电感、电容和电阻等元件的组合，将雷电流分散到多个路径，其工作原理包括：(1)电感效应，即利用电感在电流下的阻抗特性，将雷电流引导到不同路径；(2)电容效应，即利用电容在电流下的通路特性，使雷电流分散；(3)电阻效应，即通过电阻元件均匀分配雷电流，减少单一路径的负荷。

雷电流分路器主要功能：(1)雷电流分流，即将高频、中频或低频雷电流分散到多个接地路径，降低每条路径上的电流密度，保护储罐及其附属设备；(2)电压均衡，即在不同接地点之间均衡电压，防止电位差导致的二次放电；(3)过电压保护，即降低雷击引起的过电压，保护储罐及其相关设备。

雷电流分路器技术特点主要包括：(1)能够有效分散不同频的雷电流；(2)低阻抗设计，确保雷电流能够迅速分散，减少设备损坏风险；(3)耐久性强，即采用高强度材料和优良的工艺，分路器具有较长的使用寿命。

表 4-3 国内外原油储罐雷击防护标准要求

防护措施	解释	标准要求
储油罐接闪	接闪器俗称避雷针，主要作用是接收雷云与大地之间的放电。石油化工储罐属于 0 区或 1 区的第一类防雷建筑物。主要由拦截闪击的接闪杆、接闪带以及金属构件组成防直击雷措施	GB 50074—2014 规定固定顶储油罐顶板厚度小于 4mm，应设置接闪杆（网）。GB 15599 规定储油罐顶板厚度小于 4mm，应设置避雷针或直击雷防护设施。美国标准 APIRP545 规定储油罐顶板厚度小于 4.8mm，应设置避雷针
储油罐 电气连接 （等电位连接）	引下线是用于将雷电流从接闪器传导至接地装置的导体。金属石油化工储罐罐壁可以作为防雷引下线，但在罐底座处应用镀锌圆钢或镀锌扁钢与接地装置连接。 断接卡用于连接接地引下线和接地装置，在引下线上距地面 0.3～1.8m 之间装设断接卡，连接处应镀锌或接触面搪锡，用两个型号为 M12 的不锈钢螺栓加防松垫片连接，接触电阻值不得大于 0.03Ω	GB 15599 规定储油罐附件及设施（阻火器、呼吸阀、量油孔、人孔、透光孔）应等电位连接。GB 50074—2014 规定了外浮顶储油罐电气连接做法及安装要求： （1）采用 2 根导线将浮顶与罐体做电气连接，连接导线选用横截面积不小于 $50mm^2$ 扁平镀锡软铜复绞线或绝缘阻燃护套软铜复绞线。 （2）利用浮顶排水管将罐体与浮顶做电气连接，跨接导线选用横截面积不小于 $50mm^2$ 扁平镀锡软铜复绞线。 （3）转动扶梯两侧分别与罐体和浮顶各做两处电气连接。 （4）储油罐安装的温度/液位测量装置、自动消防灭火系统与罐体做等电位连接
		美国标准 API RP545 提出两种浮盘与罐壁等电位连接的做法，分别是安装导电触片和分流导线。导电触片为不锈钢材质，设置在液面以下，横截面积不小于 $20mm^2$，沿罐周安装间距不超过 3m。浮盘与罐壁的电气连接分流导线不少于 2 根，电气连接电阻值小于 0.03Ω。APIRP2003 指出防止雷电火灾的最有效措施是保证密封可靠和设置导电触片。导电触片是在储油罐周向以不超过 3m 间距安装的金属片，实现浮顶与罐壁连接，可将雷电电流导入大地，避免在有可燃油气区域产生火花
		俄罗斯标准 Правила 规定浮盘和储油罐电气连接应用 МГ 型软铜线，横截面积不小于 $6mm^2$。РД153－39.4－078—2001 规定导电触片和接地导线采用螺栓连接或焊接方式，测试过渡电阻不超过 0.05Ω

续表

防护措施		解释	标准要求
储油罐防雷接地	接地做法	接地体是埋在土壤中作散流用的导体。接地体距罐壁的距离应大于 3m，冲击接地电阻不应大于 10Ω。当多根接地体在土壤中排列较近时，雷电流的流散面积减小，不利于各接地体的电流向大地呈半球形状散开，造成接地体的屏蔽效应，使接地装置的利用率下降，所以《建筑物防雷设计规范》中规定垂直接地体的间距不宜小于 5m，水平接地体的间距也不宜小于 5m。 接地线指从引下线断接卡至接地体的连接导体。标准规定接地线优先采用 40mm×4mm 的镀锌扁钢。接地线沿储罐圆周敷设，距罐壁的距离应大于 3m	GB 50074—2014 规定储油罐防雷接地点至少 2 处，储油罐接地点沿储油罐周向间距应小于 30m
			GB 15599 规定了储油罐防雷接地引下线安装要求，即接地线引下线采用规格不低于 40mm×4mm 热镀锌扁钢，在高于地面 1m 左右安装断接卡；引下线和断接卡用 2 个规格为 M12 不锈钢螺栓连接，并加防松垫片固定
			API RP 545 规定应沿罐周均匀或对称设置环形接地，接地点至少 2 处，间距小于 30m（俄罗斯标准 РД153-39.4-078—2001 规定接地点间距为 50m），接地体与罐壁距离大于 3m
	接地电阻值	接地电阻值是衡量接地系统性能的一个重要参数，指的是从接地点到参考地之间的电阻。接地电阻值越低，接地系统的性能越好	GB 50074—2014 规定接地电阻不宜大于 10Ω
			俄罗斯标准 РД153-39.4-078—2001 规定为 100Ω
电气仪表屏蔽		电气仪表屏蔽指通过物理屏蔽、接地和电磁兼容设计等措施，保护电气设备和仪表免受外界电磁干扰（EMI）和雷击感应电压影响的技术	GB 50074—2014 规定储油罐上安装的信号远传仪表其金属外壳应与罐体做电气连接。储油罐上的仪表及控制系统的配线电缆应采用屏蔽电缆，并应穿镀锌钢管保护管，保护管两端应与罐体做电气连接
			美国标准 API RP545 规定储油罐浮盘密封处的导电附件，以及检测仪表、导向杆应与浮顶绝缘，绝缘强度应满足 1kV
			俄罗斯标准 РД153-39.4-078—2001 规定储油罐上仪表线缆采用长度大于 50m 的铠装电缆、带金属外壳电缆，或者金属管电缆和电缆槽电缆
防雷设施检查检测		—	GB 15599 规定了防雷设施检查要求，包括外观检查、腐蚀状况检查、接地电阻测试、等电位连接检查等。特别是雷雨季节前，应对储油罐等电位和接地设施进行检测，并与日常检查结果进行对比，必要时进行开挖，验证地下部分腐蚀情况。检测项目及内容包括： （1）接地体腐蚀状况及导电性； （2）引导线有无裂纹、断裂、松脱等迹象，有无烧损和闪络痕迹； （3）断接卡连接的不锈钢螺栓有无污损，防松垫片是否牢固； （4）浮顶、扶梯、罐壁之间的连接导线有无缠绕、断裂、松脱等迹象； （5）测试接地电阻
			俄罗斯标准 РД 153-39.4-078—2001 规定：如接地电阻测试值与竣工验收阶段的测量值相比超过 5 倍，应对接地进行检查整改。该条款具有借鉴意义，可作为进行防雷设施整改的依据

雷电流分路分流装置包括高中频雷电流分路器和中低频雷电流分流器。

高中频雷电流分路器是外浮顶油罐浮盘高中频雷电流泄放装置，通过可调装置解决罐体微变形和浮盘位移造成的分路器与罐壁间隙差异，实现与罐壁的电气连接，确保浮盘上的高中频雷电流得到及时释放，从而降低安全隐患发生的概率。

中低频雷电流分流器可实现罐壁与浮盘之间等电位的可靠连接，使浮盘与罐壁连接的距离最短，为雷电流和束缚电荷的安全泄放提供最低阻抗通道，同时降低浮盘与罐壁之间的瞬时过电压，保护密封环形区域不会产生电弧，将可燃气体产生火花的可能性降到最低，从而降低安全隐患发生的可能性。

2）储罐氮气密封技术

原油储罐氮气密封技术是一种通过在储罐内注入氮气，形成氮气保护层来隔绝氧气和水分，从而防止储罐内原油氧化、挥发和爆炸风险的技术。

工作原理：储罐氮气密封技术利用氮气的惰性，通过向储罐内持续注入氮气，将储罐内的氧气和水分置换出去，从而在储罐内形成一个纯氮气的环境，防止氧气和水分进入储罐。

主要结构：氮气源，提供氮气的设备，包括氮气瓶、液态氮储罐或氮气发生器；氮气调节器，调节氮气的流量和压力，确保氮气以合适的速度和压力进入储罐；压力控制阀，控制储罐内的氮气压力，防止储罐内压力过高或过低；安全阀，在储罐内压力过高时释放多余的氮气，保护储罐安全；气体监测系统，实时监测储罐内的气体成分和压力，确保氮气密封的效果；密封装置，确保储罐的密封性，防止氮气泄漏和外部空气进入。

技术要点：使用高纯度的氮气(通常为99.99%或更高)，确保储罐内的环境不含氧气和其他杂质；储罐内的氮气压力应略高于外界大气压(通常为几百帕到几千帕)，防止外部空气进入；储罐应具有良好的气密性，防止氮气泄漏和外界空气进入；所有连接点和阀门应进行气密性检查和维护。

二、防静电技术措施

在油品的储运过程中，防止静电事故的安全措施主要有以下几个方面。

(1) 储罐内各金属构件(搅拌器、升降器、仪表管道、金属浮体等)，应与管体等电位连接并接地。

(2) 储罐罐顶平台上取样口(量油口)两侧1.5m之外应各设一组消除人体静电设备，设施应与管体做电气连接并接地，取样绳索、检尺等工具应与设施连接。

(3) 浮顶罐的浮船、储罐、活动走梯等活动的金属构件与储罐之间，应采用截面积不小于50mm^{2}的铜芯软绞线进行连接，连接点不应少于两处，浮船与储罐之间的密封圈应采用导静电橡胶制作。设置于储罐顶的挡雨板应采用截面为6~10mm^{2}的铜芯软绞线与顶板连接。

(4) 当储罐内壁涂漆时，漆的导电性能应高于被储液体，其体积电阻率应为10^8~$10^{11}\Omega \cdot m$。

(5) 在扶梯进口处，应设置消除人体静电设施，或者在已经接地的金属栏杆上留出

1m长的裸露金属面。

(6) 与储罐管线相连接的法兰，如需防杂散电流和电化学腐蚀时，可选用电阻为$2.5\times10^{4}\sim2.5\times10^{6}\Omega$的绝缘法兰连接。

(7) 在爆炸危险区域应选择防爆型消除人体静电设施。

(8) 非金属储罐的接地应采用可靠的措施满足静电接地的要求：

所有导电部件(如金属外框及舱盖)应连接并接地；

用于盛装不导电液体的容器其接地外罩能够抗击外部的静电放电，这个外罩可以埋于储罐外壁的金属导电线网，如果其接地，外罩应完全地包围所有外部表面；

用于存储不导电液体处，储罐底部应有一个不小于$0.05cm^2/m^3$的金属接线端子，此接地端子可在液体与地之间提供一个电荷泄放的电气路径；

在导电液体存储处，应使接地的输入管线延伸到储罐的底部或是使用接地线缆从内部将罐体的顶部与底部连接并接地。

第三节　储罐检测技术措施

一、常用检测技术措施

1. 超声波检测技术(ultrasonic testing，UT)

超声波检测技术主要利用超声波在储罐材料中的传播特性和反射特性来检测储罐壁厚和内部缺陷。一是利用超声波测厚仪测量储罐壁的厚度，检测壁厚是否在安全范围内；二是利用超声波探头沿储罐壁表面扫描，探测内部裂纹、气孔和夹杂物等缺陷。但储罐罐体检测时，需要储罐停产，并对罐体壁面进行打磨和添加耦合剂处理，检测程序较为复杂。另外，对于罐体的检测经常是局部性的，局限性较大。

2. 漏磁检测技术(magnetic flux leakage，MFL)

漏磁检测采用霍尔探头或感应线圈对磁化后的工件进行扫查，漏磁通量会随缺陷尺寸而变化，从而根据检出信号来分析对应缺陷。漏磁检测对储罐表面清洁度要求不高，检测较为全面、精准，可实现缺陷的初步量化，但仪器较重，且只适用于铁磁性材料检测。

3. 涡流检测技术(eddy current testing，ECT)

涡流检测技术是一种非破坏性检测方法，广泛应用于储罐壁厚测量、裂纹检测和腐蚀评估。该技术通过在导电材料中感应涡流，分析涡流的变化来检测材料内部和表面的缺陷。把通有交流电的线圈接近储罐罐底，由线圈建立交变磁场通过罐底板，并与之发生电磁感应作用，在罐底板内产生涡流，而涡流也会激发自己的磁场。当罐底板表面或近表面存在缺陷时，会影响涡流的强度和分布，涡流的变化又引起检测线圈电压和阻抗的变化，从而间接获得缺陷的位置及大小等信息。

4. 磁粉检测技术(magnetic particle testing，MT)

磁粉检测主要用来检测铁磁性材料表面或近表面缺陷。磁粉检测设备简单、易操作、检测周期短，对表面缺陷检测灵敏度较高且费用低。缺陷的特征可通过缺陷位置处附着的磁粉痕迹直接观察，但磁粉检测无法检测较深的内部缺陷，检测灵敏度受缺陷深度影响，较难定量分析，且检测后需要进行退磁处理才能进行下一次检测。

5. X 射线检测技术(radiographic testing，RT)

X 射线检测通过 X 射线或 γ 射线穿透储罐壁，利用射线在材料中的衰减和散射特性检测内部缺陷。对储罐进行透照，获取内部结构影像，分析射线透照影像，发现内部裂纹、气孔等缺陷。X 射线检测技术因其高分辨率和直观的成像能力，在储罐内部缺陷检测中具有重要应用。然而，由于其成本高、辐射风险和操作复杂性，在选择使用时需要充分考虑具体检测需求和环境条件。对于重要的储罐检测，X 射线检测常常与其他检测方法结合使用，以确保检测结果的全面性和准确性。

6. 声发射检测技术(acoustic emission testing，AET)

声发射检测通过监测材料在受力或腐蚀过程中释放的声波，检测储罐内部缺陷。在储罐表面布置声发射传感器，实时监测声发射信号，分析信号特征，发现裂纹扩展、腐蚀和泄漏。该检测技术适用于实时监测和动态缺陷的早期发现，对于静态缺陷(如微小裂纹)敏感度不高，且受环境噪声和操作噪声影响较大。

7. 红外热成像检测技术(infrared thermography，IRT)

红外热成像检测是一种利用红外热像仪检测物体表面温度分布的无损检测方法，通过捕捉和分析物体辐射的红外能量来发现缺陷和异常。该检测技术适用于快速、大面积的表面缺陷检测和实时监测，需要较明显的温度差异才能有效检测，对于温度差异不明显的缺陷可能难以发现。

8. 三维激光扫描技术(3D laser scanning)

三维激光扫描技术是利用激光测距原理，测量大型储罐的垂直、水平方向角，从而获取扫描区域各测点的空间坐标，对罐体进行三维重构，以分析罐体可能存在的地基沉降与罐体倾斜问题。检测过程中不需要对储罐进行停工停产。但对于罐体存在的缺陷、应力集中程度等高风险隐患无法检测。

通过对比上述常用的检测方法及其有效性(表 4-4)，可以看出，不同检测方法和技术针对储罐的不同特征缺陷具有不同的有效性，在提升基础检测方法的可靠性和检测范围之外，应注重增加检测技术的适应性，为未来检测技术的智能化应用和搭载奠定基础。

表 4-4　常用检测方法及其有效性

检测方法	减薄	表面裂纹	近表面裂纹	裂纹孔/微孔	罐体变形
宏观检测	1~3	2~3	x	x	1~3
超声波纵波	1~3	3~x	3~x	2~3	x
超声波横波	x	2~3	1~3	3~x	x
磁粉检测	x	1~2	3~x	x	x
声发射检测	1~3	2~3	2~3	x	x

续表

检测方法	减薄	表面裂纹	近表面裂纹	裂纹孔/微孔	罐体变形
涡流检测	1~2	1~2	1~2	3~x	x
漏磁检测	1~2	x	x	x	x
3D 扫描	x	x	x	x	1~2

注：1 代表高度有效；2 代表中高度有效；3 代表中度有效；x 代表低度有效或无效。

二、智能化检测技术

随着储罐检测需求的不断增加，机器人、无人机等智能化储罐检测技术装备在原油储罐检测中发挥着越来越重要的作用。机器人能够进行高效、精准、自动化的检测，有效提高了检测的质量和安全性。

1. 内部检测机器人

1）爬行机器人

爬行机器人配备履带或轮式驱动系统，能够在储罐内壁爬行；搭载有超声波探头、激光扫描仪、高清摄像头等传感器，可以检测储罐内壁的腐蚀、裂纹、焊缝缺陷等，生成储罐内壁的三维模型和缺陷分布图。该技术的优势在于无须排空储罐内的液体即可进行检测，能够覆盖储罐内壁的所有区域，检测范围广。

2）浮动机器人

浮动机器人配备浮动系统，可以在储罐内液体表面漂浮，搭载传感器进行液体下方和液体表面的检测，可以检测液体界面的腐蚀情况和液位测量，监测储罐内液体的质量和成分变化。该技术的优势在于能够在储罐运行状态下进行检测，对储罐内液体和气相部分进行综合监测。

2. 外部检测机器人

1）爬壁机器人

爬壁机器人通常采用磁吸或真空吸附系统，能够在储罐外壁垂直或倾斜面上爬行；搭载高清摄像头、红外热像仪、超声波探头等传感器，可以检测储罐外壁的腐蚀、涂层剥落、裂纹等缺陷，实时传输检测数据和图像，生成外壁缺陷分布图。该技术的优势在于无须脚手架或悬吊设备，操作安全方便，检测速度快，覆盖范围广。

2）多功能检测机器人

多功能检测机器人配备多种检测模块，如超声波检测、涡流检测、磁粉检测等，可以根据检测需求灵活更换和组合不同的检测模块，适用于储罐外壁的综合性检测，提供全面的缺陷评估，对不同材质和结构的储罐进行多种检测方法的联合应用。该技术的优势在于提供多种检测手段，检测结果更全面，模块化设计，灵活性强，适应多种检测需求。

3. 储罐检测无人机

1）固定翼无人机

固定翼无人机具备长航时和大范围飞行能力，适合大面积储罐区域的巡检，配备高分辨率摄像头、热成像仪和其他传感器，一方面可用于大规模储罐设施的快速巡检，另一方面检测储罐区域的整体状况，如管道泄漏、大面积腐蚀等。该技术的优势在于飞行速度快，覆盖范围广，能够在短时间内完成大面积检测任务。

2）多旋翼无人机

多旋翼无人机具有悬停和灵活机动的能力，适合复杂环境中的精细检测，配备高清摄像头、红外热像仪、激光扫描仪等多种传感器，可以检测储罐表面的细节缺陷，如裂纹、腐蚀斑点、涂层剥落等，进行局部区域的详细检测和监控。该技术的优势在于悬停和机动性能优越，适用于复杂环境，可以进行精细化和近距离检测。

第四节　储罐防腐技术措施

储罐防腐是保障储罐安全和延长使用寿命的重要措施。原油储罐底部总是沉积着一定厚度的含盐水，当储存重质或含硫量、酸值较高的油品时，对防腐的要求更高。虽然目前国家对储罐的防腐蚀设计还没有统一标准，但对于储量巨大、腐蚀性严重的大型原油储罐而言，系统全面地设计并实施防腐的重要性是不言而喻的。

一、防腐技术要求

《钢质石油储罐防腐蚀工程技术标准》（GB/T 50393—2017）中对原油浮顶储罐防腐提出了相关技术要求。

（1）标准“3.3.1 款”，大气环境腐蚀等级可按储罐金属在大气环境下暴露第一年的均匀腐蚀速率 v_1 分为四个等级，应符合表 4-5 所示的规定。

表 4-5　大气环境腐蚀等级

腐蚀等级	均匀腐蚀速率 v_1/（mm/a）	腐蚀程度
Ⅰ	$v_1<0.025$	无腐蚀
Ⅱ	$0.025\leqslant v_1<0.050$	轻腐蚀
Ⅲ	$0.50\leqslant v_1<0.200$	中腐蚀
Ⅳ	$v_1\geqslant 0.200$	强腐蚀

（2）标准“3.3.2 款”，介质环境腐蚀等级可按介质对储罐金属的均匀腐蚀速率 v_1 和点蚀腐蚀速率 v_2 分为四个等级，应符合表 4-6 的规定。

表 4-6　介质环境腐蚀等级

腐蚀等级	v_1 均匀腐蚀速率/（mm/a）	v_2 点蚀腐蚀速率/（mm/a）	腐蚀程度
Ⅰ	$v_1<0.025$	$v_1<0.130$	无腐蚀
Ⅱ	$0.025\leqslant v_1<0.130$	$0.130\leqslant v_1<0.200$	轻腐蚀
Ⅲ	$0.130\leqslant v_1<0.250$	$0.200\leqslant v_1<0.380$	中腐蚀
Ⅳ	$v_1\geqslant 0.250$	$v_1\geqslant 0.380$	强腐蚀

(3) 标准"C. 0. 2 款"，常温($t≤80℃$)原油外浮顶储罐常用防腐蚀方案宜符合表 4-7 的规定。

表 4-7 常温($t≤80℃$)原油外浮顶储罐常用腐蚀方案

防腐蚀部位	腐蚀等级	防腐蚀方案	干膜厚度/μm
浮顶底板下表面、外缘板外表面、接触油品的支柱等附件	Ⅲ	环氧涂料 酚醛环氧涂料	≥250
罐内底板、底板上 1.5m 高的罐壁	Ⅳ	环氧涂料、酚醛环氧涂料、环氧玻璃鳞片涂料	≥300

(4) 标准"D. 1. 1 款"，原油储罐内铝合金牺牲阳极电化学性能应符合表 4-8。

表 4-8 原油储罐内铝合金牺牲阳极电化学性能

电化学性能		指标
开路电位/V		-1. 18~-1. 10
工作电位/V		-1. 12~-1. 05
电流效率/%	1 型	≥85
	2 型	≥90
实际电容量/(A · h/kg)	1 型	≥2400
	2 型	≥2600
消耗率/[kg/(A · a)]	1 型	≤3. 65
	2 型	≤3. 37

注：(1)开路电位和工作电位应相对于饱和甘汞参比电极。
(2)电化学性能的测试应符合现行国家标准《牺牲阳极电化学性能试验方法》(GB/T 17848—1999)的规定：应采用人造海水或洁净的天然海水作为试验介质。

二、防腐技术措施

1. 涂层防护

涂层防腐技术是原油储罐防腐蚀保护中最为常用和有效的方法之一。通过在储罐内外表面涂覆特定的防腐涂料，在储罐金属表面形成一层连续且致密的保护膜，将金属与外界腐蚀介质隔离，阻止或减缓电化学腐蚀过程的进行。这一保护膜不仅能够抵御化学介质的侵蚀，还具有优异的物理性能，能够承受储罐在使用过程中受到的机械应力和温度变化。

涂层类型包括有机涂层和无机涂层两种。有机涂层主要采用环氧、聚氨酯、丙烯酸等，由于其良好的流动性和自流平性，施工较容易，适用于各种形状的储罐表面，并能够提供一定的防腐保护，但耐久性不佳，易受气候变化和化学物质影响，易龟裂、起泡、剥离和老化等，使防腐效果受到影响；无机涂层主要采用玻璃钢、陶瓷涂层等，耐久性较好，对于储罐表面的防护效果更加显著，但施工技术难度大，且价格比较昂贵。

涂层施工工艺主要包括表面预处理、底漆涂覆、中间漆涂覆、面漆涂覆和涂层厚度控制五个方面。

(1) 表面预处理：通常采用喷砂或抛丸处理，清除金属表面的锈蚀、氧化皮和其他附着物，增加涂层的附着力。表面处理等级一般达到 Sa 2.5 级(ISO 8501-1 标准)，表面粗糙度应符合涂层要求。

(2) 底漆涂覆：底漆作为涂层系统的第一层，具有良好的附着力和防腐性能，能够提高中间层和面漆的附着力。常用环氧富锌底漆或无机硅酸锌底漆。

(3) 中间漆涂覆：增加涂层厚度，提高整体防腐性能和机械强度。通常采用环氧树脂中间漆或环氧云铁中间漆。

(4) 面漆涂覆：面漆作为涂层系统的最外层，具有优异的耐候性、耐化学品性和装饰性。常用聚氨酯面漆、氟碳面漆等。

(5) 涂层厚度控制：根据设计要求和实际应用，控制每层涂料的厚度，确保涂层系统达到规定的总厚度，一般在 200~500μm 之间。

2. 阳极保护

阳极保护防腐技术是一种通过电化学手段防止金属腐蚀的有效方法，主要通过牺牲阳极或外加电流的方式，将储罐金属的电位调节至更负的电位，使其成为阴极，从而减缓或防止电化学腐蚀的发生。

(1) 牺牲阳极阴极保护：利用电位较低的金属(如锌、镁、铝等)作为阳极，与被保护的储罐金属相连，阳极比储罐金属更容易腐蚀，从而牺牲自身保护储罐。适用于地下储罐或部分埋地的储罐，特别是在土壤腐蚀环境下。

(2) 外加电流阴极保护：通过外部电源(直流电源)向储罐施加一个负电位，使储罐金属成为阴极，从而防止电化学腐蚀的发生。适用于大型储罐和复杂环境下的防腐保护，特别是在需要精确控制电位的情况下。

3. 油罐内壁维护

油罐内壁维护主要包括喷涂、抛丸及镀锌等。喷涂应用广泛，喷涂厚度一般为 0.5~1mm。其具有处理时间快、施工方便等优点。但对于老化、腐蚀较严重的油罐，需要对其进行抛丸处理。抛丸是将内部金属表面喷上小钢珠，以去除旧漆和生锈铁锈，同时提高表面粗糙度，增强涂料与金属的附着力。镀锌则是将锌涂在钢板或钢结构表面，起到保护钢结构的作用，能够降低腐蚀的发生率，同时提高了储罐的使用寿命。但这些方法都容易造成环境污染，有一定的维护成本。综合考虑，选择适合储罐的防腐方式，能够更好地保障储罐的安全使用。

4. 无尘防腐

无尘防腐技术是一种创新性技术，在喷涂防腐领域得到了广泛应用。它采用高压气流将防腐材料喷射到被保护表面上，具有环保、高效、精准的特点。与传统喷涂方式相比，无尘防腐技术的最大优势在于不会产生粉尘污染。因此，该技术可以有效地减少环境污染和对人体健康的影响。无尘防腐技术已经在舰船、桥梁、建筑等领域得到广泛应用，并且逐渐用于石油储罐防腐。实际应用中，无尘防腐技术需要通过高效的喷涂装置将防腐材料均匀地喷涂到被保护表面上。这种方法可有效地提高喷涂效率和精度，减少粉尘污染，并降低维护成本。与传统涂料喷涂技术相比，其优点在于喷涂效果好、防腐性好、操作简单、适用范围广泛等。因此，无尘防腐技术是一种非常有前景和发展潜力的新兴技术，在石油储罐防腐方面会有更加广泛的应用和推广。

5. 纳米材料防护

纳米材料防护技术是一种应用于石油储罐的新型防腐技术。该技术主要借助纳米颗粒的特性，利用化学作用产生的物理力量来实现对金属表面的防护。纳米材料可以大规模生产，并且容易在现有的储罐表面上进行涂覆。同时，其施工过程简单、无毒害，不会对周边环境造成影响。在实际应用中，纳米材料防护技术主要通过涂抹纳米材料的方式实现。利用纳米颗粒的特点，将纳米材料密集地涂覆在储罐内外表面，形成一层均匀的保护层。这种保护层可以有效地防止化学腐蚀的发生，保护储罐内部和外部不受腐蚀侵蚀的影响。

三、常用防腐涂料

1. 富锌底漆

富锌底漆是重防腐涂料体系中的重要防锈底漆。富锌底漆的主要防锈机理是漆膜中含有大量锌粉，其标准电极电位(-0.76V)比钢铁的标准电极电位(-0.44V)低，在使用过程中，锌粉可以起到牺牲阳极作用来保护钢材。当涂膜受到侵蚀时，锌粉作为阳极先受到腐蚀，而基材钢铁为阴极，受到保护；锌在腐蚀介质中起化学反应，生成一层不溶性氢氧化锌以及碱式碳酸锌，填充涂膜的空隙，使涂膜紧密结合，从而延缓腐蚀，达到防锈目的。

富锌底漆主要分溶剂型环氧富锌底漆和水性无机富锌底漆两类。溶剂型环氧富锌底漆是以锌粉(锌粉含量占70%以上)为防锈颜料，环氧树脂为基料，聚酰胺树脂或胺加成物为固化剂，加以适当的混合溶剂配制而成，形成连续致密的涂层，漆膜坚固，机械强度高，屏蔽效果好。水性无机富锌底漆是以正硅酸盐为成膜物，金属锌(锌粉含量占85%以上)为防锈颜料的重防腐涂料，具有良好的环保特性、附着力、耐候性、耐磨性等性能。水性无机富锌底漆中的硅酸盐在与锌粉反应同时，还会与金属铁反应形成很强的化学键结合(硅酸锌铁络合物)，附着力好，从而可抵抗水、海水、有机物、氯化物的侵蚀，且自干速度快，2h内可涂面漆。水性无机富锌底漆的耐腐蚀性远优于溶剂型环氧富锌底漆，它在海洋大气条件下使用寿命至少为25年。水性无机富锌底漆推荐膜厚小于50μm，若一次喷涂太厚，漆膜会出现龟裂现象。

溶剂型环氧富锌底漆的施工性较好，对底材的表面处理要求较低，要求表面清洁度达到Sa 2.5级，个别部位只需手动处理达到St 3级，粗糙度为40~60μm；水性无机富锌底漆要求钢结构表面清洁度达到Sa 2.5级，粗糙度为40~80μm。目前溶剂型环氧富锌底漆和水性无机富锌底漆在石油储罐的涂装中都有大量的应用。

2. 环氧玻璃鳞片底(面)漆

环氧玻璃鳞片底(面)漆是目前世界公认的长效重防腐涂料，以耐蚀树脂为主要成膜物质，薄片状的玻璃鳞片为骨架形成高固体分涂料。玻璃鳞片通常为钠碱玻璃类，主要成分为 SiO_2、Na_2O、CaO 等。玻璃鳞片厚度一般为 2~5μm，片径长度为 100~300μm。由于涂层中的玻璃鳞片上下交错排列，使涂层形成独特的“迷宫”式屏蔽结构。在 1mm 干膜中玻璃鳞片可交错排列 100 层，使外界腐蚀介质渗透至金属基体表面的路径变得曲曲折折，有效延长了渗透时间，大大提高了涂层的抗渗透性与防护寿命。该涂料具有优良的抗介质渗透性、耐磨性、附着力和良好的施工性能；硬化时体积收缩率低，热膨胀系数小，性能十分优越，化学性质稳定，耐酸、碱、石油溶剂、各类盐和水的侵蚀，其耐腐蚀性优于同类树脂制成的玻璃钢，应用于石油储罐内壁水相部分(储罐底板以上 1.8m)；配套涂料体系为 H06-X 环氧富锌底漆 2 道，环氧玻璃鳞片面漆 4~5 道，总干膜厚度为 460μm。

3. 环氧云铁中涂漆

中涂漆的主要功能是增加漆膜厚度，在防腐蚀涂料体系中起到承上启下的作用，使各涂层之间良好黏结，形成一个整体防护体系。石油储罐钢结构防腐一般选用环氧云铁中涂漆。云母氧化铁是一种化学性质稳定的黑紫色薄片状结晶粉末，它用作防锈颜料，在涂膜中形成定向排列的平行叠片层，使涂层具有优良的屏蔽性，能滞缓水汽及酸、碱、盐等腐蚀物质的渗透和对温度变化形成抵抗力，防止附着力下降、起泡、收缩等缺陷，保持漆膜的完整性，减缓大气对漆膜的影响。云母氧化铁颜料还具备反射紫外线的性能，大大降低了紫外线对漆膜的破坏作用，防护时间可达 10 年以上。

4. 脂肪族丙烯酸聚氨酯面漆

脂肪族丙烯酸聚氨酯面漆漆膜硬度高，坚韧耐磨，机械强度好，对钢铁、铝、锌等具有良好的附着力，漆膜不易泛黄，保光保色性好，具有优异的耐候性和“三防”性能，广泛地应用于钢结构防腐涂装中，也是石油储罐外壁最常用的面漆品种。目前应用最多的配套涂料体系是环氧富锌底漆 1 道/环氧云铁中涂漆 1~2 道/脂肪族丙烯酸聚氨酯面漆 2 道，总干膜厚度为 240~320μm。

四、新型防腐涂料

1. 防静电涂料

虽然防静电技术措施很多，如提高石油产品的精炼纯度，在油品中加入适量的导静电添加剂，改进装油方式和接地方式等。但是，在储罐内壁涂覆导静电涂料是近年来受到重视并大力推广的方法。导静电涂料通常由基料、填料、溶剂及助剂组成，其中至少有一种组分具有导电性能，以保证形成的涂层为导体或半导体，即涂层的体积电阻率小于 10^{10} Ω·m，表面电阻率在 10^5~10^9Ω 范围内的一种涂料，用以消除静电灾害及由此导致的各类关联性生产障碍。

2. 石墨烯涂料

随着石油储罐的规模越来越大、形式越来越多样，对其防腐需求也越来越高。在这种情况下，石墨烯作为一种新型材料，在石油储罐防腐方面展现出了越来越大的应用前景。

石墨烯具有很多优秀的物理性质，如高导热性、高强度和高抗腐蚀性等。特别是其表面能够承受极高的温度和压力，同时还能够有效地防止化学反应和腐蚀的发生，使得石墨烯成为一种非常理想的防护材料。在实际应用中，石墨烯防护主要采用覆盖式涂层技术，在罐内外表面形成一层稳定的保护层，从而全面保护储罐。此外，石墨烯防护层具有良好的自润滑性能，可以起到润滑的作用，避免液体在储罐内过程中摩擦引起火灾等危险。不仅如此，石墨烯防护层还具有很强的耐高温性能，在长期高温的环境下，其防护效果不会出现明显下降，能够有效保护储罐。

3. 氟碳涂料

氟碳涂料是一种新型高分子聚合物涂料，在金属表面形成牢固结合的保护层。它具有很好的耐腐蚀性、耐高温性和耐磨损性，广泛应用于汽车、化工、航空等领域。在石油储罐防腐方面，喷涂氟碳涂料可大大提高储罐的防护效果和使用寿命，延长储罐寿命，提高储罐的安全性。因为氟碳涂料具有很强的黏附力和硬度，可以有效防止腐蚀和氧化发生。它能够与金属表面形成牢固结合，从而确保储罐内部不受腐蚀侵蚀和外部介质的污染。同时，氟碳涂料还可以防止紫外线、高温等外界环境因素的影响，更好地保护储罐的安全性和稳定性。然而，使用氟碳涂料也有一些缺点，例如，其价格较高，喷涂要求严格，必须在封闭的空间内进行喷涂，需要特殊的设备和生产工艺。在实际应用中，需要综合考虑各种条件和因素，选择最适合的防腐材料。

第五节　工艺操作风险防控措施

一、液位控制

原油储罐液位过高会造成储罐冒顶，油品溢出；液位过低会造成机泵抽空，密封泄漏。当油品泄漏后，挥发的可燃蒸气达到爆炸极限后遇到点火源发生闪爆事故。为预防液位超出安全操作范围，属地人员应加强液位监盘，关注收付油变化并通过现场巡检、视频遥检等形式对原油储罐情况进行确认；并定期对液位指示、液位联锁以及可燃气体报警等仪表进行定期校验。

当油品液位超出安全操作范围时，应立即停止收油作业，进行切换操作，降低储罐液位，查明原因。

二、温度控制

原油储罐内温度过高会造成油品突沸，油气挥发量增大，增加了着火爆炸及环境污染的风险。为预防温度超出安全操作范围，属地人员应加强温度监控，对温度报警及时进行处理，加强储罐切水，定期通过人工检温的方式核查温度仪表准确性。

当油品温度超出安全操作范围时，应立即停止储罐加热，通过收冷油的方式对储罐进行降温，并开启储罐喷淋对储罐进行冷却。

三、流速控制

原油储罐在收油过程中流速过快会产生静电，可能会引起火灾、爆炸等事故。由于空罐内有较大的气相空间，挥发的油气与空气混合更容易到达爆炸极限，存在较大的火灾爆炸风险，因此对于空罐和正常运行液位的储罐，对流速的控制应区分对待。

空罐收油时，应采用倒罐压油或泵倒油方式收油，并加强付出储罐流量监控。付出油罐尽量选择与收油空罐管道路径较长、位差较小的储罐。当采用泵倒油超流速时，应立即关小付出罐组立阀门；当采用泵倒油超流速时，控制泵流量，且保证泵在正常工况运行。

第六节　施工安全风险防控措施

一、施工人员安全风险防控

1. 安全交底

属地单位应向施工单位进行现场安全交底，目的使施工单位人员清楚施工风险并做好防护及处置措施，其内容应包括施工储罐概况、施工废弃物摆放；施工储罐所盛装油品以及油品特性，必要时提供化学安全技术说明书(MSDS)；设备进场道路状况；施工所需的水、电、热源位置及其要求；属地单位的应急预案以及联合演练要求；劳动保护用品、急救包配置的要求等。

2. 人员防护

施工单位现场作业人员应配备符合国家标准的防静电工作服、防静电工作鞋等劳动防护用品和应急救援器具，如安全帽、作业手套、应急照明灯、呼吸器等。根据不同场所选择的防毒用具和防护用品，其规格尺寸应保证佩戴合适，性能良好。同时，施工单位现场作业相关人员应掌握正压式空气呼吸器或正压式长管呼吸器的结构、性能并能熟练使用。

施工期间应对浮盘上气相空间进行持续监测，确保氧含量在19.5%~23.5%范围内方可进入浮盘上部作业，同时现场配备抢救人员使用的急救箱，由专人保管并定期检查补充。

3. 罐顶施工要求

由于原油储罐罐顶空间可能存在油气，罐顶施工风险兼具高处坠落和火灾爆炸，因此在施工过程中应重点进行防护，作业人员上罐前应先释放自身包括携带物品的静电；上罐时同时在盘梯上的人数不应超过5人，在浮梯上的人数不应超过3人。

在罐顶施工时使用的工具及设备设施均应选择防爆型；不应穿带铁钉的鞋和非防静电服装上罐；罐顶施工人员应随身至少佩戴一部气体检测仪及防爆通信设备；雷雨天气或5级以上大风时，不应进行罐顶作业。

二、作业环境安全风险防控

(1) 作业现场应配备灭火器。作业区域应设置明显的警戒带和安全警示标志。

（2）爆炸性气体环境危险区域划分应符合 GB 50058 第 3.2.1 条规定的分区方法，在 0 区、1 区和 2 区作业应使用符合防爆要求的防爆电器和防爆通信工具。在 0 区、1 区作业应使用符合防爆要求的防爆工具。

（3）进入罐内作业应办理受限空间作业许可证，并按受限空间作业的有关规定制定方案，方案应明确受限空间内的作业内容、作业方法和作业过程的风险管控措施，并经属地单位审核同意。

（4）作业人员进罐时，罐内应经过清洗或置换，并达到下列要求：

① 氧气浓度为 19.5%~23.5%，受限空间内外的氧浓度应一致；

② 硫化氢含量应低于 $10mL/m^3$；

③ 苯、一氧化碳等有毒气体（物质）的浓度应符合 GBZ 2.1 的规定；

④ 可燃气体浓度不大于 10%爆炸下限（LEL）。

（5）罐内经过清洗或置换达不到要求时，严禁进罐。罐内作业过程中，如果环境发生变化，达不到要求时，人员应立即退出储罐，查明原因，定并落实管控措施，达到 GB 30871 的作业条件要求后方可继续作业。

（6）向清洗罐内注入惰性气体的过程中应对罐内气体浓度进行监测，并做好记录。

（7）清罐作业时作业区域 30m 以内严禁动火。

三、储罐内作业安全风险防控

原油储罐内部为封闭的，存在油气混合的气相空间，内部施工作业中，对于防止火灾爆炸的风险防控，重点在于静电的防护。针对静电防护，在储罐内部作业前，对引入储罐的氮气、水及蒸汽管线的喷嘴等金属部件应与作业储罐以及周围的金属体等电位连接并进行接地。氮气、蒸汽胶管应采用防静电材质，严禁使用绝缘管。严禁使用汽油、苯类等易燃溶剂对设备、器具进行吹扫和清洗。罐内严禁使用塑料桶等绝缘容器。进入罐内作业前使用静电消除器消除人体静电。罐内应使用防爆对讲机、防爆报警器等防爆通信、检测设备。应按规定穿防静电工作服和防静电工作鞋并备有个人防护用品，严禁穿化纤服装，严禁使用化纤抹布、绳索等。作业中人员禁止穿脱衣服、鞋靴、安全帽，禁止梳头。

第五章 原油浮顶储罐火灾关键应急设施与物资装备

配备完善的应急设施和物资装备，是确保原油储罐发生火灾时能够迅速有效应对的必要条件。原油储罐火灾应急处置需要配备建立包括消防设备、火灾监测和报警设备、应急通信设备、个人防护装备、应急救援工具、应急照明和电力设备以及环境保护设备等在内的一套完整的设施和物资装备体系。本章主要对设施和物资装备体系中的泡沫灭火系统、消防灭火系统、消防车、消防枪炮、智能消防装备和灭火药剂等消防设施与物资装备进行详细介绍。

第一节 泡沫灭火系统

原油储罐泡沫灭火系统是专门设计用于扑灭油类火灾的灭火系统，通过喷洒泡沫灭火剂覆盖燃烧表面，隔绝空气和冷却燃烧物，有效控制和扑灭火灾。

一、系统分类

泡沫灭火系统由于其保护对象的体系或储罐形式不同，分类有所不同，但系统的组成基本一致(表 5-1)。

表 5-1 泡沫灭火系统分类

分类方式	系统类别	系统概述
喷射方式	液上喷射泡沫灭火系统	将泡沫产生器产生的泡沫在导流装置的作用下，从燃烧液体上方缓慢施加到燃烧液体表面上实现灭火的泡沫系统
	液下喷射泡沫系统	源于第二次世界大战，它是将高背压式泡沫产生器产生的泡沫通过泡沫喷射管从燃烧液体液面下输入，在泡沫初始动能和浮力的推动下，泡沫到达燃烧液面，从而实现灭火的泡沫灭火系统
	半液下喷射泡沫灭火系统	少数几个国家采用，它是将一轻质耐火软带卷存于液下喷射管内，当使用时，在泡沫压力和浮力作用下软带漂浮到燃液表面使泡沫从燃液表面释放出来实现火火。它主要为水溶性液体设计的，由于其结构比液下喷射泡沫灭火系统复杂，一般不将其用于非水溶性液体的火灾

续表

分类方式	系统类别	系统概述
系统结构	固定式灭火系统	由固定泡沫消防水泵或泡沫混合液泵、泡沫比例混合器(装置)、泡沫产生器(或喷头)和管道等组成的灭火系统
	半固定式灭火系统	由固定的泡沫产生器与部分连接管道、泡沫消防车或机动泵，用水带连接组成的灭火系统
	移动式灭火系统	由消防车、机动消防泵或有压源、泡沫比例混合器、泡沫枪或移动式泡沫产生器，用水带等连接组成的灭火系统
发泡倍数	低倍数泡沫灭火系统	发泡倍数小于20的泡沫灭火系统。该系统是甲、乙、丙类液体储罐及石油化工装置区等场所的首选灭火系统
	中倍数泡沫灭火系统	发泡倍数为20~200的泡沫灭火系统。中倍数泡沫灭火系统在实际工程中应用少，且多用作辅助灭火设施
	高倍数泡沫灭火系统	发泡倍数大于200的泡沫灭火系统
系统形式	全淹没灭火系统	由固定式泡沫产生器将泡沫喷放到封闭或被围挡的保护区内，并在规定时间内达到一定泡沫淹没深度的灭火系统
	局部应用系统	由固定式泡沫产生器直接或通过导泡筒将泡沫喷放到火灾部位的灭火系统
	移动灭火系统	指车载式或便携式灭火系统，移动式高倍数泡沫灭火系统可作为固定灭火系统的辅助设施，也可作为独立系统应用于某些场所。移动式中倍数泡沫灭火系统适用于发生火灾部位难以接近的较小火灾场所、流动面积不超过100m^{2}的液体流淌火灾场所
	泡沫—水喷淋灭火系统	由喷头、报警阀组、水流报警装置等组件，以及管道、泡沫液遇水供给设施组成，并能在发生火灾时按预定时间与供给强度向保护区一次喷砂泡沫与水的自动喷射灭火系统
	泡沫喷雾系统	采用泡沫喷雾喷头，在发生火灾时按照预定时间与供给强度向被保护设备或防护区喷洒泡沫的自动灭火系统

二、标准要求

外浮顶储罐的固定泡沫灭火系统按照《泡沫灭火系统技术标准》(GB 50151—2021)进行设计(表5-2)。

表5-2 外浮顶储罐固定泡沫灭火系统设计要求

序号	内容要求
4.3.1	钢制单盘式、双盘式外浮顶储罐的保护面积应按罐壁与泡沫堰板间的环形面积确定
4.3.2	非水溶性液体的泡沫混合液供给强度不应小于12.5L/(min·m^2)，连续供给时间不应小于60min，单个泡沫产生器的最大保护周长不应大于24m

续表

序号	内容要求
4.3.3	外浮顶储罐的泡沫导流罩应设置在罐壁顶部，其泡沫堰板的设计应符合下列规定： (1) 泡沫堰应高于密封 0.2m； (2) 泡沫堰板与罐壁的间距不应小于 0.9m； (3) 泡沫堰板的最低部位应设排水孔，其开孔面积宜按每 $1m^2$ 环形面积 $280mm^2$ 确定，排水孔高度不宜大于 9mm
4.3.4	泡沫产生器与泡沫导流罩的设置应符合下列规定： (1) 泡沫产生器的型号和数量应按本标准第 4.3.2 条的规定计算确定； (2) 应在罐壁顶部设置对应于泡沫产生器的泡沫导流罩
4.3.5	储罐上泡沫混合液管道的设置应符合下列规定： (1) 可每两个泡沫产生器合用一根泡沫混合液立管； (2) 当 3 个或 3 个以上泡沫产生器一组在泡沫混合液立管下端合用一根管道时，宜在每个泡沫混合液立管上设常开阀门； (3) 每根泡沫混合液管道应引至防火堤外，且半固定式系统的每根泡沫混合液管道所需的混合液流量不应大于一辆泡沫消防车的供给量； (4) 连接泡沫产生器的泡沫混合液立管应用管卡固定在罐壁上，管卡间距不宜大于 3m，泡沫混合液的立管下端应设锈渣清扫口
4.3.6	防火堤内泡沫混合液或泡沫管道的设置应符合下列规定： (1) 地上泡沫混合液或泡沫水平管道应敷设在管墩或管架上，与罐壁上的泡沫混合液立管之间应用金属软管连接； (2) 埋地泡沫混合液管道或泡沫管道距离地面的深度应大于 0.3m，与罐壁上的泡沫混合液立管之间应用金属软管连接； (3) 泡沫混合液或泡沫管道应有 3‰的放空坡度； (4) 在液下喷射系统靠近储罐的泡沫管线上，应设置供系统试验用的带可拆卸盲板的支管； (5) 液下喷射系统的泡沫管道上应设钢制控制阀和逆止阀，并应设置不影响泡沫灭火系统正常运行的防油品渗漏设施
4.3.7	防火堤外泡沫混合液管道的设置应符合下列规定： (1) 固定式系统的每组泡沫产生器应在防护堤外设置独立的控制阀； (2) 半固定式系统的每组泡沫产生器应在防火堤外距地面 0.7m 处设置带闷盖的管牙接口； (3) 泡沫混合液管道上应设置放空阀，且其管道应有 2‰的坡度坡向放空阀
4.3.8	储罐各梯子平台上应设置二分水器，并应符合下列规定： (1) 二分水器应由管道接至防火堤外，且管道的管径应满足所配泡沫枪的压力、流量要求； (2) 应在防护堤外的连接管道上设置管牙接口，其距地面高度宜为 0.7m； (3) 当与固定式系统连通时，应在防护堤外设置控制阀

按照《石油储备库设计规范》相关标准要求，计算得到80m直径外浮顶储罐固定泡沫灭火系统的设计值，见表5-3。

表5-3 80m直径外浮顶储罐固定泡沫灭火系统设计值

名称	单位	数值	备注
$10\times10^4m^3$ 外浮顶储罐直径	m	80	
$10\times10^4m^3$ 外浮顶储罐直径	m	21.8	
冷却水供给强度	L/(min·m²)	2.0	《石油储备库设计规范》8.2.6条
移动消防用水量	L/s	120	《石油储备库设计规范》8.2.5条
冷却水供给时间	h	4	《石油储备库设计规范》8.2.9条
冷却水供给流量	L/s	340	2×(3.14×80×21.8)×1.2/60+120
一次火灾冷却水最大用量	m³	4896	冷却水供给流量(340L/s)×冷却水供给时间(4h×3600s/h)
泡沫混合液供给强度	L/(min·m²)	12.5	《石油储备库设计规范》8.3.5条
泡沫混合液供给时间	min	30	《石油储备库设计规范》8.3.5条
水与泡沫液混合比	—	97.3	采用3%的水成膜泡沫
泡沫堰板环形面积	m²	297	
单个泡沫产生器的最大保护周长	m	24	《石油储备库设计规范》8.3.5条
单罐泡沫产生器的个数	个	12	PC8泡沫产生器(8L/s)
泡沫混合液总供给流量	L/s	108	泡沫产生器流量(8L/s)×单罐泡沫产生器个数(12)+泡沫枪数量(3)×泡沫枪流量[240L/min×min/(60s)] 《石油储备库设计规范》8.3.6条规定：3支泡沫枪，每支240L/min
一次火灾最大泡沫液用水量	m³	189	《石油储备库设计规范》8.3.3条规定：泡沫混合液混合比不宜低于3%；第8.3.6条规定，泡沫混合液连续供给时间应按30min设计
一次火灾最大泡沫液用量	m³	9	考虑50%的富余量
一次火灾最大用水量	m³	5085	一次火灾冷却水最大用量(4896m³)+一次火灾最大泡沫液用水量(189m³)

三、典型泡沫灭火系统

1. 罐壁式泡沫灭火系统

罐壁式泡沫灭火系统的主要特征是泡沫管线固定在罐壁外侧，泡沫发生器安装在罐壁顶部，泡沫喷射口在罐顶周围上等角均布，喷射口朝向罐内，泡沫喷射口一般设置在罐壁顶部的梯形护板上，喷射口处还设有泡沫导流板。

启动灭火系统后，泡沫混合液通过罐壁外侧的消防立管输送到罐顶的泡沫发生器，泡沫经泡沫喷射口喷出后，在导流板的作用下沿罐壁从罐顶流至浮盘的泡沫堰板与罐壁之间的环形空间内，留下的泡沫沿环形空间向两侧自然流动，由多个泡沫喷射口喷出的泡沫在该环形空间内相互汇合，并逐渐在环形空间内形成完整的具有一定厚度的泡沫带。待泡沫带完全淹没密封圈后，泡沫即从密封圈顶部的裂口溢流进入密封圈内部实施灭火。

我国绝大多数大型浮顶储罐采用罐壁式泡沫灭火系统，但该灭火系统存在明显的缺点。

一是由于泡沫喷射口设置在罐顶，当外界风力较大时，喷出的泡沫容易被风吹散，泡沫被稀释，造成泡沫的大量损失。

二是当密封圈的着火点不在罐顶泡沫喷射口正下方时，从罐顶留下的泡沫不能直接流经密封圈内，只能等泡沫完全淹没密封圈后才能进入密封圈内部灭火。对于体积在 10×10^4 m^3 以上的大型浮顶储罐，泡沫在环形空间的汇集至少需要 9min，因此，在泡沫喷出 9min 后才开始灭火，可能错过最佳灭火时间。

三是由雷击引发的密封圈火灾往往伴随着大雨，喷射的泡沫会被雨水稀释，同时，雨水还会夹带着大量的泡沫穿过堰板底部的排水口流失到浮盘上，会在一定程度上影响灭火效果。

2. 浮盘边缘式泡沫灭火系统

浮盘边缘式泡沫灭火系统的主要特点是，泡沫混合液通过设置在浮盘中央的泡沫液分配器和浮盘上的泡沫管线输送到均布于浮盘边缘的泡沫发生器，泡沫喷射口可设置在泡沫堰板与二次密封装置支撑板(或挡雨板)之间的开放空间，也可直接伸入密封圈内部。若泡沫喷射口设在密封圈外部，则泡沫直接喷入堰板与罐壁之间的环形空间，待泡沫层完全淹没密封圈后，泡沫即从密封圈顶部被炸开的裂口处溢流进封圈内部实施灭火；若泡沫喷射口伸入密封圈内部，则喷出的泡沫直接覆盖在油面上实施灭火。目前，我国仅少数浮顶储罐采用了浮盘边缘式泡沫灭火系统，其泡沫喷射口一般设置在泡沫堰板与二次密封装置支撑板之间的开放空间。在这种情况下，喷射的泡沫可避免外界风力、热气流对泡沫的破坏，泡沫能准确有效地布满堰板与罐壁之间的环形空间，也避免了因浮盘与泡沫喷射口的高度差而造成的泡沫损失。相比而言，泡沫喷射口设置在密封圈内部的泡沫系统在密封圈火灾扑救方面有突出优点。

一是喷出的泡沫可直接覆盖在油面上实施灭火，泡沫分布速度快且分布均匀。另外，由于泡沫直接喷入密封圈内部，泡沫液可避免雨水的稀释和冲刷。

二是由于泡沫喷射口与密封圈之间的距离始终保持不变，从而避免了外界风力、火焰热气流、浮盘与泡沫喷射口的高度差等因素的影响。

三是泡沫覆盖空间大大减小，以 $10\times10^4m^3$ 浮顶储罐为例，储罐直径 80m，浮盘与罐壁的间距约为 250mm，而堰板与罐壁的间距一般为 1200mm，因此，这种泡沫灭火系统的泡沫覆盖面积仅为罐壁式泡沫灭火系统泡沫覆盖面积的 21.1%。

四是在密封圈内喷射泡沫覆盖未着火油面，可避免密封圈的着火点向两侧蔓延，可有效阻止密封圈火灾的扩大。

但泡沫喷射口若设置在密封圈内部，不便于工作人员日常维护和检修；另外，二次密封金属支撑板的管线穿越处需要有效密封，否则容易导致密封圈内的油气从穿越处泄漏。

尽管浮盘边缘式泡沫灭火系统的灭火效率明显高于国内现在普遍采用的罐壁式泡沫灭火系统，但浮盘边缘式泡沫灭火系统尚未在我国普遍应用。主要原因是罐内泡沫管线的密闭性难以保障，存在泄漏、位移或脱落等现象，在不清楚罐的情况下无法对损坏的罐内泡沫管线进行维修。另外，罐内泡沫管线对耐腐蚀、耐高温、耐高压等性能的要求较高，且多为进口产品，成本较高；浮盘中央排水系统的罐内管线漏水现象较为普遍，这个问题一直困扰着企业。因此，企业在一定程度上也有意避免采用罐内泡沫管线的形式，这也是阻碍浮盘边缘式泡沫灭火系统推广的原因之一。

3. 液下喷射泡沫灭火系统

液下喷射泡沫灭火系统是在可燃液体下部注入泡沫，泡沫受浮力作用上升到液体表面并扩散，形成泡沫层的灭火系统，液下灭火设施宜应用于扑救拱顶油罐火灾。伊朗国家石油规范规定原油固定顶储罐应设置由泡沫消防水泵、泡沫比例混合装置、高背压泡沫产生器等组成的液下喷射泡沫灭火系统。

该灭火方式具有以下优点：

(1) 泡沫管线和泡沫喷射口在储罐底部，储罐火灾状态下不易损坏。

(2) 泡沫受高温和辐射热破坏影响小，灭火效率高。

该灭火方式需解决的主要问题是防止泡沫夹带过多油品成为可燃泡沫而失去灭火能力，只能选择同时具有疏水性和疏油性的氟蛋白泡沫，泡沫发泡倍数控制在 3 倍较为适宜。此外，泡沫喷射口的止回阀容易密封不严，可能导致罐内油品渗漏问题。伊朗某油田储罐在止回阀后设置超压爆破片，可有效防止油品泄漏。

4. 储罐自动化泡沫灭火系统

近年来，随着科技进步和对密封圈火灾认识的逐步深入，国外出现了多种集火灾探测和灭火于一体的新型灭火系统，如 CFI™气体灭火系统、TANK GUARD 泡沫灭火系统、FoamFatale™泡沫灭火系统等。

1) 希腊 FoamFatale™泡沫灭火系统

FoamFatale™泡沫灭火系统最显著的优点是无需消防水、电力和其他设备(泵、比例混合器、抽吸装置)，探测到火灾信号后 5~10s 内自动启动；灭火速度极快(最长 2min)；灭火过程无需人员参与；空气污染小；对罐体和管内油品影响小；维护简便成本低，可靠性高。

FoamFatale™研究表明，泡沫供给强度如达到现有标准规范中规定值的 2~3 倍，能够大大提高灭火机率。FoamFatale™泡沫供给强度高达 20~30L/(min · m^2)。与传统的泡沫供给系统不同，泡沫不是在火灾事故现场配置，而是预先配置好，储存在压力容器中。为保证高强度泡沫流量，该系统设计了分布式线性喷射口(CLN)，泡沫管道沿罐周安装在靠近罐壁的位置，喷射口平均分布在泡沫管道上。发生火灾后，温度传感器探测火灾信号，启动控制阀。自膨胀泡沫在管道内完成膨胀，通过喷射口向罐体中心射出，泡沫在极短时间

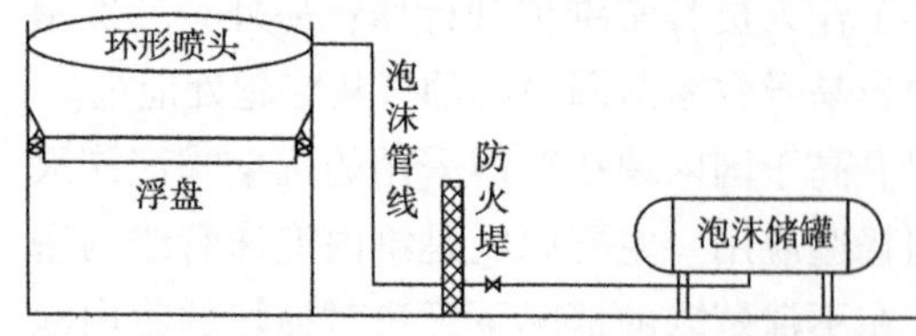

图 5-1 FoamFatale™泡沫灭火系统示意

内扩散完毕，在罐内液体表面形成泡沫覆盖层，隔绝氧气，实施灭火，同时冷却罐体表面温度(图 5-1)。

2) CFI™气体灭火系统

荷兰 SAVAL 公司开发的 CFI™气体灭火系统包括气体灭火剂储存罐、感温探头、灭火剂喷头、管线等。灭火剂喷头与感温探头一起敷设，探头间距约 2m，单个系统可覆盖 40m 罐周，安装系统数量取决于储罐大小。发生密封圈火灾时，火焰热量使一个或多个探头/装置启动，气体灭火剂通过喷头直接喷射到火焰上，灭火剂储存罐设有液位和压力开关进行远程控制。该系统维护方便，可远程监控，可靠性高，灭火速度快，不需额外动力，自动检测灭火，不需水源，适合水源缺乏地区，在沙特阿拉伯和伊朗应用较多(图 5-2)。

3) TANK GUARD 泡沫灭火系统

环球技术公司开发的 TANK GUARD 泡沫灭火系统包括泡沫液储罐、线性感温报警系统等。线性感温报警系统在密封圈内，泡沫喷头穿过金属支撑板进入密封圈内部，密封圈内出现火焰时泡沫直接喷射至油面灭火。泡沫液储罐容量为 250L，储存 200L 泡沫混合液，液体上方充装高压气体，探头间距约 2m，单个系统可覆盖 40m 罐周，TANK GUARD 泡沫灭火系统在西亚应用较多(图 5-3)。

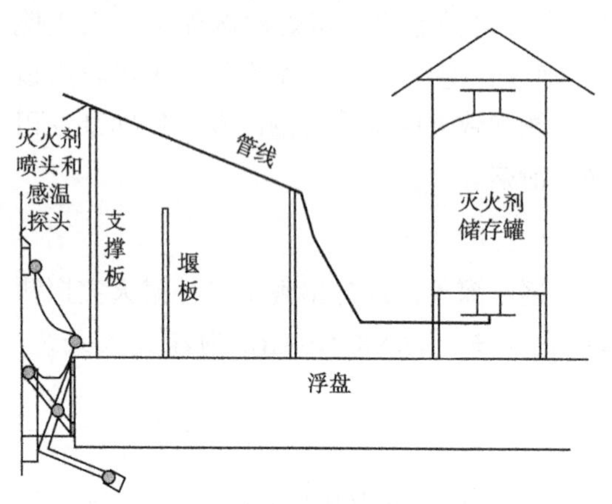

图 5-2 CFI™气体灭火系统示意

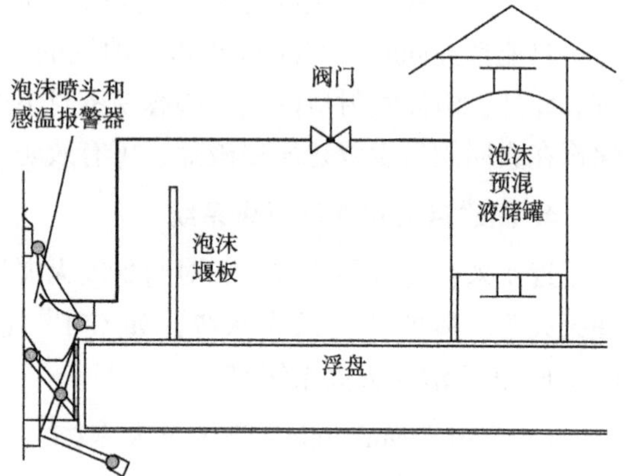

图 5-3 TANK GUARD 泡沫灭火系统示意

第二节 消防冷却水系统

一、结构功能

储罐固定式消防冷却水系统是专门设计用于保护储存易燃或易爆液体的储罐免受火灾威胁的一种系统。该系统通过喷洒冷却水来降低储罐表面的温度，从而防止火灾蔓延和储罐破裂，主要结构包括冷却水喷淋系统、水泵和水源、管道系统、控制系统、阀门和调节装置、检测和监控设备。

冷却水喷淋系统：包括安装在储罐周围的喷淋头，这些喷淋头可以均匀地喷洒冷却水覆盖储罐表面，降低温度。

水泵和水源：为系统提供所需的水压和水量。通常采用高压水泵，从消防水池、河流或其他水源抽水。

管道系统：将水从水源输送到喷淋头的管道网络。管道系统需要设计合理，确保水能够高效、均匀地输送到每一个喷淋头。

控制系统：包括手动和自动控制装置，用于启动和停止喷淋系统。自动控制装置通常与火灾报警系统联动，可以在检测到火灾时自动启动喷淋系统。

阀门和调节装置：用于控制水流量和水压，确保系统在各种情况下都能正常运行。

检测和监控设备：用于实时监测系统的工作状态，包括压力表、流量计和温度传感器等。

二、标准要求

1.《石油库设计规范》(GB 50074—2014)相关规定

储罐应设消防冷却水系统。消防冷却水应符合下列规定：容量大于或等于 3000m^3 或罐壁高度大于或等于 15m 的地上立式储罐，应设固定式消防冷却水。容量小于 3000m^3 且罐壁高度小于 15m 的地上立式储罐以及其他储罐，可设移动式消防冷却水系统。五级石油库的立式储罐采用烟雾灭火或超细干粉等灭火设施时，可不设消防给水系统。

一、二、三、四级石油库应设独立消防给水系统。五级石油库的消防给水可与生产、生活给水系统合并设置。当石油库采用高压消防给水系统时，给水压力不应小于在达到设计消防水量时最不利点灭火所需要的压力；当石油库采用地方消防给水系统时，应保证每个消防栓出口处在达到设计消防水量时，给水压力不应小于 0.15MPa。消防给水系统应保持充水状态，严寒地区的消防给水管道，冬季可不充水。一、二、三级石油库地上储罐区的消防给水管道应环状敷设；覆土油罐区和四、五级石油库储罐区的消防给水管道可枝状敷设；山区石油库区的单罐容量小于或等于 5000m^3 且储罐单排布置的储罐区，其消防给水管道可枝状敷设。一、二、三级石油库地上储罐区的消防水环形管道的进水管道不应少于 2 条，每条管道应通过全部消防用水量。

特级石油库的储罐计算总容量大于或等于 2400000m^3 时，其消防用水量应为同时扑救消防设置要求最高的一个原油储罐和扑救消防设置要求最高的一个非原油储罐火灾所需配置泡沫用水量和冷却储罐最大用水量的总和。其他级别石油库储罐区的消防用水量，应为扑救消防设置要求最高的一个储罐火灾配置泡沫用水量和储罐所需最大用水量的总和。

储罐的消防冷却水供应范围，应符合下列规定：着火的地上固定顶储罐以及距该储罐罐壁不大于 1.5D(D 为着火储罐直径)范围内相邻的地上储罐，均应冷却。当相邻的地上储罐超过 3 座时，可按其中较大的 3 座相邻储罐计算冷却水量。着火的外浮顶、内浮顶储罐应冷却，其相邻储罐可不冷却。当着火的内浮顶储罐浮盘用易熔材料制作时，其相邻储罐也应冷却。着火的地上卧式储罐应冷却，距着火罐直径与长度之和 1/2 范围内的相邻罐也应冷却。着火的覆土储罐及其相邻的覆土储罐可不冷却，但应考虑灭火时的保护用水量(指人身掩护和冷却地面及储罐附件的水量)。

储罐的消防冷却水供水范围和供给强度应符合下列规定：

地上立式储罐消防冷却水供水范围和供给强度，不应小于表5-4的规定。

表5-4　地上立式储罐消防冷却水供水范围和供给强度

储罐及消防冷却水形式			供水范围	供给强度	备注
移动式水枪冷却	着火罐	固定顶罐	罐周全长	0.6(0.8)L/(s·m)	
		外浮顶罐 内浮顶罐	罐周全长	0.45(0.6)L/(s·m)	浮顶用易熔材料制作的内浮顶罐按固定顶罐计算
	相邻罐	不保温	罐周全长	0.35(0.5)L/(s·m)	
		保温		0.2L/(s·m)	
固定冷却	着火罐	固定顶罐	罐壁外表面积	2.5L/(min·m^2)	
		外浮顶罐 内浮顶罐	罐壁外表面积	2.0L/(min·m^2)	浮顶用易熔材料制作的内浮顶罐按照固定顶罐计算
	相邻罐		罐壁外表面积的1/2	2.0L/(min·m^2)	按实际冷却面积计算，但不得小于罐壁表面积的1/2

注：(1)移动式水枪冷却栏中，供给强度是按使用ϕ16mm口径水枪确定的，括号内数据为使用ϕ19mm口径水枪时的数据。

(2)着火罐单支水枪保护范围：ϕ16mm口径为8~10m，ϕ19mm口径为9~11m；邻近罐单支水枪保护范围：ϕ16mm口径为14~20m，ϕ19mm口径为15~25m。

(3)覆土立式油罐的保护用水供给强度不应小于0.3L/(s·m^2)，用水量计算长度应为最大储罐的周长。当计算用水量小于15L/s时，应按不小于15L/s计算。

(4)着火的地上卧式储罐的消防冷却水供给强度不应小于6L/(s·m^2)，其相邻储罐的消防冷却水供给强度不应小于3L/(s·m^2)。冷却面积应按储罐投影面积计算。

(5)覆土卧式油罐的保护用水供给强度，应按同时使用不少于2支移动水枪计算，且不应小于15L/s。

2.《石油储备库设计规范》(GB 50737—2011)相关规定

石油储备库应设独立的自动启动消防给水系统。消防给水系统压力不应小于在达到设计消防水量时最不利点所需要的压力，并应保证每个消火栓出口处在达到设计消防水量时，给水压力不应小于0.25MPa。消防给水系统应保持充水状态。油罐组的消防给水管道应环状敷设；油罐组的消防水环形管道的进水管道不应少于2条，每条管道应能通过全部消防用水量。

储备库的消防用水量，应为下列用水量的总和：扑救一个最大油罐火灾配制泡沫用水量；冷却一个最大着火油罐用水量；移动消防用水量120L/s。

油罐的消防冷却水供水范围和强度计算应符合下列规定：着火罐应按罐壁表面积冷却，冷却水供给强度不应小于2.0L/(min·m^2)；着火油罐的相邻油罐可不冷却。

安装在油罐上的固定消防冷却水管和喷头应符合下列规定：油罐抗风圈火加强圈没有设置导流设施时，其下面应设冷却喷水环管；冷却喷水环管上宜设置水幕式喷头，喷头布置间距不宜大于 2m，喷头的出水压力不应小于 0.2MPa；安装完成后的实际喷水量不宜超出设计计算水量的 20%；油罐冷却水的进水立管下端应设清扫口；清扫口下端应高于罐基础顶面，其高差不应小于 0.3m；消防水立管直径不宜超过 DN150mm。

消防冷却水供给时间不应少于 4h。

消防冷却水泵的设置应符合下列规定：当具备双电源条件时，消防冷却水主泵应采用电动泵，备用泵应采用柴油机泵；当只有单电源条件时，宜设 1 台电动消防冷却水泵，其余消防冷却水泵应采用柴油机泵；消防冷却水泵应采用正压启动；消防冷却水泵应设 1 台备用泵，备用泵的流量、扬程不应小于最大工作主泵的能力；当石油储备库油罐规格形式单一时，消防冷却水泵宜采用 2 台，备用 1 台；油罐规格不一样时，消防冷却水泵应按不同油罐的计算消防水量配置，但总数不宜超过 4 台；消防冷却水泵应设置在泵房或泵棚内；消防冷却水泵的启动应为自动控制；消防水泵应设置超压回流管道。

3. 国内外标准冷却水比较

对于大型浮顶油罐区，消防冷却水可以冷却着火储罐和相邻储罐，有效降低热辐射危害，与防火间距起到类似的防护作用，我国《石油库设计规范》(GB 50074—2014)、《石油储备库设计规范》(GB 50737—2011)等均要求固定式冷却供给强度不应小于 2.0L/(min · m^2)。NFPA30 规定对于设储液池的着火储罐和毗邻储罐应冷却，着火罐消防冷却水供给强度应要求为 12.2L/(min · m^2)，毗邻罐为 10.2L/(min · m^2)，而防火间距为 1/4(D_1+D_2)时通常不需要冷却。日本对于闪点低于 70℃ 的油品储罐规定消防冷却水不低于 10L/(min · m^2)，对于毗邻储罐仅在防火间距低于 D 情况下才要求水喷淋冷却。我国仅对着火油罐进行消防水冷却，毗邻罐可不冷却，但冷却水供给强度低于日本和法国(表 5-5)。

表 5-5 浮顶储罐消防冷却水供给强度比较

标准规范	防火间距/m	消防冷却水/[L/(min · m^2)]	
		着火储罐	毗邻储罐
NFPA30(D>45m)	D>45m(150ft)且设有储液池时，1/6(D_1+D_2)	12.2	10.2
	D>45m 且设有防火堤时，1/4(D_1+D_2)	—	—
GB 50074—2014 GB 50737—2011 中国石化安〔2011〕754 号	油罐间距不应小于 0.4D (D 为最大罐直径)	≥2.0L/(min · m^2)； 移动水量 120L/s	可不冷却
日本	闪点<70℃时，储罐最大直径或最大高度的值	10	<D 时，水喷淋
法国	D>40m 时，20m	3	

注：括号内为中国石化安〔2011〕754 号要求。中国石化安〔2011〕745 号，即为中国石化大型浮顶储罐安全设计、施工、运行管理规定的通知。D_1 为两个建筑之间的距离；D_2 为储液池的直径或长度。

第三节　消　防　车

一、标准要求

设有固定式消防系统的石油库，其消防车配备应符合下列规定。

（1）特级石油库应配备 3 辆泡沫消防车；当特级石油库中储罐单罐容量大于或等于 $10\times10^4m^3$时，还应配备 1 辆举高喷射消防车。

（2）一级石油库中，当固定顶罐、浮盘用易熔材料制作的内浮顶储罐（注：浮盘用易熔材料制作的内浮顶储罐按固定顶罐计）。单罐容量不小于 10^5m^3 时或外浮顶储罐、浮盘用钢质材料制作的内浮顶储罐单罐容量不小于 $2\times10^4m^3$ 时，应配备 2 辆泡沫消防车；当一级石油库中储罐单罐容量大于或等于 10^5m^3 时，还应配备 1 辆举高喷射消防车。

（3）储罐总容量大于或等于 $5\times10^4m^3$ 的二级石油库，当固定顶罐、浮盘用易熔材料制作的内浮顶储罐单罐容量不小于 $1\times10^4m^3$ 或外浮顶储罐、浮盘用钢质材料制作的内浮顶储罐单罐容量不小于 $2\times10^4m^3$ 时，应配备 1 辆泡沫消防车。

石油库应与邻近企业或城镇消防站协商组成联防。联防企业或城镇消防站的消防车辆符合下列要求时，可作为油库的消防车辆：

（1）在接到火灾报警后 5min 内能对着火储罐进行冷却的消防车辆；

（2）在接到火灾报警后 10min 内能对相邻储罐进行冷却的消防车辆；

（3）在接到火灾报警后 20min 内能对着火储罐提供泡沫的消防车辆。

消防车库的位置，应满足接到火灾报警后，消防车到达最远着火的地上储罐的时间不超过 5min，到达最远着火覆土油罐的时间不超过 10min。

对于石油储备库，应设置专用消防站，且应满足接到火灾报警后，消防车到达火场的时间不超过 5min；泡沫消防车不少于 2 辆，举高消防车不少于 1 辆，人员配置按 6 人/辆；配置移动式泡沫消防水两用炮 2 门以及泡沫液罐装泵、泡沫钩管、泡沫枪等。

油罐区常用消防车主要包括泡沫消防车、举高喷射车、大跨度举高喷射车和大型泡沫运输车等，见表 5-6。

表 5-6　原油储罐火灾常用消防车

主战装备		释义	主要性能参数
灭火（举高）消防车	泡沫消防车	一般指不带空气压缩机（不能使用 A 类泡沫）的 B 类泡沫消防车，是在水罐消防车的结构基础上，增加泡沫液罐以及配套泡沫混合、泡沫产生系统组成，可喷射泡沫扑救易燃、可燃液体火灾的消防车辆	载液量（L）；消防泵流量（L/min）；消防炮流量（L/min）；射程（m）

续表

主战装备		释义	主要性能参数
灭火（举高）消防车	举高喷射车	炼化装置区及储罐泄漏着火爆炸中最常用的是举高喷射消防车，该装备折叠式或折叠与伸缩组合式臂架、转台及灭火装置的举高消防车。消防人员可在地面遥控操作臂架及顶端的灭火喷射装置，从而实现在空中最佳的灭火角度进行喷射。炼化装置区及储罐泄漏着火爆炸中举高喷射消防车的常用工作高度有16m、18m、22m、32m、40m、42m、56m和72m	举升高度(m)；载液量(L)；消防泵流量(L/min)；最大供水高度(m)；喷射角度(°)；射程(m)
	大跨度举高喷射车	在举高喷射车的基础上，增加了水平跨越的功能，该车主要用于石油、化工、油罐、厂房等火灾扑救，能有效解决易爆、易辐射、高热等火灾现场常规消防车和消防员无法接近火场的问题，在应急救援过程中发挥着不可替代的作用	最大工作跨度(m)；最大工作高度(m)；消防泵流量(L/min)；载液量(L)；喷射角度(°)；射程(m)
战勤消防车	大型泡沫运输车	主要用于为泡沫消防车供给泡沫	泡沫运输量(t)

二、泡沫消防车

泡沫消防车指装配有水泵、泡沫液罐、水罐以及成套的泡沫混合和产生系统，可喷射泡沫扑救易燃、可燃液体火灾，以泡沫灭火为主，以水灭火为辅的灭火战斗车辆。泡沫消防车是在水罐消防车的基础上通过设置泡沫灭火系统改进而成的，具有水罐消防车的水力系统及主要设备，根据泡沫混合的不同类型分别设置泡沫液罐、空气泡沫比例混合器、压力平衡阀、泡沫液泵、泡沫枪炮等。

我国泡沫消防车多采用国产汽车底盘改装而成，除保持原车底盘外，车上装备了较大容量的水罐、泡沫液罐、水泵、水枪及成套泡沫设备和其他消防器材。

泡沫消防车主要由乘员室、车厢、泵及传动系统、泡沫比例混合装置、空气泡沫—水两用炮及其他附加装置组成。泡沫比例混合装置根据空气比例混合系统的形式来确定，主要由泡沫比例混合器、压力水管路、泡沫液进出管路及球阀等组成。消防管路用不同颜色区分，消防泵进水管路及水罐至消防泵的输水管路应为国标规定的深绿色，泡沫罐与泡沫液泵或泡沫比例混合器的输液管路应为规定的深黄色，消防泵出水管路应为规定的大红色。泡沫消防车配备器材与水罐消防车基本相同。

1. 空气泡沫比例混合系统

空气泡沫比例混合系统用于泡沫灭火时，水和泡沫液按一定的比例(97∶3、94∶6)混合，并由水泵将混合液送至泡沫发生装置。

空气泡沫比例混合系统有多种布置形式，基本上分为两类，第一类是出口侧混合方式；第二类是进口侧混合方式。

2. 预混合系统

预混合系统是预先将泡沫液和水按一定的比例混合好，优点是结构简单，比例准确；缺点是不能喷水、喷泡沫两用，而且只适用于清水泡沫。因为普通蛋白泡沫和氟蛋白泡沫不能长期与水预混合。

3. 线性比例混合系统

线性比例混合系统是在消防泵与车辆出水口之间设置文丘里管(缩放喷管)，利用水流流过收缩部位所产生的真空度吸入泡沫原液，获得给定比例的空气泡沫混合液。移动式线性比例混合器，通常安装在水带连接处。这种设计结构比较简单，故障少，造价便宜。但是因为管路向出口段收缩，压力损失大，且吸入量和送水量都受到限制，枪、炮进口的压力较低。

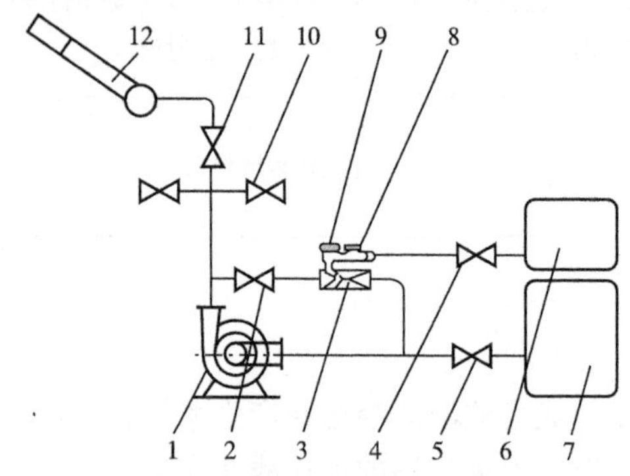

图 5-4　环泵式比例混合系统

1—水泵；2—混合器进水阀；3—泡沫比例混合器；4—混合器进液阀；5—水泵进水阀；6—泡沫液罐；7—水罐；8—吸液闷盖；9—混合器调节阀；10—出水、液阀；11—泡沫炮出水、液阀；12—水—泡沫液

4. 环泵式比例混合系统

环泵式比例混合系统在国产泡沫消防车上得到了广泛应用，其工作原理如图 5-4 所示。

从水泵的出水管上引出一路压力水，通过一只泡沫比例混合器，在其收缩部位造成真空(实际也就是喷射泵，文丘里管原理)，此处经管道与泡沫液罐相连接，泡沫液在大气压作用下进入混合器。泡沫液的流量由混合器调节阀(计量器)控制，指针对着某一数字，表示有相应流量的泡沫液参加混合。在泡沫比例混合器出液管中首先制成 20%~30% 比例的浓混合液，再将这种浓度的混合液送入泵的进水管，进而使泵出水管路中混合液浓度达到规定的混合比例。

这种泡沫比例混合器结构简单，故障少，造价低，采用刚性泡沫容器。与线性比例混合系统相比可以获得较大的流量和压力，但为了吸取泡沫液，必须使水泵先正常工作。此外，进水口不能直接使用压力水源，适宜于使用天然水源或将压力水先入去水罐。

5. 自动压力平衡式比例混合系统

自动压力平衡式比例混合系统是将空气泡沫原液强制地压入水中形成混合液的混合方式。它有依靠出水压力压送和采用专门泡沫液泵压送两种方式。目前采用正压式自动比例混合系统的泡沫消防车，多数使用泡沫液泵压送方式。这种方式对精确监测和控制的要求高，优点是比例控制精确，缺点是造价高，高端泡沫消防车应用较多。

6. 空气泡沫—水两用炮

空气泡沫—水两用炮，只有一个炮筒，既可以喷射水，又可喷射泡沫灭火。PP48 型空气泡沫—水两用炮主要由炮筒、多孔板、吸气室、导流片、喷嘴俯仰手轮及回转手轮等组成，水平回转 360°，俯仰 70°(最有利的射角为 30°~50°)，喷射泡沫射程可达 65m 以上，喷射水射程可达 70m 以上。

空气泡沫消防车的其他结构和装置与水罐消防车大体相似，不同的是在附加电气系统中增加了泡沫液位指示器线路。

7. 泡沫液罐

泡沫液罐的构造与水罐基本相同，容积小于水罐。由于泡沫液的腐蚀性很强，国外一般采用含镍、铬的不锈钢制造，也有完全采用聚丙烯(PP)高分子抗腐材料或玻璃钢加强塑料制造。国内也有使用玻璃钢罐体的例子，在火灾中普通钢板罐的内壁覆贴玻璃钢，防火效果较好。

罐顶设有人孔，便于人员出入维修。有些泡沫消防车在水罐与泡沫液罐之间有可拆卸的连通孔盖，根据需要可全部装水，变成一般的水罐车。

8. 配备的工具、附件

泡沫消防车配备的工具、附件应符合相关行业标准的规定。用户可根据本区域的灭火战术特点向厂方提出选配要求，双方要严格遵守车辆的安全技术规范，特别是超重、超尺寸、重心、轴荷等方面务必高度重视。

三、举高喷射消防车

举高喷射消防车主要由底盘、取力装置、副车架、支腿系统、转台、臂架、工作斗、消防系统、液压系统、电气系统、安全系统和应急系统等组成。

1. 底盘

底盘的主要功能是将消防车各总成和部件连成一个整体，并支撑全车重量。举高喷射消防车上所用的液压油泵、水泵和电气系统等装置的动力均由底盘发动机提供。举高喷射消防车底盘只在车辆停车和行驶时才承载包括臂架在内的整车重量，而在支腿和臂架展开后，不承受工作载荷。

2. 取力装置

举高喷射车的液压泵和水泵的运转是利用取力器取自发动机动力。目前，举高喷射消防车上广泛采用的取力装置主要为夹心式、断轴式与侧盖式同时取力的方式，也就是同时带有 2 套取力系统。其中，夹心式或断轴式取力用于驱动水泵，变速箱侧盖式取力器用于驱动液压泵。

3. 副车架

副车架是安装在消防车底盘大梁上的附加车架。副车架主要有两个作用，一是布置和承载上车全部构件；二是在作业时起支撑作用，保证作业时整车平衡、可靠。作业时副车架由四个支腿撑起，承受着整车的质量和所有外载负荷，保证整车在 360°范围内的任何工作位置作业都是安全的。

4. 支腿系统

举高喷射消防车一般使用 H 形支腿。支腿系统包括水平支腿、垂直支腿和支腿操作台，是举高喷射消防车作业时的支撑，承载整车重量及上车力矩，保证整车的稳定性。水平支腿通过水平油缸外伸实现支腿的扩伸，从而增大支撑面积，提高作业范围和作业稳定性；垂直支腿则通过垂直油缸的升起而支起整车，保证上装水平和确保整车与地面的稳定接触，减小由于轮胎变形对整车稳定性产生的不利影响。举高喷射消防车每个支腿多可以进行单独调整，以利于整车在不平的场地进行可靠调平。

支腿的操作控制台通常位于消防车的后部，主要对下车支腿系统所有动作进行控制，但不仅限于控制水平支腿伸缩和垂直支腿升降的支腿系统作业，操作人员还可以通过操作操纵杆或动作按钮，配合观察水平仪状态，实现整车启动、熄火、紧急停车、上下车动力切换以及工作斗调平等作业。

5. 转台

转台主要由台架、回转支承、回转驱动结构和操作台等部分组成。转台是承上启下的重要部件，向上通过销轴与臂架和变幅油缸连接，向下通过回转支承与副车架连接。操作台主要由座椅、显示屏、操作装置和对讲系统等组成。操作人员通过操作装置操控车辆动作，并由显示屏显示车辆的运动信息；操作台上集成有对讲系统，能够实现操作台和工作斗上人员的对话交流，便于上下车操作人员之间的信息传递。

6. 消防系统

举高喷射消防车消防系统主要由水泵系统、外供水接口、水罐、伸缩水管、各臂折弯处的软管、消防炮、水带接口和自保喷头等组成。

举高喷射消防车配置有水泵，通过外吸水、罐引水或正压供水的形式，向工作斗内的消防炮或其他出口提供灭火剂。举高喷射消防车的水泵一般布置在车辆中部，由操作仪表板控制。如果工作高度较高的举高喷射消防车未配置水泵，那么相对于工作高度较低的车辆，其需要的外供水压力更大，对于外供水的水泵、水带、接口等装置的要求也就更高。为避免外供水压力过大，以及外供水意外中断产生的水锤作用严重损害水路及臂架结构，规定最大工作高度不小于50m的举高喷射消防车必须配置水泵。

外供水接口一般位于车辆的后部，根据消防炮的流量来确定外供水管路的尺寸。外部压力水或其他灭火剂通过水带连接外供水接口，沿外供水管路向上直接输送，不经过消防水泵的出水管路，此时车辆自身的消防水泵不工作。由于外供水的压力一般较高，通常采用耐压级别更高的快插式水带接口。

部分举高喷射消防车配置有液罐，通常位于泵室后部，包括水罐及泡沫液罐，具体可参考泡沫消防车。

伸缩水管为套筒伸缩式，与伸缩臂同步伸缩。各臂折弯处的水管一般采用不锈钢软管或橡胶胶管，从而使消防水管在臂架伸缩及变幅时也能够正常工作。

消防炮通常安装在工作斗前部，部分车辆安装在工作斗侧面，采用电动或液压方式进行驱动，由操作台及工作斗内的操作台进行回转、俯仰以及直流开花的调节。

工作斗内消防炮管路上通常还分出一支供水水带接口，接口前部设置有手动阀门，当需要时可连接水带进行高空向外输送灭火剂。工作斗下部一般还设有自保喷头。

7. 液压系统

举高喷射消防车液压系统主要包括下车液压系统和上车液压系统两部分。下车液压系统主要包括四个水平支腿的伸缩和四个垂直支腿的升降。四个水平油缸用来水平伸缩支腿，确定了上车臂架的安全工作范围；四个垂直油缸用来垂直伸出支脚，将整车支撑起来，保证上车动作时车辆的稳定。上车液压系统主要实现转台回转、臂架变幅、臂架伸缩和工作斗调平等动作。

8. 电气控制系统

下车电路。举高喷射消防车底盘电路主要包括取力器控制、水泵电气控制、照明电路、发动机启停、发动机转速控制、支腿系统控制、主操作及显示电路、应急操作电路及其他电气等。

上车电路。举高喷射消防车的上车电路主要包括电气旋转接头、发动机远程启停电路、发动机转速控制、臂架的控制及显示电路、安全限位系统、工作斗调平电路、应急操作电路、消防炮控制电路、通信电路、风速感应及显示电路等。

第四节 消 防 枪 炮

一、消防枪

消防枪是消防员单兵作战或实施灵活作战的必备装备。扑救 B 类火灾主要用到的是泡沫枪。

1. 低倍泡沫枪

低倍泡沫枪是一种由单人或多人携带操作，可以喷射低倍泡沫混合液灭火的消防枪(图 5-5)。

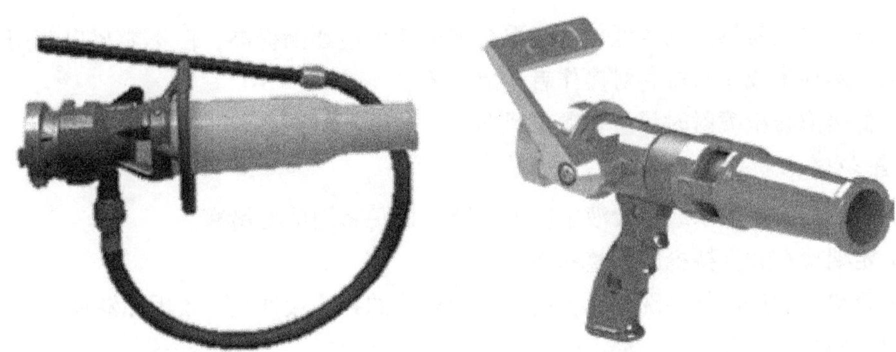

图 5-5 低倍泡沫枪

1) 组成及特点

低倍泡沫枪一般由枪筒、手轮、枪体、球阀、吸液管和管牙接口组成(图 5-6)，利用孔板使水流速产生的真空压差吸入泡沫液，并使之与空气混合后喷射，其喷射泡沫倍数一般小于10倍，具有较远的射程。低倍泡沫枪分为带混合装置的自吸混合式和不带混合装置的预混式两种，前者除了后方提供混合液之外，也可由泡沫枪端吸入泡沫液进行混合，后者仅能由后方提供混合液。

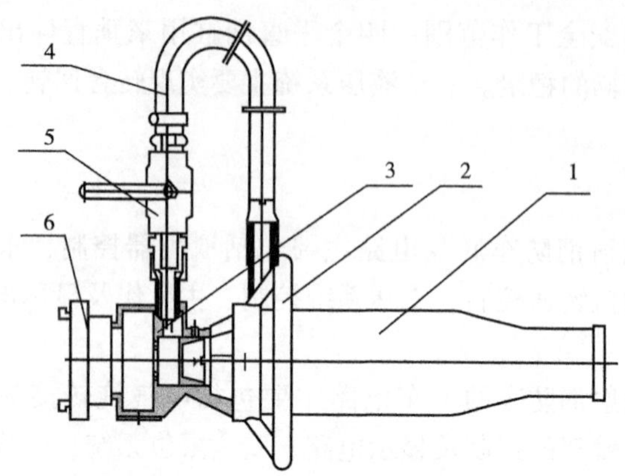

图5-6　低倍泡沫枪组成

1—枪筒；2—手轮；3—枪体；4—球阀；5—吸液管；6—管牙接口

2）适用范围

主要适用于扑救甲、乙、丙类液体火灾或一般固体火灾。

3）使用方法

（1）低倍泡沫枪可在消防系统供给3%或6%的各种类型泡沫混合液的情况下使用，此时应将球阀处于关闭状态。

（2）低倍泡沫枪也可在消防系统供给压力水的情况下自吸泡沫液使用，此时应将球阀处于完全开启状态。

（3）低倍泡沫枪装有便于操作和起保护枪作用的圆形手轮，使用时操作者应抓紧枪的手轮。

（4）同时要注意供给枪的低倍水或混合液的压力应逐渐提高，但不能超出使用压力范围，以免突然冲击或压力过高对操作者造成伤害。

（5）低倍泡沫枪喷射时尽量要顺着风向。

4）维护保养及注意事项

（1）供给泡沫枪的水或混合液中应无杂物，以免将泡沫枪堵塞。

（2）定期检查并保持枪的完整和清洁。

（3）每次使用过后须冲洗干净，同时应检查枪的各连接件是否紧固和缺损。

5）执行标准

《泡沫枪》(GB 25202—2010)。

2. 中倍泡沫枪

中倍泡沫枪是一种由单人或多人携带操作，可以喷射中倍泡沫混合液灭火的消防枪(图5-7)。

1）原理及功能特点

中倍泡沫枪由导流式直流喷雾水枪和端部的泡沫筒组合而成，泡沫筒内设有双层金属发泡网，向中倍泡沫枪提供规定比例的水—高倍泡沫混合液时，即可形成中倍泡沫，其喷射的泡沫倍数在20~50倍的范围。

2）适用范围

主要适用于扑救一般A、B类火灾。

3）使用方法

使用时可以根据扑灭需要调节多功能水枪的喷雾角，以选择泡沫倍数较低、射程远或泡沫倍数较高、射程较近的不同喷射工况。

4）维护保养及注意事项

中倍泡沫枪的维护保养与低倍泡沫枪基本相同。

3. 高倍泡沫发生器

高倍泡沫发生器是一种可以喷射高倍泡沫灭火的消防器材(图5-8)。

图5-7 中倍泡沫枪

图5-8 高倍泡沫发生器

1）组成及功能特点

高倍泡沫发生器主要由产生器、轴流风机和支架等部分组成，供给的混合液在产生器中经喷嘴均匀地喷洒在产生器的发泡网上，风机提供的正压鼓风与混合液在发泡网上形成高倍泡沫。高倍泡沫发生器灭火耗水量小，水渍损失也小，其泡沫倍数为100~1000倍，过高的泡沫倍数将导致灭火能力下降以致不能灭火。在实际应用中泡沫倍数一般不超过700倍。

移动式高倍泡沫发生器的轴流风机动力包括水轮机、内燃机和电动机三种形式。在通常情况下提供较低的风压即可满足使用要求，其中反力驱动的水轮机作风机动力的移动式高倍泡沫产生器动力安全、整机轻便、操作简单、机动性强，是一般需高倍泡沫灭火场所使用较普遍的形式。在矿道等需要远距离输送泡沫的情况下则需要配置较高风压的轴流风机。

2）适用范围

主要适用于扑灭船舶、机库、动力机房、矿道等有限空间的立体火灾。

3）使用方法

高倍泡沫发生器产生的泡沫倍数较高，使用时可在受灾空间的上方灌填，或者由通道向远距离输送。

4. 多功能消防水枪

多功能消防水枪是一种具有流量可调节、直流与喷雾可自由转换、自带阀门启闭、带冲洗等功能的消防水枪，当配合泡沫发泡管使用时，可用于扑救B类火灾(图5-9)。

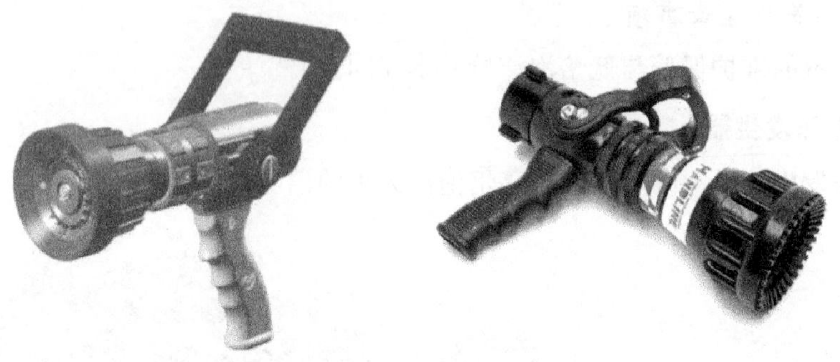

图5-9 多功能消防水枪

1）组成及功能特点

多功能消防水枪由连接体、球阀、流量调节装置、喷嘴、直流喷雾转换装置等组成(图5-10)。该水枪可以通过旋转直流/喷雾转换护套来实现从直流到喷雾的转换，形成不同喷雾角的雾状射流，且在额定流量调定后，当喷雾角改变时喷射流量保持不变。这种水枪具有功能多、使用方便、适用范围广、射程远、喷雾效果好、喷射反力小等特点。目前，我国消防部队常规配备的消防水枪已逐渐从单一功能的直流水枪过渡到以多功能消防水枪为主。

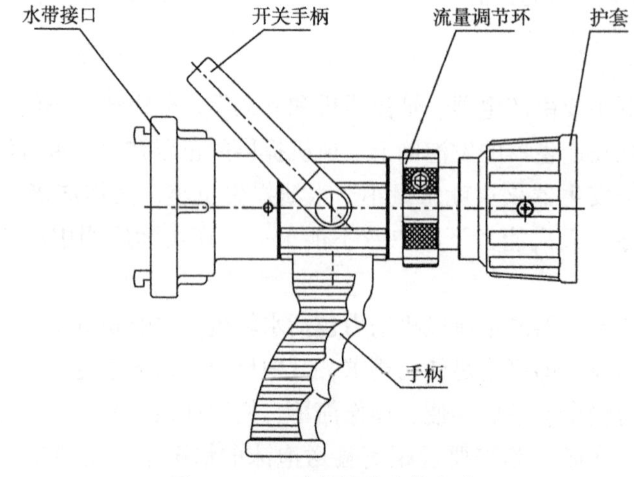

图5-10 多功能消防水枪组成

多功能消防水枪既可喷射直流远距离灭火，又可喷射雾状射流进行灭火，还可进行冷却保护和排烟等消防作业。当进行喷雾喷射时，可形成水滴直径为0.2~1.0mm雾状水流，一般适用于建筑物室内火灾的扑救，具有吸热、冷却作用，灭火效果好，产生的水蒸气对室内火灾有窒息作用，同时雾状水流对有毒有害气体具有稀释作用。多功能消防水枪的喷雾角度一般可以从0°到一定大的角度变化，可以进行不同喷雾角度的喷雾喷射和形成大角度的自卫水幕，同时当其在一定的喷雾角度进行喷雾喷射时，雾状水流在火场上还具有驱烟排热的作用。

2）适用范围

主要适用于一般建筑火灾，也可应用于交通工具火灾，小面积油类火灾以及可燃和有毒气体等危险化学品泄漏场所。在一定喷雾角时还可用于火场的排烟送风和堵烟作业。

与泡沫发泡管配合使用后，还可以用于扑救B类火灾。

3）使用方法

单人双手持操作，在喷射灭火时可根据需要无级切换直流喷射或喷雾喷射。

（1）开关操作。

开启时将手柄拉向水枪进口；关闭时将手柄推向水枪出口。

（2）直流与喷雾转换。

水枪从直流转换为喷雾喷射状态，其转换套的旋转方向从水枪的进口看是逆时针。

（3）流量调节。

水枪在流量调节环上有不同的流量设定。为了改变流量，慢慢旋转流量调节环到需要的设定流量，并相应调整供水压力，使之与水枪的额定压力相匹配。

（4）冲洗。

为了冲洗水枪，旋转流量调节环到冲洗位置，当堵塞物冲出后，慢慢旋转回需要的设定流量。

4）维护保养及注意事项

多功能消防水枪的维护与保养与直流水枪基本相同。还应注意，不能在电气火灾时使用，可能会由于误操作导致触电。

5）执行标准

《消防水枪》(GB 8181—2005)。

二、消防炮

消防炮指水、泡沫混合液流量大于16L/s，或干粉喷射率大于7kg/s，以射流形式喷射灭火剂的装置。消防炮是远距离扑救火灾的重要消防设备，消防炮分为消防水炮(PS)、消防泡沫炮(PP)两大系列。消防水炮是喷射水，远距离扑救一般固体物质的消防设备，消防泡沫炮是喷射空气泡沫，远距离扑救甲、乙、丙类液体火灾的消防设备。

消防炮按照安装方式一般可分为移动式消防炮和固定式消防炮。移动式消防炮指安装在可移动支座上的消防炮，包括固定安装在拖车上的消防炮。固定式消防炮指安装在固定支座上的消防炮，主要包括车载消防炮、建筑工程用固定消防炮和船用消防炮。

本节主要介绍消防部队配备的移动式消防炮。

1. 手抬移动式消防炮

手抬移动式消防炮是一种可以手抬移动，远距离喷射消防水带输送的灭火剂的消防炮。根据喷射灭火剂的不同，手抬移动式消防炮包括手抬移动式消防水炮和手抬移动式消防泡沫炮。

便携手抬移动式消防炮是一种方便携带的轻型手抬移动式消防炮，其炮身采用的是较为简单的直流管道，用螺钉固定两个半球型连接件，两个半球的紧固螺钉连线成垂直分布，使得炮头可以进行±30°的俯仰动作和±20°的左右回转动作(图 5-11)。

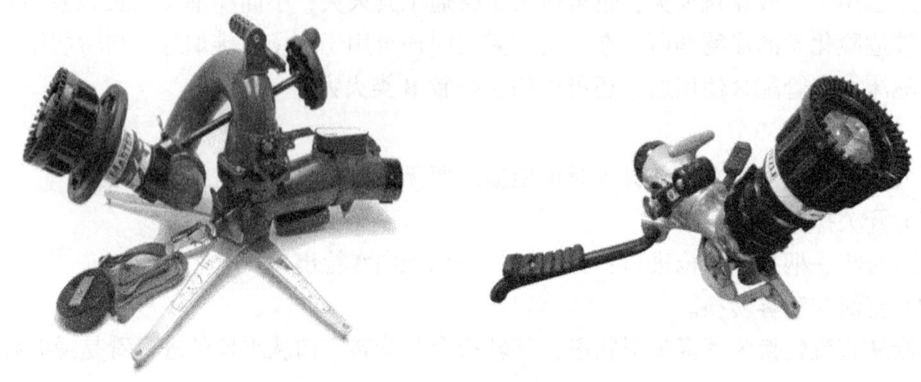

图 5-11　手抬移动式消防炮

1）原理及功能特点

手抬移动式消防炮具有机动性强、喷射流量较大、射程较远、保护能力和扑救范围较大等特点。其主要工作原理是通过炮身底座保证喷射稳定性，通过炮身管路的优化设计保证喷射射程，通过炮头功能的不同实现喷射水和喷射泡沫，通过炮头形式的不同实现直流喷射和喷雾喷射的切换。

手抬移动式消防炮可将底座和炮身设计成分体结构，实现炮身和炮底座快速分离，分离后的炮身可以快速装配到消防车车顶消防管路上，作为车载消防炮使用。

手抬移动式消防炮炮身支架可通过锁止机构固定张开或收缩，使用时张开以保证其喷射稳定性，在不使用时则将支脚收缩，使其方便移动，提高机动性。支架的支撑角可采用硬质钨钢合金作为支点，使消防炮紧压地面，在水平地面上向任一方向喷射时具有足够的稳定性。

手抬移动式消防水炮根据水射流形式的不同可分为直流水炮和直流喷雾水炮。直流喷雾水炮的炮头一般为导流式，初始阶段的射流为环状水柱，射程远、射流集中，成为当代消防水炮的主要形式。同时，通过改变调节套的相对位置可以转换至喷雾模式，起到冷却、稀释和保护的作用。

便携手抬移动式消防炮的功能特点是整机重量轻，在火灾现场能够快速装配，可在无人控制的情况下喷射灭火，减轻操作人员的工作强度。但便携式手抬移动式消防炮只能实现炮头的±30°的俯仰运动和±20°的左右回转动作，且其喷射流量较小，一般不超过

30L/s。

在加装泡沫喷管后，手抬移动式消防炮也可喷射泡沫灭火。

2）适用范围

主要适用于扑救一般固体可燃物火灾和甲、乙、丙类液体火灾和固体可燃物火灾，但不得用于扑救遇水发生化学反应而引起燃烧、爆炸等物质的火灾。

3）使用方法

（1）将手抬移动式消防炮抬至火场适当位置，拉出炮身支架，使炮身保持四点稳定。

（2）炮体定位安置时，请务必检查支腿四个脚尖及后支腿脚尖是否全部着地，尤其是后支腿脚尖，由于地面的不平或者地坪材质的缺陷将导致支撑不力，喷射时炮体有可能产生滑移甚至倾覆。

（3）根据供水需要接上消防水带。

（4）调节水平、俯仰手轮，使消防炮喷射至所需的方向。

（5）供水、喷射。

（6）用毕应打开消防炮放余水阀门，放尽余水，再收起支脚。

4）维护保养和注意事项

（1）使用时应确保每个支撑脚可靠支撑在地面上，任何支撑脚不得有离地现象出现。

（2）工作时尽可能安放在周围有可系辅助安全带的场所，避免因突变流量而引起消防炮的翻倒。

（3）水带连接应安全可靠。应避免供水水带的扭结和现场车辆对水带的碾压，这将可能引起消防炮的翻倒而造成事故。

（4）喷射时应避免对其随意移动，如需移动位置应先停止消防炮的喷射。

（5）消防炮的支脚多为硬质合金材料，在携带和搬运摇摆炮时应注意安全，避免损伤衣服与人体。

（6）使用时应注意轻拿轻放，避免扔、摔等现象发生。使用完毕后应打开消防炮的阀门，沥干炮内的余水。转动部件应定期涂上润滑油。

（7）手抬移动式消防炮发生故障和损坏时，不要自行修理，应与生产企业联系送到指定维修点维修。

5）标准

《消防炮通用技术条件》（GB 19156—2003）。

2. 移动式自摆消防炮

移动式自摆消防炮是炮身可在一定的水平回转角度范围内自动往复回转，进行喷射灭火的移动式消防炮。

1）组成及特点

移动式自摆消防炮（图 5-12）的炮头一般采用导流式结构形式，具有直流喷射和喷雾喷射功能，可根据火场的需要调整消防炮的俯仰角度、水平摆幅、摆动频率以及水射流的喷射形式，以达到火灾现场灭火、冷却、稀释、保护等功效。

移动式自摆消防炮主要以压力水源作为水平自摆机构的动力，可以用于有防爆要求的场合。此外，对移动式遥控消防炮添加自摆控制程序，也可作为移动式自摆消防炮使用。

图 5-12　移动式自摆消防水炮

2）适用范围

移动式自摆消防炮的适用范围与手抬移动式消防炮基本相同。此外还可对灭火对象或需冷却保护的罐体等的一定保护区域，进行长时间规律性的自动摆动喷射，以减少消防员长时间操作的体力消耗或降低危险环境下的消防员人身安全风险。

3）使用方法

移动式自摆消防炮的使用方法和手抬移动式消防炮基本相同，在安放移动式自摆消防炮时，应注意将移动式自摆消防炮的两后支撑脚分别展开，插上固定销后安放在平整且表面较粗糙的地面上，使三个尖锥尽可能插入地面，并尽可能将辅助安全带系在摇摆炮周围的固定设施上。可通过拔出自摆与手动摆动转换装置的插销，实现移动式自摆消防炮的固定角度喷射作业。

4）维护保养及注意事项

移动式自摆消防炮的注意事项与手抬移动式消防炮基本相同，还应注意其喷射仰角应大于等于 30°，避免长时间在低仰角的喷射。

3. 移动式遥控消防炮

移动式遥控消防炮是一种通过无线遥控器远距离操控消防炮喷射时的俯仰、回转角度的移动式消防炮（图 5-13）。

1）组成及特点

移动式遥控消防炮主要由炮头、炮身、炮座、支架和控制模块组成，可通过遥控实现俯仰、水平回转、水平自摆喷射以及直流喷雾无级调节；同时还具备手动功能，以便在控制模块发生故障时可以手动操作。

使用移动式遥控消防炮，消防员可在远离火源的安全地点遥控操作消防炮实施近距离灭火，有效规避了消防员必须长时间处于高温、浓烟、强热辐射、易坍塌、易爆等危险场地操作消防炮灭火的风险，同时减轻火场上消防员的操作强度和避免可能发生的人员伤

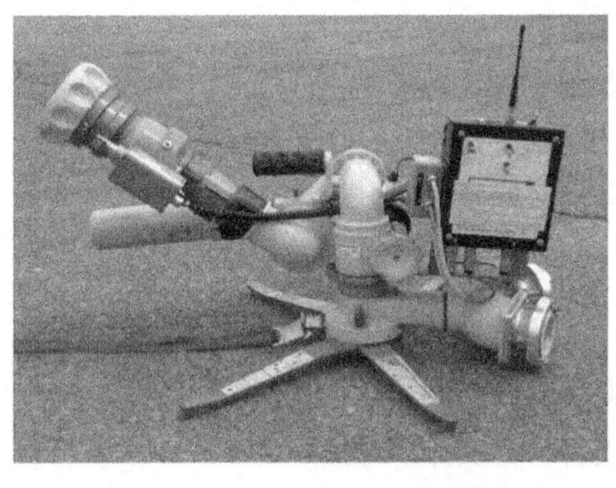

图 5-13 移动式遥控消防炮

害，在需要长时间消防作战的区域(如大型油罐火灾等)显得尤其重要。

2) 适用范围

移动式遥控消防炮的适用范围与手抬移动式消防炮基本相同，但不适用于易燃易爆气体泄漏等有防爆要求的灾害现场。

3) 维护保养及注意事项

移动式遥控消防炮的维护保养与手抬移动式消防炮基本相同，需要注意的是在火场安置移动式遥控消防炮时务必确认其蓄电池电量充足并且打开电源开关。

4. 拖车移动式消防炮

拖车移动式消防炮指额定流量较大、射程较远、射高较高，以拖车为移动底盘，靠其他机动车辆拖曳行走的移动式消防炮。一般有手动或电(液)动遥控两种操作方式(图 5-14)。

图 5-14 拖车移动式消防炮

1) 分类及功能特点

灭火作战时，拖车移动式消防炮可以由机动车拖曳至火灾现场，再通过短距离的人工定位，选择最佳的喷射位置。由于基本不受炮身体积、重量和喷射稳定性的限制，其喷射流量可以达到 200L/s 以上。当喷射流量大于 80L/s 时，可采用液压或电动助力控制炮身转向。炮身固定在拖车底座上，操作人员站在拖车上进行操作。拖车移动式消防炮和前车之间是硬连接，也可加以辅助制动装置，提高拖车的制动性能和增加炮身的喷射稳定性。

2）适用范围

主要适用于石化装置区等大型火灾现场，由于其喷射流量较大，需要配备大流量供水系统或有消防水源的供给保障。

3）使用方法

拖车移动式消防炮的使用方法与手抬移动式消防炮基本相同，在火灾现场安置拖车移动式消防炮时应：

（1）主挂车将其拖曳至安置点附近。

（2）人力拖动消防炮，调整至最佳安置位置。

（3）放下拖车支脚，调整支脚高度，使各支脚平稳支撑于地面。

（4）锁死拖车制动装置。

4）维护保养及注意事项

拖车移动式消防炮的使用和保养与手抬移动式消防炮基本相同，此外还需要对拖车底盘进行保养：

（1）使用前应检查各连接部位的螺栓是否紧固，轮胎气压是否正常，制动装置是否灵活可靠，制动效果是否符合要求。

（2）拖车承载重量一定要限制在额定载重量之内，严禁超载。

（3）牵引卡轴应可靠地插入拖车牵引头的小孔中，并用锁销锁好，防止锁轴脱出造成事故。

（4）拖车每使用500h，应进行例行检查和保养。

（5）拖车若长期不用，应使轮胎离开地面，避免轮胎变形，同时应定期对各润滑和外露的活动部分涂上润滑油，以防生锈。

第五节　智能消防装备

一、远程供水系统

当火灾现场规模较大，作战时间长，用水需求量大或缺水地区发生较大火灾时，车载水或供水能力不能满足灭火实际需求时，应采用远程供水系统供水，确保火场灭火用水量。

1. 定义

远程供水系统（long-distance water supply system）指出口压力不小于0.2MPa，供水距离不小于3km，由吸水模块、增压模块、水带敷设装置及供水附件组成的系统。该类装备主要适用于附近有天然水源的大型灭火救援现场的持续供水，以及排水抢险或应急供水。本质上，该类装备是通过对多种功能模块的有效组合，利用软质或硬质管线实现长距离、高压力输送水（或其他液态物质），且可机动部署作业的装备集合。

2. 工作原理

利用水带泵浦消防车加压泵从消防水源取水，通过水带敷设消防车铺设水带以及吸水泵的方式，将水源通过水带供给火灾现场的灭火装置。由于不同厂商的远程供水系统存在着一定差异，想要进一步实现长距离供水，则需要通过增加加压泵的方式实现远程供水。如果加压泵能有效满足远程供水系统的需求，可通过水带供水的方式实现远距离、大流量的消防用水供应。但是，要彻底解决远程供水系统的问题，还需要通过运用固定水炮、拖车水炮等进行火场灭火。另外，如果使用拖车水炮以及水、泡沫两用消防炮，还需要适当增加泡沫模块。通常情况下，不同模块的连接方式主要分为两种，第一种为集装箱式连接，通过车辆拉钩吊臂实现固定，其优势在于方便消防设备的安装与拆卸。第二种为半挂车模块，此方式通过半挂车进行消防设备的运输，并且车辆具备起吊机，到达火场后通过起吊机将消防设备卸到地面进行灭火工作。

3. 使用要求

一般情况下移动式远程供水系统必须满足三项要求方能更好地投入使用，即安全性、可靠性和通用性。这也是移动式远程供水系统的基本性能要求。

安全性：主要是从移动式供水系统的设备及附件使用是否达到其质量要求进行的综合考虑。尤其是在传输过程中因对距离的要求较高，潜水泵的压力会较大，这就会给水带、接口及阀门等部位带来较大的压力，所以在进行操作前必须对移动式供水系统的附件内容进行一一核查，确保质量没有问题方可使用。

可靠性：主要是针对消防队员在实际操作中必须能够熟悉掌握移动式远程供水系统的特点及工作原理，确保运行中的稳定性，确保长时间运行的可靠性。通常情况下，在进行操作过程中由于会受多种因素的影响，有些水源难以直接对其物体进行作业，这就需要消防队员考虑到实际的作业情况及周边环境可能造成的问题，采取不同形式的作业方式确保作业的可靠性。

通用性：要求生产企业在设计系统的附件配备时，须考虑输出的端口应配备不同型号、不同类型的分水器、水带与接口，有利于同各种类型的消防车以及移动式消防炮有效连接。

二、消防机器人

消防机器人(fire-fighting robot)是一种专门用于火灾救援的智能设备，它能够代替人类在高温、有毒、缺氧等恶劣环境下进行灭火和救援工作。

1. 消防灭火机器人

目前国内的消防灭火机器人处于快速发展的阶段，多个公司已研制出成品进行售卖。消防灭火机器人一般是由消防机器人主体、消防水炮、手持遥控终端、摄像机以及传感器、水幕喷淋装置等结构组成。其中，消防水炮是以水为介质，远距离扑灭火灾的灭火设备；水幕喷淋装置通过自动喷水系统降低罐体表面温度；遥控终端拥有操作系统、屏幕以及数据传输能力；摄像机是操作者认识火场环境的主要手段，温度传感器能测量周围温度，避障传感器能检测前方障碍，依靠两种传感器判断是否能继续进行作业。

2. 消防救援机器人

近年来，随着石油化工企业的飞速发展，燃烧爆炸灾害时有发生。为了减少火灾损失、及时救助火场以防人员的伤亡，消防救援机器人投入研发与生产。救援机器人可以率先探明火情、预测火势、熟悉环境、代替消防员进行作业。现代救援机器人主要应用于超高建筑的救援现场、易燃易爆物品救援现场、自然灾害的救援现场。超高一旦不可控，救援难度非常大。我国消防救援车的最大救援高度为100m，因此超高建筑发生火灾时，人力难，而消防救援机器人的出现，为探明火情、救援人员起到了不可估量的作用。易燃易爆物品火灾救援难度大，各种化学品随时有复燃和爆炸的可能，往往会造成巨大的伤亡，消防救援机器人可以转运危险爆动，关闭流量阀门，终止燃料的供应，防止火灾继续蔓延。自然灾害救援现场的主要问题是如何快速地找出伤员，消防人员在保证自身安全的情况下救援速度相对较慢，而消防救援机器人不用考虑太多的安全问题，可以及时救援人员。

3. 消防排烟机器人

消防排烟机器人作为一种主流的消防机器人，在灭火救援中起着举足轻重的作用。消防排烟机器人可代替人员，深入危险灾害现场执行水雾灭火、冷却、送风、排消烟等多种作业。有效解决消防人员面临的安全威胁等问题。消防排烟机器人主要应用于铁路、隧道、地下设施火灾，大型商场火灾，油厂火灾，仓库火灾等烟气场所。消防排烟机器人一般由机器人本体、车载排烟风机、遥控终端、管控平台组成。据大数据统计，火灾中烟气致死的比例高达80%，火灾烟气是火灾中致人死亡的“主要杀手”。烟气致人死亡不仅是气体的毒性，还有气体温度高的原因，虽然许多建筑内有防排烟设备，但是火灾现场的情况不可预测，进入火场之前由消防机器人先进行排烟，会极大提高搜救效率，降低火灾烟气对消防人员的伤害。

4. 消防侦察机器人

消防侦察机器人的主要作用就是代替消防员进入易燃、易爆、坍塌等场所进行率先侦察作业。采集图像分析可燃物的浓度、辐射强度；将采集信息传输给消防人员，对火灾现场进行科学分析，有利于做出科学合理的判断，降低因火灾形势不明造成的消防人员的伤害。消防侦察机器人一般由移动载体、传感器系统、控制系统、防爆系统、决策系统组成。传感器可以检测温度、热辐射、障碍、气体，将数据传输给后台，并做出实时判断提醒后台人员做出决策。侦察机器人的出现，给消防界带来了巨大的福音，消防人员出现伤亡，往往是因为对工作现场的情况不明，机器人可以为消防人员“开路”，识别危险信息，对工作场所进行实时判断，将信息及时传递给操作人员。侦察机器人的出现为排爆工作带来了巨大的帮助，侦察机器人不能代替人员进行排爆作业，但侦察机器人可以进行环境侦察，并进行简单的操作，一定程度降低了排爆人员的伤亡率。

三、消防无人机

1. 定义

消防无人机指从事消防作业的无人机。大部分人听到消防无人机第一时间联想到的就是一架无人机上边带有灭火设备，在火灾现场进行喷水作业或者喷洒干粉进行灭火。其实消防无人机并不仅仅具有灭火这一个功能，消防无人机只是一个统称，针对不同应用场景，无人机搭载相应配置可以起到不同的作用，如情况勘察、高空喊话、运输等，应用最多的场景还是灾害现场。目前主要应用于传统建筑消防和森林消防。

2. 主要功能

日常巡查：可采用消防无人机对重点区域进行常态化巡查，弥补人力不足，突破客观环境限制，从而及时发现火灾隐患，将灾害扼杀在萌芽状态。

灾情侦查：消防无人机可迅速实施实地侦查，收集现场关键信息，及时回传后方，为消防人员做出决策、进行部署提供有力参考。

实时追踪：在发生火灾时，通过消防无人机，决策人员可以实时掌握现场情况变化，及时做出相应调整，尽快处置灾情，并保障一线消防人员安全。

精准灭火：为了降低人员风险，在某些具有高度隐患的区域，可以通过消防无人机搭载灭火设备来进行精准处置。

辅助救援：利用消防无人机携带辅助救援设备，可以向救援对象及时、准确传达关键指令，同时还能帮助开辟救援途径、运送救援器材，最大程度加快救援步伐，挽救人员生命。

第六节 灭火药剂

凡是能够有效地破坏燃烧条件，终止燃烧的物质，统称为灭火剂。灭火剂的种类很多，其中常用的有水、泡沫、干粉、二氧化碳和水系灭火剂等。其中，泡沫灭火剂原油储罐火灾中最常用的灭火剂。泡沫灭火剂指与水混溶，并可通过机械方法产生泡沫的灭火剂。泡沫灭火剂现行标准为《泡沫灭火剂》(GB 15308—2006)。

一、分类组成与灭火机理

1. 分类

泡沫灭火剂按照发泡倍数分类，可分为低倍泡沫灭火剂($n<20$)、中倍泡沫灭火剂($20\leqslant n<200$)和高倍泡沫灭火剂($n\geqslant 200$)；按照凝固点不同，可分为耐寒型泡沫(-20℃以下)和非耐寒型泡沫；按照水溶性分类，可分为抗溶性泡沫灭火剂和非抗溶性泡沫灭火剂(普通B类)；按照基质不同，泡沫灭火剂可分为蛋白型和合成型。

其中蛋白型泡沫灭火剂分为普通蛋白泡沫灭火剂(P)、氟蛋白泡沫灭火剂(FP)、抗溶性氟蛋白泡沫灭火剂(FP/AR)、成膜氟蛋白泡沫灭火剂(FFFP)、抗溶性成膜氟蛋白泡沫灭火剂(FFFP/AR)。

合成型泡沫灭火剂分为普通合成泡沫灭火剂(S)、合成型抗溶性泡沫灭火剂(S/AR)、水成膜泡沫灭火剂(AFFF)、抗溶性水成膜泡沫灭火剂(AFFF/AR)、A类泡沫灭火剂和高中低倍通用泡沫灭火剂。

2. 组成

泡沫灭火剂一般由发泡剂、泡沫稳定剂、助溶剂及其他添加剂组成(表5-7)。

表 5-7 泡沫灭火剂组成成分及作用

成分	作用
发泡剂	发泡剂是泡沫灭火剂的基本组成，多为各种类型的表面活性物质，其作用是通过降低水的表面张力，使泡沫灭火剂的水溶液容易发泡
泡沫稳定剂	表面活性剂的水溶液生产泡沫，但泡沫具有恢复原状、降低自由能的趋势，因此由单一表面活性剂水溶液产生的泡沫很不稳定，很快就会破裂、消失，而达不到覆盖灭火的目的，为此需要在溶液中添加泡沫稳定剂，使产生的泡沫能够稳定存在，在较长时间内不会消失
助溶剂	表面活性剂的水溶液随温度的变化而显著变化，而泡沫灭火剂的使用温度变化范围又较宽（如普通泡沫灭火剂的使用温度一般为-10~40℃），要使表面活性剂及其他有机添加剂在此温度范围内都能溶解，则需要添加助溶剂
其他添加剂	无论是蛋白型还是合成型泡沫灭火剂，都有一定腐蚀性，在泡沫液中加入一些抗蚀剂可以缓解泡沫液对容器的腐蚀。 为了防止泡沫液储存中表面活性剂与其他有机添加剂被细菌分解而发生生物降解，泡沫液中还需要加入防腐剂。为了增加泡沫液的抗冻性能，还会添加抗冻剂

3. 灭火机理

目前原油储罐灭火主要使用的是水成膜泡沫灭火剂(AFFF)。传统的AFFF中氟表面活性剂的主要成分是全氟辛烷磺酸(PFOS)及其衍生物，同时包括碳氢表面活性剂、稳泡剂、抗冻剂等助剂。目前用于扑灭B类火灾的灭火剂中，AFFF由于水成膜和泡沫的双重灭火作用而具有最佳灭火效果，而且AFFF中97%以上的组分是水，这使得它成为国际上重点发展的灭火剂。

图 5-15 灭火机理图

AFFF的灭火原理是通过很低浓度的氟表面活性剂水溶液在油面上的铺展，从而由漂浮于油面上的水膜层和泡沫层共同达到扑灭火灾的目的。当把AFFF喷射到燃油表面时，泡沫会迅速在油面上散开，并析出液体冷却油面。析出的液体同时在油面上铺展形成一层水膜，与泡沫层共同抑制燃油蒸发。这不仅可以使油与空气隔绝，泡沫受热蒸发产生的水蒸气还可以降低油面上方氧的浓度，析出液体的铺展作用又可带动泡沫迅速流向尚未扑灭的区域进一步灭火(图 5-15)。

二、主要性能指标

衡量泡沫灭火剂性能的技术指标主要包括抗冻结、融化性，pH值，比流动性，发泡倍数，25%(50%)析液时间，灭火时间和抗烧时间等。测试标准严格执行《泡沫灭火剂》(GB 15308—2006)。

1. 抗冻结、融化性

抗冻结、融化性是衡量泡沫稳定性的一个参数。

测定方法：将冷冻室温度调到样品凝固点以下 10℃±1℃，把样品装入塑料或玻璃容器，密封放入冷冻室，保持 24h 后取出，在 20℃±5℃的室温下放置 24~96h。再重复三次，进行四个冻结、融化周期处理。观察样品有无分层和非均相现象，若泡沫液无分层和非均相现象，则为合格。

2. pH 值

pH 值是衡量氢离子浓度的一个指标。泡沫灭火剂的 pH 值应为 6.0~9.5。pH 值过低或过高时，泡沫灭火剂就呈较强的酸性或碱性，对容器的腐蚀性较大，不利于长期储存。同时，多数泡沫灭火剂还是一种胶体溶液，pH 值或低或过高都会使胶体溶液不稳定，产生混浊、分层或沉淀，导致泡沫灭火剂与水的混合比明显下降进而影响灭火效果。

3. 比流动性

比流动性是衡量泡沫灭火剂流动状态的性能参数，用泡沫液比流动性测试装置进行测量。将泡沫液的测定结果与标准参比液的标准曲线相比较，确定样品的比流动性。标准参比液为质量分数为 90%的甘油水溶液，泡沫液流量应不小于标准参比液的流量或泡沫液的黏度值不大于标准参比液的黏度值。

4. 发泡倍数

泡沫液按规定的混合比与水混合制成，则混合液产生的泡沫液体积与混合液体积的比值称发泡倍数。发泡倍数是衡量泡沫灭火剂起泡能力的一个指标。由于蛋白型泡沫灭火剂的主要发泡剂——水解蛋白是一种两性天然高分子表面活性剂，其水溶液具有较高的表面张力，因而其发泡能力低于合成型泡沫灭火剂。发泡倍数应符合表 5-8 的要求。

表 5-8 低、中、高倍泡沫液发泡倍数的要求

泡沫灭火剂类型	样品状态	要求
低倍泡沫液	淡水、海水配制泡沫溶液	与供应商提供值的偏差不大于 1.0 或不大于供应商提供值的 20%，按上述两个差值中较大者判定
中倍泡沫液	用淡水配制泡沫溶液	≥50
	用海水配制泡沫溶液	供应商提供值小于 100 时，与淡水测试值的偏差不大于 10%；供应商提供值大于等于 100 时，不小于淡水测试值的 0.9 倍且不大于淡水测试值的 1.1 倍
高倍泡沫液	用淡水配制泡沫溶液	≥201
	用海水配制泡沫溶液	不小于淡水测试值的 0.9 倍且不大于淡水测试值的 1.1 倍

5. 25%(50%)析液时间

25%(50%)析液时间指一定质量的泡沫自生产开始到析出 25%(50%)质量液体时间。它是衡量泡沫灭火剂在常温下稳定性的一个指标。析液时间值应符合表 5-9 的要求。

6. 灭火时间

灭火时间指从向着火的燃料表面喷射泡沫开始至火焰全部被扑灭的时间。在同样的灭火条件下，灭火时间越短，则说明泡沫灭火剂的性能越高。低倍泡沫液对非水溶性液体燃料的灭火时间应符合表 5-10 的要求，抗醇泡沫液对水溶性液体燃料的灭火时间应符合表 5-11的要求，中、高倍泡沫液的灭火时间应符合表 5-12 的要求。

表 5-9　低、中、高倍泡沫液析液时间的要求

泡沫灭火剂类型	析液时间	要求
低倍泡沫液	25%析液时间	与供应商提供值的偏差不大于 20%
中倍泡沫液	25%析液时间	与供应商提供值的偏差不大于 20%
	50%析液时间	与供应商提供值的偏差不大于 20%
高倍泡沫液	50%析液时间	≥10min，与供应商提供值的偏差不大于 20%

表 5-10　低倍泡沫液灭火时间和抗烧时间的要求

灭火性能级别	抗烧水平	泡沫液类型	缓施放		强施放	
			灭火时间/min	25%抗烧时间/min	灭火时间/min	25%抗烧时间/min
Ⅰ	A	AFFF/AR FFFP/AR	不要求		≤3	≥10
	B	FFFP/非 AR	≤5	≥15	≤3	不测试
	C		≤5	≥10	≤3	
	D	AFFF/非 AR	≤5	≥5	≤3	
Ⅱ	A	FP/AR	不要求		≤4	≥10
	B	FP/非 AR	≤5	≤3	≤4	不测试
	C		≤5	≤3	≤4	
	D		≤5	≤3	≤4	
Ⅲ	B	P/非 AR P/AR	≤5	≥15	不测试	
	C	S/AR	≤5	≥10		
	D	S/非 AR	≤5	≥5		

注：表中不同类型泡沫液对应的灭火性能级别和抗烧水平等级为应达到的最低值。

表 5-11　抗醇泡沫液灭火时间和抗烧时间的要求

灭火性能级别	抗烧水平	泡沫液类型	灭火时间/min	抗烧时间/min
AR Ⅰ	A		≤3	≥15
	B	AFFF/AR、S/AR、FFFP/AR	≤3	≥10
AR Ⅱ	A		≤3	≥15
	B	FP/AR、P/AR	≤3	≥10

注：表中不同类型抗醇泡沫液对应的灭火性能级别和抗烧水平等级为应达到的最低值。

表 5-12　中、高倍泡沫液灭火时间和抗烧时间的要求

泡沫灭火剂类型	灭火时间/min	1%抗烧时间/min
中倍泡沫液	≤2	≤0.5
高倍泡沫液	≤2.5	不测试

7. 抗烧时间

抗烧时间是衡量泡沫耐热性能的一个技术指标。抗烧时间有25%抗烧时间和1%抗烧时间两种，1%抗烧时间仅适用于中倍泡沫液。25%抗烧时间测试是在油品液体燃料表面建立了一个泡沫层以后，于油盘中心位置置入一个装有燃料的抗烧罐，记录自点燃抗烧罐至油盘25%的燃料面积被引燃的时间。

1%抗烧时间测试方法如下：将油盘放置在地面上并保持水平，油盘加入水及燃料，将装有燃料的抗烧罐挂在油盘的下风侧，点燃油盘，喷射泡沫灭火，记录从停止喷射泡沫至油盘内泡沫层上出现悬浮火焰的时间，即为1%抗烧时间。

三、常用灭火剂

1. 泡沫灭火剂

1）蛋白泡沫灭火剂

蛋白泡沫灭火剂是以动物蛋白或植物蛋白质的水解浓缩液为基料，并加入适当的稳定、防腐、防冻等添加剂的起泡性液体。

蛋白泡沫灭火剂具有成本低、泡沫稳定、灭火效果好等优点。但流动性差，影响了灭火效率。该泡沫耐油性低，不能以液下喷射方式扑救油罐火灾。

2）氟蛋白泡沫灭火剂

氟蛋白泡沫灭火剂是为克服蛋白泡沫灭火剂的缺点而发展起来的一种泡沫灭火剂，它以蛋白泡沫灭火剂为基料，添加适量的氟碳表面活性剂生成氟蛋白泡沫。

氟碳表面活性剂具有良好的表面活性、较高的热稳定性、较好的浸润性和流动性。当该泡沫通过油层时，油不能向泡沫内扩散而被泡沫分隔成小油滴。这些油滴被未污染的泡沫包裹，在油层表面形成一个包有小油滴的不燃烧的泡沫层，即使泡沫中汽油含量高达25%也不会燃烧，而普通空气泡沫层中含有10%的汽油时即开始燃烧。因此，这种氟蛋白泡沫灭火剂适用于较高温度下的油类灭火，并适用于液下喷射灭火，亦可以与干粉联用。

3）水成膜泡沫灭火剂

水成膜泡沫灭火剂(AFFF)。它由氟碳表面活性剂、无氟表面活性剂和改进泡沫性能的添加剂及水组成。

氟表面活性剂具有斥水性及斥油性。这种泡沫析出的水溶液在油表面形成薄膜，浮在上面，在灭火后抑制蒸气发生并防止复燃。由于它在油的表面形成轻的水性薄膜，因此又被称为轻水泡沫。

水成膜泡剪切应力小，流动性小，泡沫喷射到油面上时，泡沫能迅速展开，并结合水

膜的作用把火势迅速扑灭，适用于扑救石油类产品和贵重设备。油罐可以采用液下喷射方式。

4）抗溶性泡沫灭火剂

对于醇、酮、醚等水溶性有机溶剂，如果使用普通蛋白泡沫灭火剂，则泡沫膜中的水分会被水溶性溶剂吸收而消失。在蛋白质水解液中添加有机酸金属络合盐便可制成蛋白型的抗溶性泡沫液；这种有机金属络合盐类与水接触，析出不溶于水的有机酸金属皂。当产生泡沫时，析出的有机酸金属皂在泡沫层上面形成连续的固体薄膜。这层薄膜能有效地防止水溶性有机溶剂吸收泡沫中的水分，使泡沫能持久地覆盖在溶剂液面上，从而起到灭火的作用。

抗溶性泡沫不仅可以扑救一般液体烃类的火灾，还可以有效地扑灭水溶性有机溶剂的火灾。

2. 环保型 B 类火灾灭火剂

1）环保型氟碳表面活性剂灭火剂

有关研究表明，氟碳链小于或等于 C_4时，危害能降低至可接受水平。目前，国内外学者主要从短链全氟化合物、碳氢键替换碳氟键、减少碳氟链段长度研究氟碳表面活性剂。

表 5-13　环保型灭火剂复配用氟碳表面活性剂

研究方向	研究进展
短链全氟化合物	阴离子：阴离子型氟碳表面活性剂溶液中电离后的表面活性剂基团是阴离子。阴离子碳氟表面活性剂是氟碳表面活性剂中应用时间最久、合成工艺最成熟、用量最多的一种阴离子表面活性剂。 示例：短碳链全氟丁基磺酰氟碳表面活性剂、羧酸钾阴离子和含 $CF_3CF_2CF_2C(CF_3)_2$—基团的氟化表面活性剂
	阳离子：阳离子型氟碳表面活性剂起表面活性作用的是阳离子。此种表面活性剂耐酸碱程度高，并且具有较好的配伍性能。氮原子带正电荷的表面活性剂统称为季铵盐氟碳表面活性剂，此种表面活性剂种类最多、应用最广，具有较高商业价值。 示例：季铵盐氟碳表面活性剂、聚醚季铵盐氟碳表面活性剂
	两性：两性型氟碳表面活性剂是一种能在水溶液中离解出正、负两种离子的表面活性剂。当溶液的酸碱值发生变化时，此种表面活性剂基体可以呈现出不同的离子类型。 示例：氧化铵两性氟化表面活性剂
	非离子：非离子碳氟化合物表面活性剂指在溶液中具有两亲性结构而没有解离的表面活性剂。 示例：$CF_3(CF_2)_nCH_2O(CH_2CH_2O)_mH$ 和 $CF_3CHFCF_2CH_2O[CH(CH_3)CH_2O](CH_2CH_2O)_nH$，活性和相容性均良好，但化学性能较差，限制了它们的应用
碳氢键替换碳氟键	示例：6∶2 氟化调聚物磺酸盐、$C_4F_9SO_2NH(CH_2)_2Br$ 表面活性剂、$C_4F_9SO_2NH(CH_2)_2Br$ 短链氟碳表面活性剂等
减少碳氟链段长度	示例：5μm 的钠离子改性蛭石浆料

美国的3M、杜邦等公司已研发出短碳链 C_4 和 C_6 氟碳表面活性剂。随着氟碳链链长的缩短，其生物累积性和对环境的危害性降低，但同时其表面活性、灭火能力等性能也受到影响，难以同时兼顾环保与实用性能。

2）环保型非氟表面活性剂灭火剂

目前对泡沫灭火剂中 PFOS 替代品研究的热点方向之一是不含 PFOS 的表面活性剂，比如一些没有难降解性也没有毒性，对环境没有危害的表面活性剂，如有机硅表面活性剂、甜菜碱表面活性剂、纯化皂苷表面活性剂和多种表面活性剂的复配等(表 5-14)。

表 5-14　环保型灭火剂复配用非氟表面活性剂

表面活性剂类别	研究案例
有机硅表面活性剂	① 有机硅表面活性剂十二烷基二甲基甜菜碱与离子表面活性剂和两性表面活性剂复配后的溶液的析液时间很长，铺展性能很好，可以很好地起泡，从而可以较好地进行灭火。 ② 将有机硅表面活性剂与十二烷基硫酸钠(SDS)、十二烷基二甲基甜菜碱(BS-12)和月桂基两性醋酸钠(LAD-30)混合制备的无氟合成泡沫具有优良的发泡性能和泡沫稳定性。
甜菜碱表面活性剂	③ 由十二烷基磺酸钠、硅酸钠和乙酸溶剂混合制成一种黏稠度可控的凝胶型混合 SiO_2 泡沫液，灭火效率是普通水系灭火剂的 50 倍。 ④ 有机硅表面活性剂十二烷基二甲基甜菜碱(BS-12)与双烃表面活性剂椰油酰胺丙基甜菜碱(CAB)的复合实验结果显示，泡沫稳定性好、扩散快、灭火时间短
纯化皂苷表面活性剂	以无患子皂苷作为天然表面活性剂，以十二烷基磺酸钠和椰油酰胺丙基甜菜碱组合碳氢表面活性剂、以椰油酰胺丙基甜菜碱为两性离子表面活性剂，研制的环保泡沫灭火剂具有优异的发泡能力和泡沫稳定性，最优组灭火时间为 1.4min，符合 GB 15308—2006 的要求

四、检测标准方法

目前广泛用于石油化工行业的灭火剂主要包括水系灭火剂和泡沫灭火剂。我国现行水系灭火剂类的国家标准主要有《水系灭火剂》(GB 17835—2008)，该标准发布于 2008 年 10 月 8 日，于 2009 年 5 月 1 日正式实施。我国现行泡沫灭火剂类的国家标准主要有《A 类泡沫灭火剂》(GB 27897—2011)和《泡沫灭火剂》(GB 15308—2006)。而油品火灾使用的灭火剂所适用的标准为《泡沫灭火剂》(GB 15308—2006)，该标准发布于 2006 年 12 月 14 日，于 2007 年 7 月 1 日正式实施。本标准代替了《泡沫灭火剂通用技术条件》(GB 15308—1994)《水成膜泡沫灭火剂》(GB 17427—1998)、《抗溶性泡沫灭火剂》(GB 13463—1992)。

《水系灭火剂》(GB 17835—2008)适用于非抗醇性水系灭火剂和抗醇性水系灭火剂，主要检测水系灭火剂的理化性能和灭火性能。其中理化性能主要包括：凝固点、抗冻结和融化性、pH 值、表面张力、腐蚀率和毒性等。灭火性能则利用橡胶工业用木剁、溶剂油和 99%丙酮通过在不同尺度下进行 A 类和 B 类火灾的灭火实验，确定水系灭火剂的灭火等级。

不同于水系灭火剂，在《泡沫灭火剂》(GB 15308—2006)标准中将泡沫灭火剂按照发泡倍数进行了更详细的划分，分为高、中、低 3 类，不同的泡沫灭火剂的检测实验和检验标准有所区别。总的来说，对泡沫灭火剂理化性能的检验主要包括：凝固点、抗冻结和融化性、沉淀物、比流动性、pH 值、表面张力、界面张力、扩散系数、腐蚀率、发泡倍数、25%析液时间等。同样的，对灭火性能也根据泡沫的类型有所区别，主要检测 1%抗烧时间、灭火时间等。

与上述标准对应、具有影响力的国际标准主要有：美国消防协会发布的《用于 A 类火灾的泡沫灭火剂》(NFPA1150—2017）和国际标准化组织发布的《灭火剂—泡沫浓缩液》(ISO 7203-1-3：2011)。其中，ISO 泡沫标准由 3 部分构成，包括《灭火剂—泡沫浓缩液第 1 部分：用于非水溶性液体顶部施放的低倍数泡沫液》(ISO 7203-1：2011)、《灭火剂—泡沫浓缩液第 2 部分：用于非水溶性液体顶部的中、高倍数泡沫液》(ISO 7203-2：2011)和《灭火剂—泡沫浓缩液第 3 部分：用于水溶性液体顶部的低倍数泡沫液》(ISO 7203-3：2011)(表 5-15)。

表 5-15　水系/泡沫灭火剂主要标准对比

种类	主要标准	国标检测项目	国内外标准比较
水系灭火剂	国内：《水系灭火剂》(GB 17835—2008)； 美国：《润湿剂标准》(NFPA18—1995)、《消防控制和蒸汽释放所用水添加剂标准》(NFPA18—2021)； 国际：ISO 8022	凝固点、抗冻结和融化性、表面张力等 6 项检测项目	国标对灭火性能及毒性的检测项目较少，且标准较低
泡沫灭火剂	国内：《泡沫灭火剂》(GB 15308—2006)、《A 类泡沫灭火剂》(GB 27897—2011)； 美国：《低中高倍数泡沫标准》(NFPA11—2016)、《用于 A 类燃料火灾的化学泡沫标准》(NFPA1150—2017)； 国际：ISO 7203	凝固点、抗冻结和融化性、表面张力等 11 项检测项目	国标中尚缺失对环保性能的检测标准

2023 年 3 月，生态环境部印发《重点管控新污染物清单(2023 年版)》，对“全氟辛基磺酸及其盐类和全氟辛基磺酰氟(PFOS 类)”消防泡沫药剂提出明确的禁限要求。灭火剂中 PFOS 成分成为必检项。目前，灭火剂中 PFOS 成分的检测包括预处理技术、检测技术及相应的检测标准(表 5-16 至表 5-18)。

表 5-16　预处理技术研究现状

技术	概述
固相萃取(SPE)	可对样品进行区别、提纯、富集从而使样品基体受到的干扰降低、检测灵敏度增加，PFOS 的大烷基链更适合 SPE 技术
液液萃取(LLE)	针对溶剂中溶解程度不同的多种物质进行分离。对 PFOS 微量水平测定影响因素的方法研究表明，以甲醇为溶剂的 PFOS 液在试运行后洗涤 PP 材料的注射器和针式过滤器对 PFOS 浓度的测定无显著影响，测定精度高，且 LLE 具有良好的可行性

续表

技术	概述
固液萃取(SLE)	通过溶剂的应用对固态混合物中的不同组分进行分散，如用酒精浸泡大豆油以提高大豆油得率。中药的有效成分用水提取，制成液体提取液，称为“渗滤液”。用索氏提取器对目标物进行提取，主要用于固体和半固体样品(如土壤和食品)、生物组织样品以及血清和血液样品的 PFOS 的提取
加压液体萃取(PLE)	是在升高的水温(50~200℃)和压强(10.3~20.6MPa)下对固体或半固体试样中的有机物质进行溶液提取的一类方法。溶剂萃取一般使用加速溶剂萃取法
超声波萃取(UE)	运用超声放射压力引起的强空化效果、扰动效应、高加速度、破碎、搅拌等多级效果，简单快速地提升产物分子的运动频次和反应速率，大大提高溶液的渗透性，可以加快目标组分加入溶剂，促进萃取

表 5-17　检测技术研究现状

技术	概述
气相色谱法(GC)	以气体为流动形态进行色谱分离和分析。通过载气(流动相)将挥发成气态的样品输送到色谱柱中，并且要用合适的方法对系统中的色谱图进行制备，表明每个物质组分离开色谱柱的持续时间和含量
高效液相色谱法(HPLC)	把各种极性的简单溶液和各种配比的混合溶液(如流动状态溶液、用来缓冲的溶液等)经过一种压力高的输送液体的系统，使其进入固体状态色谱柱分散其多组分
高效液相色谱—串联质谱法(HPLC-MS/MS)	对一些沸点高的、不能挥发的以及冷热不稳定的化合物进行分离鉴定，有一定的亮点。一般情况下，HPLC-MS/MS 可以检测到几纳克每毫升的 PFOS，PFOS 及其盐的检测极限在泡沫灭火材料中的 HPLC-MS/MS 测定中是 2mg/kg，这一方法满足欧盟颁布的关于泡沫灭火剂中对 PFOS 检测的限量要求的规定，利用 HPLC-MS/MS 方法检测 PFOS 更准确，也更灵敏，而且预处理简单，针对泡沫灭火剂、清洗剂和整理纺织物的溶剂 PFOS 的检测可以使用这一方法
气相色谱—质谱法(GC-MS)	气相色谱法可以有效地分离和区分有机化合物，而质谱法是准确鉴定化合物的有效方法，通过优化提取条件、衍生条件和仪器工作条件，气相色谱—质谱联用仪得到了一种 GC-MS 测定 PFOS 化合物总量的检测方法，检出限低至 0.14mg/kg，回收率高，多次测量重复性好

目前全球很多国家针对 PFOS 物质的检测方法进行了规定。例如，ISO/TC147 针对水质中 PFOS 和 PFOA 的检测方法是以固态进行萃取并用液相色谱—质谱法(LC/MS)测定，这一规定来自水质小组委员会 SC2 颁布的 ISO 25101—2009；国家质量监督检验检疫总局、国家标准化管理委员会发布的《氟化工产品和消费品中全氟辛烷磺酰基化合物(PFOS)的测定　高效液相色谱—串联质谱法》(GB/T 24169—2009)。我国吉林出入境检验检疫局起草的《进出口灭火剂中全氟辛烷磺酸的测定　溶液色谱—质谱/质谱法》(SN/T 2394—2009)。GB/T 为我国推荐的国标，SN/T 为我国出入境检验检疫推荐的技术标准，ISO 为国际标准化组织规范。检测对象几乎涉及所有含氟化工产品和消费品，起草单位表示，PFOS 已成为国际贸易和进出口商品检验的必然目标，检测方法主要有 HPLC、HPLC-MS/MS 和 GC-MS 等，对分析仪器的要求相对较低。

第七节　火灾监测系统

原油储罐火灾监测系统是保障储罐安全的重要组成部分，旨在早期发现火灾，并及时采取应对措施。

一、火焰探测

火焰探测技术用于检测储罐区内的火焰，是早期火灾预警的重要手段。

（1）紫外火焰探测器：通过检测火焰发出的紫外光来识别火灾。优点是响应速度快，对小火焰和隐蔽火焰敏感。缺点是容易受到阳光和其他紫外光源的干扰。

（2）红外火焰探测器：通过检测火焰发出的红外辐射来识别火灾。优点是对明火反应灵敏，抗干扰能力强。缺点是受烟雾和灰尘的干扰较大。

（3）紫外/红外混合火焰探测器：结合紫外和红外探测技术，提高火灾探测的准确性和可靠性，减少误报率。

二、烟雾探测

（1）烟雾探测技术用于检测储罐周围的烟雾，是火灾初期监测的重要手段。

（2）离子烟雾探测器：通过电离空气中的烟雾颗粒来检测火灾。优点是对各种类型的烟雾都敏感，响应速度快。缺点是对环境湿度和气流变化较敏感。

（3）光电烟雾探测器：通过光束在烟雾中的散射来检测火灾。优点是对黑烟和灰烟特别敏感，抗干扰能力强。缺点是对白烟和透明烟雾的敏感度较低。

三、温度监测

温度监测技术用于检测储罐区的温度变化，是火灾监测的重要补充。

（1）点式温度传感器：安装在特定位置，监测该点的温度变化。优点是安装简单，成本较低。缺点是只能监测特定点，无法覆盖整个储罐区域。

（2）线式温度传感器：沿储罐区布置，能够监测整个区域的温度变化。优点是覆盖范围广，能够实时监测整个区域的温度变化。缺点是安装复杂，成本较高。

四、可燃气体检测

可燃气体检测技术用于检测储罐周围空气中的可燃气体浓度，预防火灾发生。

（1）催化燃烧式探测器：通过催化剂表面可燃气体的燃烧来检测气体浓度。优点是灵敏度高，响应速度快。缺点是容易受到其他气体的干扰，催化剂需要定期更换。

（2）红外吸收式探测器：通过检测可燃气体对特定波长红外光的吸收来识别气体浓度。优点是抗干扰能力强，维护成本低。缺点是对某些特定气体的灵敏度较低。

五、视频监控

视频监控技术通过摄像头实时监控储罐区的情况，是火灾监测的重要手段。

（1）高清摄像头：提供高分辨率的图像，能够清晰地监控储罐区的情况，适用于白天和良好光照条件下的监控。

（2）红外夜视摄像头：能够在低光照甚至无光照条件下提供清晰的图像，适用于夜间和低光照环境的监控。

（3）云台摄像头：能够360°旋转和上下移动，覆盖更大范围的监控区域，适用于大面积储罐区的监控。

六、应急通信

应急通信技术用于火灾发生时，快速与相关部门和人员进行通信，协调应急响应。

（1）无线电对讲机：在火灾现场使用，确保现场人员之间的即时通信。

（2）卫星电话：在通信网络中断时使用，确保与外界的联系。

（3）应急广播系统：在储罐区内播放应急通知和疏散指示，指导人员安全撤离。

第六章 原油浮顶储罐火灾扑救技战术

原油储罐火灾扑救是一个复杂且危险的过程，需要科学合理的技战术来有效控制火势、保护人员安全并尽可能减少损失。本章针对原油储罐火灾燃烧状态，从工艺处置措施、物资装备的使用、原油储罐火灾扑救的原则与策略、典型油罐火灾扑救要点及注意事项、典型原油储罐火灾扑救操作程序等五个方面介绍了原油储罐火灾扑救的技战术。

第一节 原油储罐火灾燃烧状态

原油储罐在发生全液面火灾后，储罐内液面受液面高度和外界风向的影响，火灾的形式也不同；当储罐处于高液位、近满罐的条件下，火焰直径会接近于储罐直径，助燃空气因火焰燃烧的需要，会从火灾储罐上沿位置以吸入的形式带入储罐内支持火焰燃烧；在此条件下，全液面火灾的储罐罐壁上沿位置会始终保持负压状态；在无风影响下，储罐罐壁上方均为负压状态，火焰正上方为正压状态，排出燃烧废气会从火焰上方排出。

当原油储罐液面下降至3/4罐高时，全液面火灾的助燃空气吸入状态将发生部分变化；由于液面略低于储罐上壁开口，储罐在内部火焰造成的负压状态下，空气自罐壁上沿被吸入至罐内燃烧区，并以中心聚合形式朝液面中部区域快速流动；此时火焰的直径也会因进入空气的挤压而缩小；空气则发挥助燃效能，支持油品液面火焰的持续燃烧，燃烧废气随火焰向上排出，并以该种形式持续燃烧。

当原油储罐液面为储罐高度的1/2时，因火势作用被吸入的助燃空气，会在储罐内部空间形成小范围的紊流；此时，被吸入的空气并不会立刻混入火焰而燃烧，而是在液面燃烧造成的负压情况下在储罐内进行竖向旋转成紊流，之后再与储罐内火焰混合发生燃烧。在此条件下，火焰直径会大范围缩短，火焰上部形成球状滚动燃烧。

当原油储罐液面处于低液位时，被吸入的助燃空气会在储罐内部空间形成大范围的紊流，吸入空气在储罐内以紊流的形式旋转以后，与火焰融合产生燃烧；燃烧火焰几乎与储罐直径相等。

当风向发生变化，原油罐全液面火灾火焰将呈现非垂直燃烧的现象；在这种条件下，火焰在风的作用下将向下风方向倾斜；此时罐壁上沿所产生负压区域也将发生变化，下风方向的罐壁上沿负压位置将被罐体火焰压制；而上风方向罐壁上沿负压区域将持续保持。

第二节　工艺处置措施

工艺处置措施主要指当原油储罐发生火灾后，利用现有机动设备和工艺技术对火灾储罐实施保护和处置的操作方法。当原油储罐发生全液面火灾，原油内轻烃分子燃烧殆尽以后，燃烧面的热波会在原油液面向下发生热传导，储罐原油液面的高温会缓慢向下延伸；经测试，原油热传导向下延伸速度，在无外界措施处置的情况下，热波传导速度小于 1m/h。当热波下降至乳化石油区或储罐下部的水垫层时，乳化石油和水垫层将在热波高温作用下快速转变为水蒸气，并迅速膨胀，推动原油液面火向储罐外发生沸溢和喷溅。为有效解决导致沸溢和喷溅发生的根本问题，在实施火灾救援的同时开展工艺处置，利用工艺措施破坏沸溢喷溅发生机理，能够有效阻止沸溢喷溅的发生。

一、油面升高与冷油循环

原油发生沸溢和喷溅主要是来自油面热波传导至罐底水垫层所致，那么始终保持储罐内原油温度低于水蒸发温度是解决发生沸溢和喷溅的关键；企业和储油单位的原油储罐多数均以罐组模式，依照石油化工企业设计规范要求实施建设；依据规范要求，原油储罐通常以 4~6 座储罐为一个罐组，那么当火灾发生后，常规的工艺处置操作可以在该罐区储罐之间相互实施；如条件允许，也可以采用多罐组之间实施跨越式工艺保护。但目前国内原油储罐建设形式和使用方式存在诸多不同，工艺处置的方式也具备了更多的选择方式；为了阻止或延缓热波下降速度，推迟并降低原油沸溢和喷溅风险，可将原油液面以人工干预操作的形式进行提升，将低温冷油自罐底注入着火罐，利用罐底混合注入的低温冷油使火灾液面进行提升，采用延长罐内热波传导距离的形式，为消防救援争取更多的时间和空间。

当着火罐液面较高，火灾热波下降较快，储罐内不便再次开展冷油注入操作，并且无法阻止热波触碰罐底水垫层，储罐区可将着火罐原油以循环传输冷热油的方式，将储罐内热量实施转移，对储罐内温进行有效控制；可采用将受到热波热传导的热油利用泵浦输转的形式导出至其他冷油或低温储罐；在导出的过程中要关注接收热油储罐的温度变化，在必要的条件下可在热油导出的过程中掺入冷油，或通过其他方式对热油实施降温后注入接收油罐；同时，将冷油自其他储罐输转至着火罐，在着火罐内形成动态的降温换热，不断以转输的形式带走着火罐内产生的高温，同步利用转输动能破坏罐底水垫层，始终保持原油在储罐间循环，完成倒灌措施，能够有效确保储罐内原油温度保持恒定；如储罐环境和条件允许，可尽量采用距离较远的储罐实施倒油操作，避免着火罐区在强热辐射条件下引起的工艺操作效率降低。这种方法的主旨是有效保持储罐内温度，改变着火罐内水垫层升温的速度，为储罐火灾救援提供安全保证(图 6-1)。

二、底部排水措施

导致原油储罐火灾沸溢和喷溅的罐底水垫层，其主要来源是原油中所含的水和火灾消

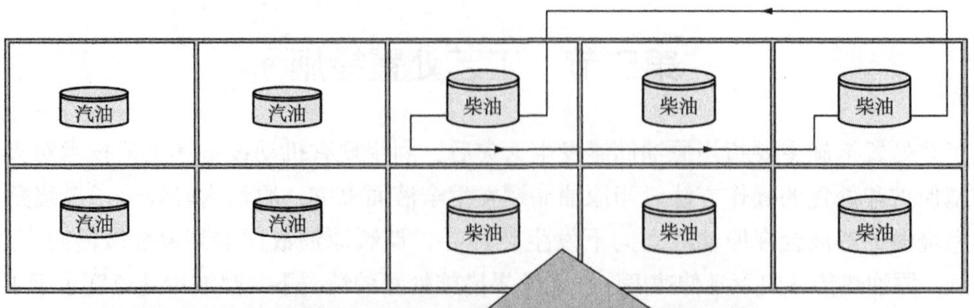

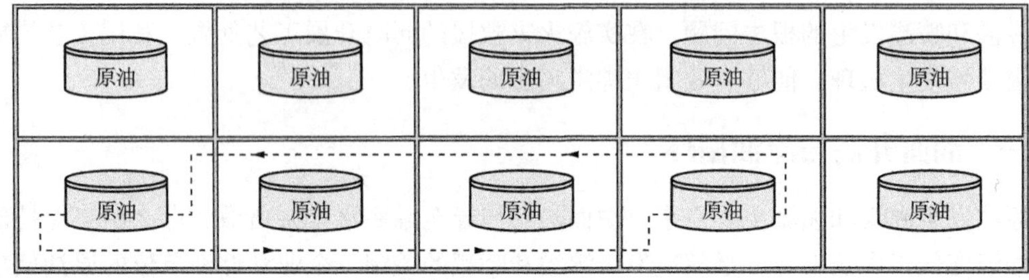

图 6-1　冷热油循环系统

防用水积淀形成。原油本体含水，不同产地原油含水量也不同，储罐内油品贮存时间的长短和辖区日常生产管理对储罐底部的排水周期也对水垫层的存量有直接影响；正常情况下，原油储罐内所含的水会在储罐内逐步沉淀于原油之下，在储罐底部自然形成水垫层；同时，在火灾条件下，大量的泡沫混合液会射入储罐内，泡沫漂浮于油面上，而泡沫混合液中的水会逐步沉淀于原油之下；随着救援时间的增加，水垫层会在储罐底部快速形成较高液位的水垫层，形成沸溢喷溅的潜在隐患。为解决这一问题，炼化企业储油罐因工艺需要，罐体底部多数会安装排水管，在员工定期巡检时通过开阀操作，将罐底水排出；在原油储罐救援过程中，该排水管将担负排除罐底水垫层的重要任务；但在南方部分炼化企业以及部分大型储油企业，因业务需要，在设计之初并没有设计底部排水设施，在实施救援过程中则无法实施罐底水垫层的排水操作；基于此种问题，消防应急救援人员和厂区人员在确保安全的情况下，可以在储罐体临时安装储罐排水阀，对储罐底部水垫层进行积水排放(图 6-2)。

图 6-2　储罐底部排水现场图

三、消防设施启动

当原油储罐发生火灾，储罐壁在火焰的作用下，温度会快速升高；在没有任何保护措施的情况下，储罐壁将在短时间内发生变形，进而影响储罐内浮盘升降，发生浮盘卡盘，

让储罐内火势进一步扩大；在此前提下，储罐的水喷淋将起到重要作用；火灾发生后，迅速启动消防水喷淋，将对罐体进行最重要的罐体降温保护，该方法既能对着火罐的热辐射进行一定的阻隔，降低罐体温度防止储罐变形，也能有效降低罐内油品温度的快速上升，延缓热波下降速度，为储罐提供至关重要的保护(图 6-3)。

图 6-3 储罐水喷淋系统

壁挂式泡沫产生器主要用于储罐密封圈火灾的扑救，同时也适用于储罐初期火灾的扑救。当前，国内外浮顶原油储罐的火灾多数来自雷击引燃密封圈泄漏点油气，发生密封圈火灾；密封圈火灾发生后，壁挂式泡沫产生器会自罐壁上部沿罐壁流淌至着火的密封圈，泡沫沿着密封圈泡沫堰板内向密封圈两侧不断延伸，直至将着火的密封圈全部覆盖，达到窒息灭火目的。

第三节 消防装备物资的使用

一、举高消防车的使用

原油储罐火灾中最常用的是举高喷射消防车，举高喷射消防车的常用工作高度有16m、18m、20m、22m、32m、40m、42m、56m 和 72m。常规条件下，消防人员可在地面遥控操作臂架及顶端的灭火喷射装置，实现在空中以最佳的灭火角度进行喷射。原油储罐根据储罐容积不同，罐壁高度也不相同；根据实际救援需要，高喷车原油储罐灭火效率最高，实际操作时，16m、18m、20m、22m 高喷车极限高度喷射泡沫正好位于原油全液面火灾的储罐上沿负压位置，对足迹效应灭火操作效果最佳；过高的消防车在实施原油储罐灭火救援时，高空喷洒的泡沫灭火剂在火灾火焰作用下致使灭火剂蒸发损耗，所以在扑灭全液面大型储罐火灾时，出水炮口置于罐壁同等高度的操作方式效果更佳。同时，大型举高消防车因其高度较高，灭火剂喷射距离较远，对邻近罐的冷却部署和实施效果更好，所以在复杂条件下，将各类型高喷车有效应用是大型原油储罐火灾救援操作的重要保障。

二、泡沫消防车的使用

泡沫消防车是在水罐消防车的结构基础上，增加泡沫液罐以及配套泡沫比例混合器、泡沫吸液系统等组成，可喷射泡沫扑救易燃、可燃液体火灾的消防车辆。泡沫消防车在石油化工或在中国主要用于扑救液体类火灾，根据装载泡沫属性不同，可以对多种油类液体、可溶性液体实施灭火救援；在大型石油储罐火灾中，可以配合固定消防设施倾注泡沫使用；同时，泡沫消防车对扑救地面流淌火、供给大流量泡沫炮也能发挥作用；当大型储罐发生火灾，其远程供给大流量泡沫炮实施足迹效应的灭火，重型泡沫消防车是最优选择；在围堰内池火、大面积地面流淌火，利用车载泡沫炮实施大流量泡沫冷却，泡沫消防车均有其独特优势。

三、供水消防车的使用

供水消防车主要指水罐消防车以及大流量远程供水系统，该类消防车具有存水量大、泵浦压力大、供给距离长等特点。在原油储罐火灾中，灭火救援时间长，用水量非常大，当主战消防车占领阵地后，供水消防车或远程供水系统的远程供给能力和一次性运载能力，为支持火场连续不间断供水发挥巨大作用。当战斗小组占据水源后，供水系统水泵长距离的扬程以及大管径、大流量、长距离的供水方式为主战消防车提供供水保障。当天然水源距离较远时，串联供水和运水供水难以满足需求，远程供水系统的泵吸式进水口能够为远程供水提供更强的取水动力，车载式大流量、大口径泵浦也为火场提供了坚实的供水保障。当前，远程供水系统主要由 1 辆泵浦消防车、3 辆水带敷设消防车、1 辆大流量泵组拖车炮组成。额定流量为 500L/s，增压压力(额定压力)为 1.0MPa；系统配套浮艇泵数量 2 台，单泵额定流量为 250L/s；干线采用 DN300mm 口径水带，供水距离 3000m，末端压力 0.4MPa，能够为大流量泡沫炮提供救援保障。

四、通信指挥车的使用

通信指挥车主要用于原油储罐火灾现场实施救援指挥使用。随着科学技术的发展，各类型救援数据以综合性、结构化的形式进行了汇总计算；火灾模型计算平台、现场数据采集平台、应急指挥调度平台以及综合数据救援保障是前方应急救援作战的有效支撑。例如现场应急指挥视频的直播采集、存储、转发，远程联合应急指挥的网络保障，现场多方视频会议指挥决策，应急处置数据的调取查阅，均需要稳定的卫星网络和移动网络提供保障；所以，应急通信指挥车快速搭建卫星和移动网络，组建现场应急保障平台，为应急指挥决策提供网络和数据保障，是现场救援指挥、数据信息保障的重要节点。

五、大流量消防炮的使用

大流量消防炮主要用于原油储罐火灾灭火救援使用。大流量消防炮主要特点是流量大，能够达到 200~400L/s。单点覆盖面积大，适用于大型油罐火灾扑救的使用。当火灾发生后，普通高喷车通常以 80~120L/s 的流量对着火液面进行覆盖，但确保落点范围小，供给强度不足，多台车辆配合不佳则灭火效果也不理想；为了使泡沫液能够有效覆盖液体燃烧表面，大流量消防炮依靠其强大的充实水柱，能够有效将泡沫液投放至着火液面；同时，为了保证足迹效应的有效发挥，大流量消防炮在满足储罐供给强度的同时，还应确保足迹落点的精准，确保泡沫液有效发挥作用。

六、隔热服的使用

隔热服主要用于灭火作战人员安全防护。石油储罐火灾热辐射非常大，当全液面火灾形成以后，救援人员受热辐射效应无法接近着火罐实施有效灭火，前方战斗人员必须在穿着隔热装备后方可进入前方阵地，部署车辆和消防水炮，或实施人员抢救、关阀断料等应急救援措施。

七、供液消防车的使用

供液消防车主要用于为原油储罐火灾现场提供泡沫原液补给工作。在前方作战的消防泡沫车和高喷泡沫车所储存的泡沫原液量在应对长时间作战时难以确保泡沫的不间断供应，利用泡沫桶实施外吸耗时长、转运慢、切换频次多、搬运安全风险大。供液消防车主要作战性能与远程供水系统类似，其车辆主体完全装载泡沫原液，配套有 DN300mm 水带敷设消防车一台，能够实现在远距离为不同位置泡沫消防车同时供给泡沫原液。常规泡沫消防车泡沫混合比例多为 3 型、6 型、8 型，能够同时为更多泡沫消防车提供泡沫补给。

八、灭火剂的使用

泡沫灭火剂是扑救油罐火灾常用的灭火用剂。针对不同油品发生的火灾，研制出了不同的泡沫灭火剂，包括普通蛋白泡沫灭火剂、氟蛋白泡沫灭火剂、水成膜泡沫灭火剂、抗溶性泡沫灭火剂和高倍数泡沫灭火剂等。扑救地面流淌火可采用普通蛋白泡沫灭火剂和高倍数泡沫灭火剂。利用储罐的液下喷射系统时，应使用氟蛋白泡沫灭火剂。使用干粉灭火剂扑救地下油罐和油池火灾，效果也较好。

九、固定灭火装置灭火

储存易燃及可燃油品的油罐，特别是 5000m^3 以上的大型油罐，一般都按规范要求设有固定式或半固定式消防设施。油罐一旦着火，只要固定或半固定消防设施没有遭到破坏，应首先启动消防供水系统，对着火油罐和邻近油罐进行喷淋冷却保护，同时按照固定消防的操作程序，启动固定消防泡沫泵，根据着火油罐上设置的泡沫产生器所需泡沫液量，配制泡沫液，保证泡沫供给强度，连续不断地输送泡沫混合液，力争在较短时间内将火扑灭。

1. 使用泡沫钩管灭火

使用泡沫钩管扑救油罐火灾是一种常用且有效的方法，它可以使泡沫沿罐壁流淌，覆盖在着火的油面上，隔绝油品与空气的接触，达到扑灭火灾的目的。并且泡沫的损失率低，便于操作，灭火彻底，扑救油池、地下油罐火灾时也可使用。挂泡沫钩管一般要架设两节拉梯，如果罐高超过 10m，则要用 3 节拉梯或曲臂车。但是，遇到塌陷式油罐火灾，由于油罐塌陷变形，泡沫钩管无处可挂，即失去了灭火的作用。但在实际扑救油罐围堰内地面流淌火时，将泡沫钩管平放在围堰上，钩管喷射口朝围堰内壁喷射泡沫灭火剂，让灭火剂沿围堰内壁向下流，实现围堰内地面流淌火的扑救，这样既降低了救援人员的安全风险，也让泡沫的释放效果更佳。

2. 使用车载泡沫炮灭火

使用车载泡沫炮扑救油罐火灾也是最常用的方法之一，车载泡沫炮流量大、射程远、威力大，扑救普通大型火灾十分有效。使用泡沫炮扑救油罐火灾时，炮位与着火油罐的距离不得小于25m，炮的仰角一般保持30°~45°，不能间歇喷射，灭火后还要继续喷射至不再复燃为止。车载泡沫炮的缺点是受地形和射程的影响较大，在不能接近着火罐时，难以发挥效力；受着火罐液位的影响较大，如遇液面过高的油罐火灾，车载炮喷出的大量泡沫注入罐内，不但不能灭火，相反会因着火罐液面升高(会形成油泡沫或水垫层，加快沸溢和喷溅)油液溢出，使火势扩大；车载泡沫炮扑救大型油罐火灾还受水源影响较大，少量车载炮很难形成有效的灭火效果，一般采用“以大制大”的方法，使用多台大型车载炮车，以超过理论灭火需要量几倍甚至十几倍的泡沫供给强度同时扑救。

3. 使用移动泡沫炮和泡沫枪灭火

移动泡沫炮和泡沫枪的机动性较强，一般在固定灭火设施受到破坏、油罐塌陷，无法使用钩管或消防车辆不能接近着火罐的情况下使用。泡沫炮除能够实施灭火外，也能够实现对罐壁进行泡沫冷却效果，为实战灭火操作提供了更加有效的操作方法；泡沫枪主要由战斗人员实施操作，具有操作灵活、机动性强等优点；但因其灭火攻击强度较小，在实施大面积地面流淌火救援时需要部署更多的移动泡沫枪，对操作人员操作能力、救援经验要求较高。

4. 罐壁掏孔内注灭火

罐壁掏孔内注灭火方法是目前扑救塌陷式油罐火灾比较有效的方法。当燃烧油罐液位很低时，由于罐壁温度较高和高温热气流的作用，使从油罐上部打入的泡沫遭到较大的破坏，或因油罐顶部塌陷到油罐内，造成燃烧死角，泡沫不能覆盖燃烧的液面，而降低了泡沫灭火效果时，采用罐壁掏孔内注灭火法，即用气割方法在着火油罐上风方向，油品液面以上50~80cm的罐壁上，开挖40cm×60cm的泡沫喷射孔，利用开挖的孔洞，向罐内喷射泡沫，可以提高泡沫的灭火效率。但在燃烧的油罐壁上开挖孔洞是一件非常艰难的工作，十分危险，因此，除非在万不得已的情况下，一般不采用。

5. 采用磁吸附式油罐自动抢险灭火泡沫钻枪灭火

磁吸附式钢制油罐抢险灭火泡沫钻枪是一种新型可移动式泡沫灭火、抢险设备，主要由钻架、电磁盘、空心钻头、钻管、连通管、自动推进装置、泡沫发生器、电动机、传动机构及配电控制系统组成，在钻枪架脚部装有两个吸附力为8000~14000N的电磁吸盘，用于将钻枪体吸附、固定在罐壁上。空心钻管前端装有直喷式或侧喷式空心钻头，用来迅速钻透着火油罐罐壁，实施输转罐内油品、喷射灭火剂。磁吸附式油罐自动抢险灭火泡沫钻枪能够钻入罐内灭火，在固定式灭火装置受到破坏时，钻透着火罐的罐壁，喷射泡沫，可迅速扑灭油罐火灾，在工艺管线受到破坏时，迅速钻透高液位着火罐罐壁，利用配装临时管线输送油品，排除溢流造成的危害，并可实施液下喷射泡沫，迅速扑灭高液位油罐火灾。

第四节　原油储罐火灾扑救的原则与策略

一、总体原则

(1) 当油罐起火时间不长、油罐火势不大时，辖区队应抓住灭火的有利战机，集中现有力量实施登罐灭火，一举扑灭火灾。

(2) 当火场情况比较复杂、油罐火势比较大、邻近油罐受高温辐射影响较大时，辖区队不能满足直接灭火的要求，应积极冷却着火油罐及邻近油罐，防止火灾扩大，为增援力量到场创造有利条件。如果两个以上的油罐发生火灾，并且有一个属于沸溢性油品，这时候首先要做好沸溢性油罐的灭火工作，同时还要采用冷却控制的方式对其他罐进行保护；如果出现油罐爆炸、油品沸溢流散的情况，首先要对地面流淌火进行扑救，采取局部分割和逐片消灭的方法，循序渐进、有序实施。

(3) 先外围，后中间。当火场情况比较复杂，油罐周围火势较大，应先扑灭外围火灾，控制火势蔓延扩大，再扑灭油罐火灾。

(4) 先上风，后下风。当油罐区多台油罐同时发生火灾，形成大面积燃烧时，灭火行动应首先从上风开始扑救，避开浓烟，减少火灾对人的烘烤，逐步向下风方向推进，并在侧风方向部署力量实施堵截，最终将火灾扑灭。

(5) 先地面，后油罐。当油罐爆炸、沸溢、喷溅使大量油品从罐内流出或与着火油罐形成地面与油罐的立体燃烧，应先扑灭地面的流淌火，再组织对着火罐实施灭火。

(6) 冷却降温，防止爆炸。当油罐发生火灾后，为防止油罐本身发生爆炸、沸溢、喷溅以及邻近储罐被高温辐射引燃，应对着火罐及邻近罐采取有效的冷却降温措施。冷却降温的方法主要有水冷却、泡沫覆盖冷却、固定喷淋装置冷却等。在冷却油罐时，应保证有足够的冷却水枪或水炮及不间断供水，同时要正确使用冷却方法，例如，对外浮顶油罐冷却时，应重点冷却浮盘与油品紧贴的液位高度，保护浮盘导轨，防止高温损坏，对邻近油罐迎火面的半径液位处冷却；对内浮顶油罐冷却时，重点是油罐液位以上罐体全表面，防止油罐内上部空间油气骤增发生爆闪。同时要注意对罐体冷却要均匀，不能出现空白点，且不能将水射入罐内，当油罐火灾扑灭后，应持续冷却，直至罐体温度降到常温。

二、扑救策略

大型原油储罐主要采用外浮顶储罐，针对该类型储罐和火灾特点以及火灾发展形势，消防救援力量应针对火灾燃烧形势、发展形式和救援需要，有效地部署消防救援力量；针对以上救援原则，原油储罐的火灾救援策略可分为应急处置策略、防御控制策略和保守控制策略。

1. 应急处置策略

在现场备有充足的消防人员、车辆装备、泡沫灭火剂和灭火用水时，采取应急处置策略。

(1) 第一时间把油罐内的油品转至其他储罐降低液面，关闭断料阀门防止其他物料进入着火罐内。对于管道、人孔等泄漏的油品造成的流淌火，要第一时间调集救援力量尽快消灭。当多个储罐同时着火时，应优先扑救威胁其他储罐的火灾，降低火灾扩大的风险。

(2) 优先考虑使用固定灭火系统灭火，当油罐火灾发生初期燃烧面积不大，局限于某个点位或部位时，事故单位应立即启动固定灭火设施，如先到场消防力量足够扑救外浮顶罐密封圈火灾时，指挥员要果断命令登罐灭火，同时责令工厂开启浮顶排水系统。

(3) 若固定灭火系统失效或覆盖不全，着火面积不大，则果断登罐灭火，使用移动式或手提式灭火设备，可从抗风圈或顶部用消防水带将泡沫输送至环形密封区，消防队员能进入罐顶平台时，可使用移动式泡沫管枪灭火。

(4) 当整个密封圈着火，固定设施损毁应使用泡沫钩管。实际测试得出消防炮很难将泡沫准确输送至密封圈着火部位，且消防炮的流量可能造成浮盘倾覆，因此不建议使用消防炮扑救密封圈火。如果仅发生密封区着火，通常不会发生沸溢事故，如果浮盘大面积损坏或沉没，形成大面积着火，就有可能发生沸溢。

(5) 当火灾处于发展或猛烈燃烧阶段，到达现场的消防人员、车辆装备、灭火剂(水和泡沫)充足有效时，特别要注意喷射泡沫量达到一次性进攻最低不低于30min要求时，应采取主动进攻的灭火策略。研究表明，外浮顶罐密封圈火灾升级为全液面火灾的概率为1/55。

(6) 对于外浮顶罐，只能向罐壁喷射冷却水，应避免过量喷射泡沫，防止浮盘沉没。保证适当的泡沫供给强度，不应低于相关标准、规范中推荐的供给强度。灭火过程中应对灭火效果进行评估，喷射灭火剂一段时间后，应观察火势是否有明显减弱或者烟气的颜色是否发生改变；如果没有发生变化，应调整灭火战术。采用相关标准中规定的供给强度，喷射灭火剂20~30min后，火势会有所减弱。

2. 防御控制策略

在火灾发展蔓延阶段，第一出动力量不能满足直接扑灭现场火灾时，应及时采取防御控制策略。

(1) 利用遥控无人飞机进行全程侦察，全景侦察火势发展趋势和油罐沸溢喷溅、爆炸前兆，发现情况要积极采取措施堵截或控制火势扩大。原油储罐的固定泡沫灭火系统是按发生环形密封区火灾设防的，单位内部水源和泡沫灭火剂只能满足一个油罐密封圈着火用量。

(2) 利用现有的泡沫灭火系统和消防车将火灾控制在储罐或一定范围内，防止其向外蔓延。要准备足够的沙袋，防止油料大量泄漏后形成大面积流淌火增加扑救难度，按照“一冷却、二准备、三灭火”的战术原则，指导部队整个灭火行动，不允许在无把握消灭情况下盲目喷射泡沫，很可能会出现泡沫灭火剂已经全部用完，而一个油罐火焰也未扑灭的情况。

(3) 按照制定的灭火救援预案，对到场的力量进行排兵布阵。战斗编队保证冷却水和泡沫灭火的流量以及供给强度满足喷射的要求，使消防车辆靠道一侧停，水带一侧铺，车头一律朝外。当前方消防车泡沫炮总流量达到灭火的泡沫总需求量，前沿指挥部方可下达总攻的指令，不可零敲碎打。

(4) 经现场实际测试，用移动泡沫炮或车载泡沫炮及高喷车进行灭火效果不好，$10\times10^4m^3$ 油罐太高，高喷车不能在最短的时间内把泡沫全部打到环形的槽内压制住火势，大量的射水或泡沫势必会造成浮盘沉降，使用固定泡沫产生器或泡沫钩管为最佳选择。

(5) 在保证灭火剂供给强度的基础上，前方消防车排兵布阵固然重要，后方供水和泡沫车辆科学编队也非常重要。经过测试和计算，企业内部消火栓流量320L/s和周围市政消火栓 108L/s，以及取水码头供水能力 120L/s，远远达不到扑救油罐所需的用水量。天然水源及远程供水系统是扑救大型油罐火灾必备的武器，其供水能力 500L/s，部署 2 套系统，后方供水无忧，每套可同时铺设 10 条供水线路，满足 10 台消防车正常供水。当增援的消防人员和装备到场后，泡沫灭火剂足够时，灭火策略立即由防御转为主动进攻。

3. 保守控制策略

当可能危及消防人员安全时，应采取保守策略。

(1) 在制高点设置安全员，配备望远镜、手摇报警器和通信设备，密切关注着火油罐火灾发展情况，应对储罐破裂和发生沸溢喷溅、爆炸前征兆做出预判。提前制定油罐爆炸、沸溢喷溅、罐体油品泄漏、受火势威胁的邻近罐等应急预案和撤退路线，一旦出现紧急情况，第一时间传达到前方作战的每名指战员并有序撤离。

(2) 当第一批力量到达现场时，油罐已经发生爆炸处于猛烈燃烧阶段，大量油品泄漏，到场力量不满足灭火情况时，要采取既要冷却邻近油罐，又要调集灭火剂的准备措施。火势由点到线蔓延，沿着密封圈扩大呈环形燃烧，这时火焰温度高，人员无法靠近，坚决不能登罐进行灭火，应优先采取固定消防设施灭火。

(3) 在距油罐库区一定距离的空旷地带设置集结区域，加强现场力量调度，设置多级调度指挥系统，纳入社会联动力量，服从统一调度。油罐火灾需要大量的消防车辆装备和灭火剂，如果不设置集结区域很容易造成道路堵塞，前方车辆拥堵，现场实行前方指挥部和集结区域两层次调度指挥有利于排兵布阵，是有效组织指挥扑救大型油罐火灾的重要环节。

三、足迹灭火理论

传统的原油储罐火灾是将着火罐按照包围的形式，用举高消防车臂架炮从多个方向向储罐内投射泡沫灭火剂。这种方法因个体消防炮流量较小，在大面积高温火灾作用下，火势将正在射入的泡沫液在喷射空中进行了高热蒸发，致使落入储罐内着火液面的泡沫液小于 30%；在此操作下，难以有效扑灭原油储罐全液面火灾。

全液面火灾泡沫覆盖理论（足迹理论，footprint methodology）是美国威廉姆斯火灾和危险物质控制公司从 700 余次火灾的成功扑救经验中总结出的一套大型储罐全液面火灾扑救理论（图 6-4），该项理论是将大流量泡沫集中覆盖于着火液体表面，阻止油品蒸气与氧气接触，使火焰失去继续燃烧的能力。覆盖层形成越快，火灾被扑灭的就越快。该理论将全液面火灾的着火特点与灭火剂的有效使用相结合，利用灭火剂注入时的持续性和动能将全液面火灾进行有效的覆盖，达到有效控制火势、消灭灾情的救援目标。

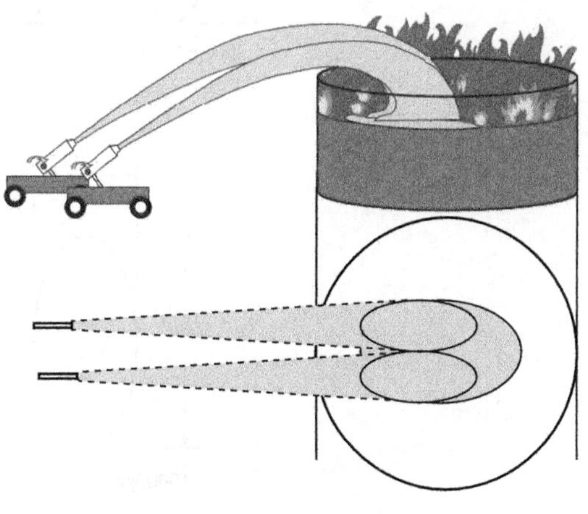

图 6-4 足迹理论示意图

该理论主旨是在全液面火灾的情况下，大型泡沫灭火装备将灭火剂从储罐上风位置，向储罐壁上方的负压位置进行大流量射入，泡沫液落点会以椭圆形印迹落于火灾液体表面；在喷射动能和液面高温驱动的条件下，落入燃烧液体表面的泡沫液会在落在液体表面后向落点前方移动约30m，并在撞击对向储罐罐壁后向两侧扩散；基于此，扑救原油储罐全液面火灾的大流量泡沫灭火装备，在保证灭火剂强度供给满足需要的前提下，连续不断的泡沫灭火剂在动能的驱动下，不断在着火液面向前撞击储罐罐壁后再向四周推动，直至覆盖面积不断扩大至整个液面。实施足迹理论灭火要首先保证落点灭火剂在动能的作用下能够迎面撞击落点对面罐壁，与灭火剂落点前方的罐壁形成闭合；同时要保持灭火剂的连续不间断供给，切实形成灭火剂在撞击落点正前方的罐壁后依次向两边扩散的效果，实现泡沫灭火剂在着火液面的全面覆盖(图6-5)。

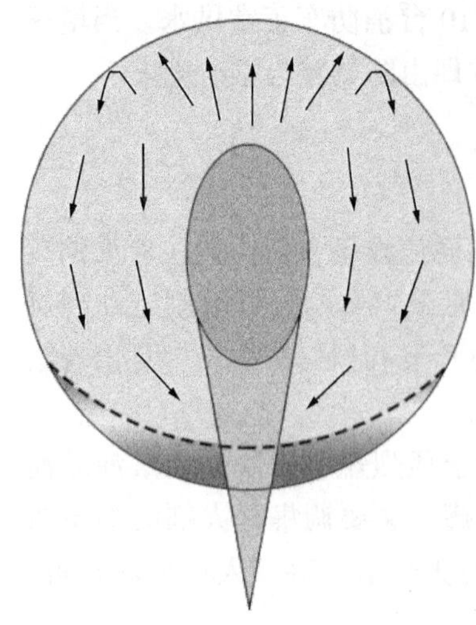

图6-5 灭火剂流动趋势

大型原油储罐在灭火剂射入的情况下，灭火剂落点的后方容易出现灭火剂覆盖死角，这时应用其他灭火设备对该位置进行补充，确保灭火剂全液面的有效覆盖。在火势被完全压制后，灭火剂必须要保持持续投放半小时以上，确保复燃情况不会发生；同时，泡沫灭火剂投放强度必须保证在灭火强度所需要的以上，否则无法保证火势复燃，并造成先前灭火剂投放的全部失效。

不同流量泡沫炮在投放油面所产生的足迹大小尺寸如图6-6所示。

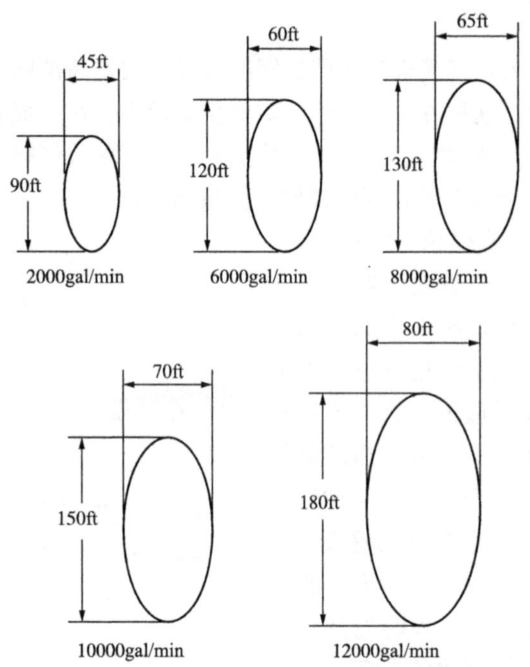

图6-6 不同流量泡沫炮在投放油面所产生的足迹大小尺寸

1gal/min = 0.063L/s，1ft = 0.3148m

不同战术下大流量泡沫炮足迹理论操作方法如图 6-7 所示。

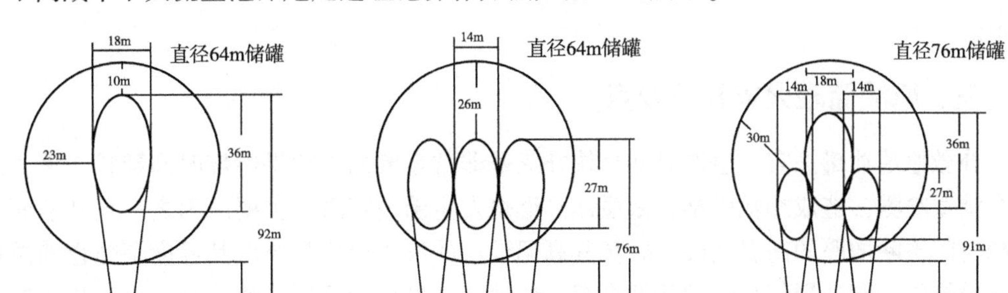

图 6-7　不同战术下大流量泡沫炮足迹理论操作方法

第五节　典型油罐火灾扑救要点及注意事项

一、油品外溢型油罐火灾扑救要点

当燃烧油罐因油罐破裂坍塌，管线破损断裂等原因出现油品外溢，围堰内油罐被流淌火包围，灭火人员难以接近油罐灭火，此时，固定泡沫灭火设备不能使用，应遵循先外后内，先地面流淌火、后储罐内火灾的顺序，实施灭火处置；如有可能应先冷却着火油罐，避免油罐在火焰中进一步破裂和损坏，使更多的油品流出罐外；如果油罐破坏十分严重，无法阻止油品外溢，应集中力量先扑救防火堤内的油火，再扑救油罐火灾，或者同时扑救。扑救防火堤内的油火时，要先集中足够的泡沫枪或泡沫炮，形成包围态势，从防火堤边沿开始喷射泡沫，使泡沫逐渐向中心流动，覆盖整个燃烧液面，后迅速向罐内火灾发起进攻，扑灭罐内火灾。在扑救过程中，应注意油品流淌状况，防止其流出堤外，火灾扩大。必要时应及时加高加固防火堤，提高防火堤的阻油效能。对大面积地面流淌性火灾，应采取围堵防流、分片消灭的灭火方法。

二、多油罐火灾扑救要点

当油罐区有多个油罐同时发生火灾时，应采取全面控制、集中兵力、逐个消灭的办法扑救。组织力量，冷却燃烧的油罐和受到火灾威胁的邻近油罐，尽力控制住火势的发展。尽可能输转油料。当没有足够的力量同时扑灭数个油罐火灾时，可逐个依次扑灭。一般情况下，应先扑灭上风方向的燃烧油罐。当有数个并列的上风油罐时，应先扑灭对邻近油罐威胁较大的油罐。若灭火力量充足，则可在做好灭火充分准备的基础上，集中兵力，对燃烧的油罐发起猛攻。利用未遭损坏的固定式泡沫灭火设备和移动式泡沫灭火设备(如泡沫钩管、泡沫枪、泡沫炮等)和其他器材，分配力量，同时扑灭数个油罐的火灾。在扑救过程中，应注意不能急于求成，禁止在无把握情况下盲目喷射泡沫，在人员、装备、泡沫均不足的条件下去扑救全部燃烧罐，防止出现灭火剂用完，而一个油罐火焰也未扑灭的情况。

三、原油储罐火灾扑救要点

扑救原油油罐火灾，争取时间尽快扑灭是非常重要的。如果燃烧时间延长，重质油品就会沸溢喷溅，造成扑救困难。重质油品燃烧发生沸溢喷溅的主要原因之一是其液面下形成随时间不断增厚的高温油层。破坏其高温油层的形成或冷却降低其温度是防止沸溢喷溅的有效措施。倒油搅拌是一种降低高温油层温度，破坏油品形成热波的条件，从而抑制沸溢的方法。通常采取倒油搅拌的手段主要有：由罐底向上倒油，即在罐内液位较高的情况下，用油泵将油罐下部冷油抽出，然后再由油罐上部注入罐内，进行循环；用油泵从非着火罐内泵出，将与着火罐内油品相同质量的冷油注入着火罐；使用储罐搅拌器搅拌，使冷油层与高温油层融在一起，降低油品表面温度。倒油操作时应注意：由其他油罐向着火罐倒油时，必须选取相同质量的冷油；倒油搅拌前，应判断好冷热油层的厚度及液位的高低，计算好倒油量和时间，防止倒油超量，造成溢流；倒油搅拌时不得将罐底积水注入热油层，以免造成发泡溢流；同时还要对罐壁加强冷却，以加速油品降温，并做好灭火准备，倒油停止时，即刻灭火；当发现火情异常时，应立即停止倒油。

重质油品在燃烧过程中发生喷溅的原因主要是油层下部水垫层汽化膨胀而产生压力。防止沸溢喷溅，还可以从排出罐底的水垫层入手。排水防溅是一种可行方法，即通过油罐底部的排水系统将沉积在罐底的水层排出，消除发生沸溢喷溅的条件。在排水操作前，应估算出水垫层的厚度及需要的排水时间。排水时，应有专人监视排水口，防止排水过量出现跑油。排水可与灭火同时进行。

扑救火灾过程中，要指定专人观察油罐的燃烧情况，判断发生喷溅的时间，保护扑救人员的安全。油罐发生喷溅的时间与罐内重质油品的油层厚度、油品的含水量、油层的热传递速度及液面燃烧速度有关。

根据燃烧油罐外部变化特征，可判断即将出现的沸溢喷溅。重质油罐沸溢喷溅前，会有如下征兆：

（1）发生巨大的声响；

（2）火焰明显增高，火光显著增亮，呈鲜红色或略带黄色；

（3）烟雾由浓变淡、变稀；

（4）罐壁或其上部发生颤动；

（5）罐内出现零星噼啪声或啪啪作响。

在出现这些征兆后，往往持续数秒到数十秒就将会发生沸溢喷溅。

四、油罐火灾扑救注意事项

（1）做好灭火防范措施。在灭火的整个过程中，必须始终把人身安全放在首位。消防人员应着防火隔热服，防止高温和热辐射灼伤或高温昏迷。消防人员还应当佩戴空气呼吸器或正压式氧气呼吸器等安全防护器具，防止吸入有毒烟气。

预先考虑到火场可能出现的各种危险情况，将灭火人员布置在适当位置，既能灭火，又处于比较安全的地方。

扑救具有发生爆炸、沸溢或喷溅危险的油罐时，尽可能使用移动水炮或遥控水炮，固定位置实施冷却，减少前沿阵地人员。覆土油罐上部不能设置水枪阵地，防止蒸发的气体爆炸造成人员伤害。扑救卧罐火灾时，水枪阵地要避开油罐封头，防止卧罐爆炸时从两头冲出伤人。

在确定灭火方案时，应根据当时实际情况，在控制火势的同时，判断灭火的可能性和火灾蔓延的危害性。必要时，可放弃灭火，让其在限制范围内燃烧，把重点放在控制和防止火灾蔓延上，以防造成更多的损失。

（2）合理停车，确保安全。消防车尽量停在上风或侧风方向，与燃烧罐保持一定的安全距离。扑救重质油罐火灾时，消防车头应背向油罐，一旦出现危及生命的状况，可及时撤离。

（3）监视火情，防止危险。设置观察哨，预先确定应急撤退信号和信号传递方式、人员撤离的方向，并落实撤离通道上越过障碍的措施。根据计算可能发生沸溢喷溅的时间，严密注视油罐的燃烧状态，发现异常情况时立即发出撤退信号，一律徒手撤退。

（4）集中优势兵力，一举扑灭火灾。

油罐着火后，必须在火灾初期集中优势兵力，力图快速一举扑灭火灾。因为油品着火预燃期短，燃烧速度快，如不能及时扑灭，扑救会更加困难。例如，重质油罐火灾随着热波厚度增加，当热波触及乳化水层或水垫层时，会引起油爆、喷溅、沸溢现象。

扑救大型油罐火灾，在一般情况下必须按照“一冷却、二准备、三灭火”的程序进行。

根据油罐面积和泡沫的供给强度计算一次灭火需要的泡沫量和泡沫储备量、灭火供水量和冷却供水量，保证在规定灭火的短期内用泡沫将油面完全覆盖，因为泡沫的抗烧时间一般为6min，如果没有集中足够的灭火力量有效地进行灭火，迅速将油面封闭，隔绝火源，而是零星进行扑救，那么火焰将继续燃烧，时间一长，燃烧面积会继续扩大，从而达不到灭火作用。严禁在泡沫和供水量不足的情况下采取灭火行动。

（5）防止复燃复爆。

燃烧油罐经过泡沫扑救，燃烧停止后，为了防止油品复燃，应继续供给泡沫3~5min。此时，必须对油罐内整个已燃烧的油面全部泡沫覆盖，还要继续冷却罐壁，直至油温降到常温为止。

第六节　典型原油储罐火灾的扑救操作流程

一、普通密封圈火灾扑救操作流程

密封圈火灾主要分为两种形式，一种为局部式密封圈火灾，其主要的形式是密封圈非环形、局部式火灾，其燃烧起因主要是雷击起火、表面硫化亚铁自燃着火、油气泄漏静电起火，以及施工意外起火。普通密封圈火灾属于原油储罐的初期火灾，火势较小，比较容易控制处置。

1. 火警受理

当接到火警信息后，调度中心应第一时间确认火灾具体情况，确认密封圈火灾当前燃烧状态，并通知厂区提升消防水压，开启全部消防通道，指派专人前往主干道迎接消防救援车辆。

2. 火警出动

辖区消防队伍在接到火警指令后，迅速发出出动信号，调集充足消防力量，前往火灾现场开展救援工作；此时，主战车辆要依照救援要求依次列队，重型消防泡沫车、举高喷射消防车、大型水罐消防车要依照救援任务有序列队前进，便于进入现场车辆依照作战需要部署阵地。

3. 火情侦察

救援人员到达现场后应立即穿戴好隔热服、空气呼吸器，携带侦检器材对现场进行侦查监测；特别是及时掌握密封圈火灾位置、上下风方向，并迅速制定战术部署救援计划。

4. 战术部署

半圈式密封圈火灾，通常为初期火灾，对储罐体和储存原油影响较小，可采取登罐灭火作战。储罐外重型泡沫消防车向消防竖管投放泡沫混合液灭火剂，战斗人员携带水带和泡沫枪登上罐顶，将水带连接消防竖管后，实施灭火作战。

5. 实战操作

经侦查火灾区域为局部密封圈火灾，战斗人员可采用登罐灭火措施；救援人员将消防车出水口与罐顶消防竖管进水口相连，并向罐顶持续输出泡沫混合液；出 3 名操作人员，佩戴空气呼吸器，着隔热服，携带 2 支泡沫枪、4 盘消防水带登上罐顶，4 盘消防水带分两条支线，一端连接固定消防设施消防竖管分水器，另一端连接泡沫枪；2 盘水带在连接罐顶消防竖管分水器后，在罐壁顶通道向着火的密封圈喷射泡沫液；2 支泡沫枪从密封圈火焰两端相向喷洒泡沫灭火剂，喷洒时要尽量选择上风方向，顶风缓慢向浮盘密封圈内喷洒泡沫液，要确保泡沫液有效形成泡沫覆盖层后，缓慢向前推进，推进过程需注意风向变化，适时调整左右推进速度，否则泡沫层不能形成闭合点。当两端人员快达到泡沫闭合点后，操作人员要再次放慢操作，防止高温回火引起油气复燃。储罐外，要开启水喷淋对储罐外壁进行罐体冷却，消防队伍要利用高喷车重点对浮船与油面结合部层外罐实施不留空白点的强力冷却，防止密封圈油气高温复燃。当现场明火扑灭，操作人员要确保没有复燃可能后，应尽快离开现场，防止硫化氢中毒。

6. 工艺措施

当密封圈火灾发生后，工厂应立即停止储罐罐体加热，并开启固定消防水喷淋对储罐罐体实施冷却；可利用壁挂式泡沫产生器实施灭火。同时，如局部密封圈火灾火焰长度较短，储罐浮盘液面较高，也可采用干粉灭火器实施灭火。

7. 火场供水

局部密封圈火灾，因火势可控，现场应立即启动固定消防设施，确保火势第一时间得到有效控制；主战车辆做好储罐上方泡沫混合液的供给后，车辆连接装置地上消防栓，做到车辆用水的不间断供给。其他车辆依据全段密封圈火灾战斗预案做好战斗部署。

8. 注意事项

消防车辆进入现场后应及时占领上风方向，做好火灾扩大的战斗准备；将大流量泡沫炮，部署至有效投放位置；供水保障车辆和供液车应做好战斗准备；可直接将供水线路提前铺设完毕，做好火势扩大的防范措施；登罐作业人员要做好现场环境的安全确认；多数密封圈火灾主要发生在满罐的外浮顶储罐，所以罐顶环形通道距离密封圈距离较近，便于在储罐上沿消防通道实施灭火，非特殊情况消防救援人员不能轻易到浮盘上实施灭火；当储罐内储油量较少，储罐内空气流通差，或空气紊流对灭火战斗形成严重影响，战斗人员要随时做好撤离准备；固定消防设施壁挂式泡沫产生器要做好随时投用准备；如火势不可控扩大，储罐顶部作战人员要立即撤离，启动壁挂式泡沫产生器。

二、全密封圈火灾扑救操作流程

全密封圈火灾，是在原油储罐火灾发生后，浮盘外围密封圈发生火灾的现象；该类型火灾为密封圈全部起火，对储罐罐壁、浮盘影响较大，若未能得到及时控制，火势会对浮盘、罐壁造成极大影响，极易造成浮盘卡盘，形成全液面火灾、罐壁坍塌等风险。

1. 火警受理

当接到火警信息后，调度中心应第一时间确认火灾具体情况，确认密封圈火灾当前燃烧状态，并通知厂区提升消防水压，开启全部消防通道，指派专人前往主干道迎接消防救援车辆。

2. 火警出动

辖区消防队伍在接到火警指令后，迅速发出出动信号，调集充足消防力量，前往火灾现场开展救援工作；此时，主战车辆要依照救援要求依次列队，重型消防泡沫车、举高喷射消防车、大型水罐消防车要依照救援任务有序列队前进，便于进入现场车辆依照作战需要部署阵地。

3. 火情侦察

查看固定式、半固定式灭火设施是否完好，是否可以登罐设移动炮和泡沫枪阵地，是否需要架设泡沫钩管。油罐的破坏状况，以及邻罐尤其是下风方向油罐受火势威胁情况。判断有无必要提高(注油)和降低液位(导油)，防火堤是否需要加固，查看雨水沟切断阀是否已关闭。

4. 战术部署

开启着火罐水喷淋，对受火灾威胁的罐壁实施冷却；当着火罐液位较高时，利用固定消防设施壁挂式泡沫产生器向储罐内投放泡沫灭火剂；泡沫灭火剂沿罐壁向下流淌，至密封圈位置后逐渐向密封圈两侧扩散；在各壁挂式同步开启投放泡沫后，泡沫液会从罐壁上沿多点均匀投放至密封圈，逐步形成密封圈火焰的均匀覆盖。

在利用壁挂式泡沫产生器实施灭火操作时，泡沫发生器安装在罐壁顶部，泡沫喷射口在罐顶圆周上等角均布，喷射口朝向罐内，泡沫喷射口一般设置在启动灭火系统后，泡沫混合液通过罐壁外侧的消防立管输送到罐顶的泡沫发生器，泡沫经泡沫喷射口喷出后，在导流板的作用下沿罐壁从罐顶流至浮盘的泡沫堰板与罐壁之间的环形空间内，流下的泡沫沿环形空间向两侧自然流动，由多个泡沫喷射口喷出的泡沫在该环形空间内相互汇合，并逐渐在环形空间内形成完整的具有一定厚度的泡沫带。待泡沫带完全淹没密封圈后，泡沫即从密封圈顶部的裂口溢流进入密封圈内部实施灭火。着火罐外围除使用水喷淋实施冷却后，消防车辆应利用移动炮、车载炮、臂架炮对着火罐实施不留空白点冷却。

当着火罐液位低于一半以下时，固定消防设施壁挂式泡沫产生器投放在储罐内的泡沫受辐射热和罐内紊流影响，喷出的泡沫容易被风吹散，泡沫被稀释，造成泡沫的大量损失。针对以上问题，消防救援队伍应在储罐上风或侧上风方向利用高喷车臂架炮向储罐内对侧罐壁投放泡沫液，使泡沫液沿罐壁向下流入密封圈泡沫围堰，用以消灭火灾。

5. 实战操作

消防队伍在接到火灾事故信息后，到达现场车辆应占据上风或侧上风位置，查看着火储罐液位高度；现场部署车载炮、移动炮和臂架炮，对着火罐实施无空白点冷却；开启壁挂式泡沫产生器，查看泡沫产生器灭火效果；如泡沫未能有效落入密封圈围堰着火区域，或火势未能有效压制，消防队伍应结合储罐面积核算灭火供给强度后，从上风或侧上风处高喷车臂架炮，向储罐内投放泡沫液；泡沫液投射要沿罐壁上方投入，喷射至对向罐壁后流入密封圈围堰，实施灭火操作。要发挥移动炮灵活性优点，调整最佳角度和用高喷车举高向着火罐盖缝隙上方的罐壁喷射泡沫灭火。如果液位太低扑救有困难时，可在上风方向距液面 50~80cm 处罐壁上开洞，向罐内喷射泡沫灭火。

6. 工艺措施

当密封圈火灾发生后，工厂应立即停止储罐罐体加热，并开启固定消防水喷淋对储罐罐体实施冷却；同时，开启壁挂式泡沫产生器对储罐内密封圈火焰实施覆盖。若液位较低，可采取注油提高液位的办法。

7. 火场供水

密封圈火灾发生后，现场应立即启动消防控制室水泵，确保现场用水的水量和水压；消防车辆和移动炮可直连固定消火栓；当用水量不足时，可调集远程供水系统，为现场提供供水支持；如附近有天然水源，可以采用串联供水或运水供水；做好现场泡沫补给，可采用供液车对现场实施投放泡沫的高喷车实施泡沫液补给，要确保灭火剂供给的连续不间断，必要时可调集增援力量为现场提供不间断供水。

8. 注意事项

当密封圈火灾液面位置较低，罐壁受热面积进一步加大，易超出泡沫混合液配比水和冷却消防水设计最大值，导致扑救失控。同时，着火罐冷却保护不到位，罐体变形，燃烧液面下降时，易导致浮船单边卡船。油罐会出现外浮顶式和拱顶罐式空间燃烧，固定泡沫灭火系统失去作用。

三、全液面火灾扑救操作流程

全液面火灾是当原油储罐发生火灾后，没有得到有效控制，使火灾进一步发展到储罐上液面全部起火的状态；该状态火势大，火焰温度高，热辐射强，救援难度大，具有灾害扩大风险。该类型火灾罐体固定消防设施几乎难以使用，主要依靠消防队伍救援战术和工艺处置有效配合实施灭火。

1. 火警出动

辖区消防队伍在接到火警指令后，迅速发出出动信号，调集充足消防力量，前往火灾现场开展救援工作；此时，主战车辆要依照救援要求依次列队，重型消防泡沫车、举高喷射消防车、大型水罐消防车要依照救援任务有序列队前进，便于进入现场车辆依照作战需要部署阵地。

2. 火情侦察

全液面火灾侦察人员要对现场风向进行有效侦察，做好战斗展开的预先准备；查看着火油罐的破坏状况，以及邻罐尤其是下风方向油罐受火势威胁情况。查看着火油罐和邻罐的直径、间距、储存油品的种类、数量和液位高度(着火罐液位以上变色，液位以下不变色)。查看重质油品的含水量、水垫层高度，判断是否有沸溢、喷溅的可能，预测沸溢、喷溅发生的时间及可能造成的危害范围。判断有无必要提高(注油)或降低液位(导油)，防火堤是否需要加固，查看雨排水切断阀是否已关闭。

3. 战术部署

原油储罐全液面火灾，首先查看固定消防设施是否还处于可用状态，如依然可用应全部启动；着火罐应利用移动炮实施全包围，实施无空白点全面冷却；周围毗邻罐朝向着火罐一侧要同步实施无空白点冷却；大流量泡沫炮应设置于上风方向，将泡沫液从储罐壁上沿负压位置向储罐内投放，如储罐过大，可采用多门大流量泡沫炮并列的形式，以足迹效应理论向罐内液面进行投放，并保持连续不间断，在油面上形成一个或两个泡沫落点持续向四面扩散，逐渐完成对整个油平面的覆盖，从而达到灭火目的。如火势过大，热辐射过高，周边冷却毗邻罐内可先行在液面投放泡沫实施保护。当大流量泡沫炮数量不够用时，可在上风方向部署多台举高泡沫消防车，以足迹效应理论向储罐内投放泡沫灭火剂，泡沫灭火剂要保持理论动能流动的需要，并做到连续不间断。

4. 实战操作

消防队伍在接到火灾事故信息后，到达现场车辆应占据上风或侧上风位置，查看着火储罐液位高度；消防队伍应以不留空白点的灭火原则，立即展开对着火罐使用移动水炮实施包围。

实施冷却；大流量泡沫炮部署于上风方向，将泡沫液从储罐上沿负压位置投放至着火液面；如储罐过大，一门泡沫炮无法满足流量需要，可同时部署多门泡沫炮或举高喷射消防车共同实施救援；要确保足迹效应充分发挥，泡沫炮的充实水柱要有效落入原油罐着火液面，并在泡沫炮和油面热共同产生的动能条件下使泡沫在着火液面流淌，直至全覆盖；

大型储罐足迹效应存在流动盲点，可利用其他高喷车泡沫炮进行盲点补充。油罐火灾扑灭后，应继续向罐内喷洒一定数量的泡沫，以彻底清除隐藏在各个死角的残火、暗火，不留火险隐患。不仅应在罐内液面上保持泡沫覆盖层，还需对油罐继续冷却降温，直至罐壁温度降到低于油品的自燃点，达到常温，以防油品复燃。

5. 工艺措施

当原油储罐全液面火灾发生后，储罐内原油具有发生沸溢和喷溅风险；同时，全液面火灾发展初期存在浮盘卡盘异位等情况；为延迟沸溢喷溅发生时间，为应急救援争取更多处置时间，首先，可提升罐内油液面，扶正浮盘位置，利用工艺手段减小火势；依此思路，可以向储罐内倒入原油，增加油品液位高度，提升液面热波下移时间，为应急救援争取更多处置时间。其次，对储罐实施底部排水操作；在实施灭火救援过程中，投放储罐内泡沫液所含水和原油内水会大部分下降至储罐底，形成储罐底水垫层；底部排水操作的主要目的是阻止油面热波下移与油罐底部水垫层碰撞造成底部水汽化，推动水垫层上部着火油品涌出发生沸溢喷溅。最后，实施油品输转，如油品液面提升也无法阻止油品热波下降，则可采取储罐间油品输转替换，将其他储罐低温原油向着火罐内输送，着火罐内原油利用工艺措施将其他远距离储油罐导出，实施油品互转，保证着火罐内油品始终处于低温状态。

6. 火场供水

全液面火灾作战时间长，用水量大，消防队伍应将能够使用的用水力量全部投入灭火战斗当中；远程供水应第一时间对火场提供用水保障，要优先保证着火罐使用，确保着火罐冷却水和大流量泡沫炮的使用；增援队伍要做好串联供水或运水供水准备，必要时调集其他区域或外省市救援队伍进行战斗保障；如救援时间过长，原油储罐围堰区水量增大，可调集消防车进行吸水循环使用。

7. 注意事项

实施储罐底部排水的操作人员要做好安全防护，在确保储罐和环境安全条件下方可实施操作；大流量泡沫炮要在上风方向实施操作，充实水柱要在上风罐壁上沿有效投放，确保泡沫供给强度大于理论强度。如果出现受风力、高温等恶劣因素使消防队员无法靠近的情况，应该把重点放在对邻近罐的冷却保护上。在灭火力量不足时，按先上风后下风的原则逐个进行扑救。若力量足够，则可按力量分组同时实施扑救。

消防车应尽量停在上风或侧风方向，并与油罐至少保持 40m 以上的距离，要以能迅速撤离为前提。指定一名素质好、经验丰富的同志负责观察油罐燃烧情况，一旦发现沸溢喷溅征兆，立即发出撤离通知，人员和车辆迅速撤离现场。

一些石油产品在燃烧时会分解出硫化氢等有毒有害物质，消防队员在扑救中，特别是在下风方向灭火时，必须穿戴相应的防毒装备。

对着火罐的冷却要均匀，不能留有空白点，以免造成罐壁温差过大反而导致油罐变形、塌陷。绝不允许把水流打入罐内，以防发生沸溢喷溅。如果力量不够，应优先考虑冷却保护邻近罐。

可以通过罐底的排水装置排除罐底的水垫层，从而防止沸溢喷溅的发生。这样做需要灭火人员冒着极大的危险靠近着火罐的罐底，操作起来有较大的技术难度。

在罐内液位较高的情况下，可采用工艺手段进行倒油，以防止沸溢的发生。倒油操作时，不得将罐底水垫层的水带入热油层，同时还要加强罐壁的水冷却，并做好灭火准备，当发现火情异常时，应立即停止倒油。如油品温度过高，倒向其他油罐会存在风险，一般油罐都有水垫层，如果倒油不慎，就会发生沸溢。

四、全液面火灾+地面流淌火火灾扑救操作流程

全液面火灾+地面流淌火，是当原油储罐发生火灾后，没有得到有效的控制或输油管道爆炸，全液面火灾坍塌、人孔泄漏都会造成储罐+地面流淌火的发生；该状态火势大，火焰温度高，热辐射强，火势覆盖区域广，不可控，救援难度极大，极易造成大面积灾害以及大面积污染，危害极大。该类型火灾极难控制，特别是着火罐、毗邻罐严重受火势威胁，保护难度极大，极易扩展为大面积灾害。

1. 火警出动

辖区消防队伍在接到火警指令后，迅速发出出动信号，调集充足消防力量，前往火灾现场开展救援工作；此时，主战车辆要依照救援要求依次列队，重型消防泡沫车、举高喷射消防车、大型水罐消防车要依照救援任务有序列队前进，便于进入现场车辆依照作战需要部署阵地。如已经发生全液面火灾或伴有地面流淌火，应立即增调辖区队伍所有力量全部赶往现场。

2. 火情侦察

全液面火灾+地面流淌火，侦察人员要对现场风向进行有效侦察，做好战斗展开的预先装备；查看着火油罐的破坏状况，以及毗邻罐受火势威胁情况。查看着火油罐和邻罐的直径、间距、储存油品的种类、数量和液位高度(着火罐液位以上变色，液位以下不变色)。查看着火罐水垫层高度，判断是否有沸溢、喷溅的可能，预测沸溢、喷溅发生的时间及可能造成的危害范围。判断是否有工艺处置的可能，有无必要提高(注油)和降低液位(导油)，防火堤是否需要加固，查看雨排水切断阀是否已关闭。

3. 战术部署

原油储罐全液面火灾，首先查看固定消防设施是否还处于可用状态，如依然可用应全部启动；围堰内如有大面积流淌火，着火罐应利用举高消防车臂架炮，实施全包围无空白点全面冷却；周围毗邻罐如受地面流淌火威胁，要同步实施无空白点冷却；大流量泡沫炮应设置于上风方向，将泡沫从储罐壁上沿负压位置向储罐内投放，如储罐过大，可采用多门大流量泡沫炮并列的形式，以足迹效应理论向罐内液面进行投放，并保持连续不间断，在油面上形成一个或两个泡沫落点持续向四面扩散，逐渐完成对整个油平面的覆盖，从而达到灭火目的；如火势过大，热辐射过高，周边毗邻罐受地面流淌火威胁，冷却举高消防车可同步使用泡沫灭火剂对储罐实施冷却，在冷却的同时可以用罐壁流淌泡沫对围堰内流淌火进行扑救；救援人员因受辐射热影响，可利用泡沫钩管扑救围堰内地面流淌火。当大

流量泡沫炮数量不够用时，可在上风方向部署多台举高泡沫消防车，以足迹效应理论向储罐内投放泡沫灭火剂，泡沫灭火剂要保持理论动能流动的需要，并做到连续不间断。

4. 实战操作

消防队伍在接到火灾事故信息后，到达现场车辆应占据上风或侧上风位置，查看着火储罐液位高度以及地面流淌火形成原因；消防队伍应立即展开对着火罐使用移动水炮实施包围，并以不留空白点的原则实施冷却；大流量泡沫炮部署于上风方向，将泡沫液从储罐上沿负压位置投放至着火液面；如储罐过大，一门泡沫炮无法满足流量需要，可同时部署多门泡沫炮或举高喷射消防车共同实施救援；要确保足迹效应充分发挥，泡沫炮的充实水柱要有效射入原油罐着火液面，并在泡沫炮和油面热共同产生的动能条件下使泡沫在着火液面流淌，直至全覆盖；大型储罐足迹效应存在流动盲点，可利用其他高喷车泡沫炮进行盲点补充。查找地面流淌火形成原因，是否存在泄漏点，并对泄漏点实施封堵；对大面积的油罐流淌火，应迅速组织人员关闭防火堤雨水阀，筑堤拦坝，阻止油品外流，在防止火势蔓延的基础上，对燃烧区域进行穿插分割，四面合围、逐片消灭。储油罐区大面积流淌火热辐射较大，战斗人员可利用泡沫钩管钩放至围堰处，向围堰内释放泡沫实施火灾处置。油罐火灾扑灭后，应继续向罐内喷洒一定数量的泡沫，以彻底清除隐藏在各个死角的残火、暗火，不留火险隐患。不仅在罐内液面上保持泡沫覆盖层，还需对罐壁继续冷却降温，直至罐壁温度降到低于油品的自燃点，达到常温，以防油品复燃。

5. 工艺措施

当原油储罐全液面火灾发生后，储罐内原油具有发生沸溢和喷溅风险；同时，全液面火灾发展初期存在浮盘卡盘异位等情况；为延迟沸溢喷溅发生，争取更多处置时间，首先，可提升罐内油液面，扶正浮盘位置，利用工艺手段减小火势；依此思路，可以向储罐内倒入原油，增加油品液位高度，延缓液面热波下移时间。其次，对储罐实施底部排水操作；在实施灭火救援过程中，投放储罐内泡沫液所含水和原油内水会大部分下降至储罐底，形成储罐底水垫层；底部排水操作的主要目的是阻止油面热波下移与油罐底部水垫层碰撞造成底部水汽化，推动水垫层上部着火油品涌出发生沸溢喷溅。最后，实施油品输转，如油品液面提升也无法阻止油品热波下降，则可采取储罐间油品输转替换，将其他储罐低温原油向着火罐内输送，着火罐内原油利用工艺措施将其他远距离储油罐导出，实施油品互转，保证着火罐内油品始终处于低温状态。

6. 火场供水

全液面火灾作战时间长，用水量大，消防队伍应将能够使用的用水力量全部投入灭火战斗当中；远程供水应第一时间对火场提供用水保障，要优先保证着火罐使用，确保着火罐冷却水和大流量泡沫炮的使用；增援队伍要做好串联供水或运水供水准备，必要时调集其他区域或外省市救援队伍进行战斗保障。

7. 注意事项

实施储罐底部排水的操作人员要做好安全防护，在确保储罐和环境安全条件下方可实施操作；大流量泡沫炮要在上风方向实施操作，充实水柱要在上风罐壁上沿有效投放，确保泡沫供给强度大于理论强度。

如果出现受风力、高温等恶劣因素使消防队员无法靠近的情况，应该把重点放在对邻近罐的冷却保护上。在灭火力量不足时，按先上风后下风的原则逐个进行扑救。若力量足够，则可按力量分组同时实施扑救。

消防车应尽量停在上风或侧风方向，并与油罐至少保持 40m 以上的距离，要以能迅速撤离为前提。指定专人负责观察油罐燃烧情况，发现沸溢喷溅征兆时应立即发出撤离通知，并停水，卸下水带，携带枪炮、分水器等，开车撤离现场。

一些石油产品在燃烧时会分解出硫化氢等有毒有害物质，消防队员在扑救中，特别是在下风方向灭火时，必须穿戴相应的防毒装备。

对着火罐的冷却要均匀，不能留有空白点，以免造成罐壁温差过大反而导致油罐变形、塌陷。绝不允许把水流打入罐内，以防发生沸溢喷溅。如果力量不够，应优先考虑冷却保护邻近罐。

可以通过罐底的排水装置排除罐底的水垫层，从而防止沸溢喷溅的发生。这样做需要灭火人员冒着极大的危险靠近着火罐的罐底，操作起来有较大的技术难度。

在罐内液位较高、油罐温度较高的情况下，可采用工艺手段进行倒油，以防止沸溢的发生。倒油操作时，不得将罐底水垫层的水带入热油层，同时还要加强罐壁的水冷却，并做好灭火准备，当发现火情异常时，应立即停止倒油。如油品温度过高，倒向其他油罐会存在风险，一般油罐都有水垫层，如果倒油不慎，就会发生沸溢。

第七章 原油浮顶储罐火灾扑救应急预案

企业发生火灾事故，应急处置一般分为两个阶段，即企业自救阶段的应急处置和消防救援队伍到场后的处置。因此，企业和消防救援队伍应分别针对自己所开展的应急处置工作编制相应的应急预案。对于大型原油储罐极端情况下的火灾事故，处置的重点和关键在于消防救援队伍的处置，本章以消防救援队伍灭火救援预案为重点进行讲述。

第一节 灭火救援预案概述

一、概念和意义

灭火救援预案是消防队伍为有效完成各类事故中的人员救助、灭火作战、抢险救援和现场监护等现场处置工作任务而制定的行动方案，是实施灭火和救援作业的操作规程，是消防指战员灭火救援的基本遵循和行动规范。

在调查研究的基础上，制定灭火救援预案，对于有效实施计划指挥，提高消防队伍处置各类灾害事故的能力具有十分重要的意义。

按消防队伍的管理层级，灭火救援预案应按支(大)队级和基层大(中)队级分别制定。

二、灭火救援预案的分类

1. 总体预案

灭火救援总体预案是规定消防队伍在各类灭火和应急救援中通用的程序和步骤的预案。灭火救援总体预案可作为各消防队伍灭火救援作业通用操作规程。各级总体预案的正文内容应包括接警、力量调集、出动、集结侦察、制定方案、战斗部署、战斗展开、战斗持续、组织指挥、风险防控、战斗保障等灭火救援过程中的各个环节的内容。

2. 类型预案

典型事故应急处置类型预案是针对不同灾害事故类型制定的，涵盖灭火救援全过程技术方法的预案。典型事故应急处置类型预案涵盖了各类典型事故灭火和应急救援处置关键环节的要点，是消防队伍制定重点单位灭火救援预案和各生产单位制定现场处置预案的根本依据。建立各类典型事故应急处置类型预案，是全面提升应急救援技术水平、规范应急救援实施、推动建立消防队伍与生产单位相融合救援模式的重要措施。

3. 重点单位灭火救援预案

重点单位灭火救援预案是依据总体预案和典型事故应急处置类型预案制定的具体对象的专项预案。应结合本队消防车辆装备和执勤人员配备情况、责任区重点单位的规模和危险性，以及责任区消防队到达重点单位的行车时间等因素，制定本队重点单位灭火救援预案。当两个以上基层队参战时，支(大)队应制定联合作战的重点单位灭火救援预案。消防队伍辖区重点单位灭火救援预案和生产单位应急处置预案制定后，应由责任区消防队与生产单位共同参加预案研讨，确保预案中的措施深度融合、双方人员紧密结合、应急设施高度优化。

4. 现场监护预案

现场监护预案是在关键生产装置的异常状况、紧急抢修、消防水中断、特殊危险动火作业等有可能发生火灾或爆炸事故等情况下制定的专项预案。在举办重大庆典活动及重大集会等发生意外事故可能造成群死群伤和重大社会影响的重大活动也应制定监护预案。

5. 区域联防增援预案

区域联防增援预案是在一定的区域范围内，多支消防队伍建立联防联动，当联防单位发生火灾和泄漏等恶性事故，责任区和附近消防队伍的装备、物资和人力资源满足不了灭火救援需要时的增援预案。消防队伍之间距离不超过 250km、行车时间不超过 5h 的单位，应制定区域联防增援预案。区域联防增援预案至少应包括联防范围、联防任务、信息管理、联防资源统计、联防预警、联防行动、联防保障与补偿等内容。

6. 战斗编成

战斗编成是消防队伍为实现快速进行战斗展开，准确布置消防车阵地和消防枪(炮)阵地而设置的训练操法。通过战斗编成训练，实现各类灭火救援中战斗力量的灵活配置，固化灭火救援初期的车辆和人员分工。设定的战斗编成科目应包括适用范围、火灾模型、编成方法、灭火剂快速计算、训练与考核、研究与探索等内容。战斗编成科目应结合单位的装备配置和人员的变化情况随时进行调整，并在训练中不断完善。

三、灭火救援预案制定应遵循的原则

(1) 全面：在内容上确保灭火救援过程中每一个步骤的全覆盖。

(2) 准确：确保每个步骤的战术措施、实施方法正确，并能够精准实施。

(3) 科学：确保各类战术措施的运用和战斗力量部署能够随时实现动态化调整。

(4) 简洁：确保各类人员的任务简单明了，便于学习，便于记忆。

第二节 编制准备

在开始编制应急预案前，应成立预案编制工作组，并开展现场查看和资料收集、风险评估和应急资源调查等工作。

一、成立预案编制工作组

结合本单位职能和分工，成立以单位有关负责人为组长，单位相关部门人员参加的预案编制工作组，明确工作职责和任务分工，制订工作计划，组织开展预案编制工作。预案编制工作组应有生产单位技术人员参加并提供生产工艺及应急处置相关技术支持。

二、资料收集

预案编制工作组应收集下列相关资料：

(1) 企业周边地质、地形、环境情况及气象、水文、交通资料；

(2) 企业现场功能区划分、建(构)筑物平面布置及安全距离资料；

(3) 企业总平面图及装置设施布局图；

(4) 企业工艺流程、工艺参数、作业条件、设备装置结构、工艺管线走向及风险评估资料；

(5) 企业消防设施情况；

(6) 企业历史事故和隐患、国内外同行业事故资料；

(7) 企业相关负责人和技术专家名单及联系方式；

(8) 企业应急物资配备情况；

(9) 周边可用应急队伍和应急资源情况；

(10) 属地政府及周边企业、单位应急预案。

三、风险评估

根据企业提供的风险评估资料，识别企业重大风险源和风险点，分析关键生产装置事故灾害风险和控制风险的措施。

原油储罐安全风险评估需要考虑以下几个方面。

1. 设计评估

评估储罐的设计是否符合相关的安全标准和规范，包括选用材料是否合适、结构强度是否足够、防雷、防腐蚀等方面。

2. 运行评估

评估储罐的运行是否符合安全要求，包括密封性能是否良好、压力控制是否有效、防火和防爆等措施是否到位。

3. 环境评估

评估储罐在出现事故时可能对周围环境造成的影响，包括泄漏的原油是否对土壤、地下水或周边水体造成污染等。

4. 应急响应评估

评估储罐事故发生时的应急响应能力，包括火灾、保障等应对措施是否足够，是否有规范的应急预案和培训机制。

四、消防救援能力评估

消防救援能力评估是开展灭火救援预案编制的有力依据，灭火救援预案应结合消防救援力量的实际情况，采取救援能力范围内的应对措施，实施科学有效的救援。

1. 企业消防设施情况

包括消防水系统设施情况、消防水储存能力、消防水补给能力、消防水泵配置情况、消防水供给能力、罐体冷却水冷却能力；泡沫灭火系统情况，泡沫灭火剂型号、储量、供给方式、灭火能力；消火栓情况、管网形式、位置、数量、压力、流量等各类消防设施情况。

2. 辖区消防队伍情况

辖区消防队伍位置、行车距离和行车时间、消防装备情况、灭火剂储备情况、救援人员专业能力情况、初期火灾控制能力等。

3. 区域消防救援队伍情况

区域可增援消防队伍情况，数量、位置、行车距离、大概到场时间、消防装备情况、灭火剂储备情况、救援人员专业能力情况、储罐火灾控制及扑救能力等。

4. 消防救援能力评估结论

根据企业消防设施情况、区域消防队伍情况进行综合分析，得出现有消防设施和救援力量具备什么样的灾情控制和扑救能力，不具备什么样的极端情况下的灾情救援能力，为编制灭火救援预案提供科学支撑。

第三节　储罐所在企业应急处置预案

储罐所在企业应编制专项的应急处置预案，并结合实际岗位编制相应岗位的处置措施。下面以某油库1号储油罐火灾应急处置措施作为示例进行阐述。

一、消防岗员工

1. 员工A

按下1号储油罐自动灭火系统控制按钮，监测消防泵运行情况。

风险提示：消防自动灭火系统失灵。

控制措施：员工立即切换手动操作，启运两台冷却水泵、一台消防水泵、1号消防阀室冷却水、消防水电动阀门。

2. 员工B

使用电话通知辖区消防队；

使用应急对讲机汇报调度和油库值班领导；

使用应急对讲机通知装油班对消防水罐进行补水操作和监控水罐液位。

二、油库调度

接到消防岗通知后执行以下措施。

1. 调度员 A

使用电话汇报分公司调度请求上游单位停输；

使用电话汇报分公司调度、油库主任、油库安全生产副主任。

2. 调度员 B

（1）使用应急对讲机通知监控运行 1 班（集控一岗）、监控运行 2 班（集控二岗）紧急停输，关闭输油泵出口阀门；

（2）使用应急对讲机通知监控运行 3 班（罐巡岗）切断事故罐及同组罐收、发油流程；

（3）使用应急对讲机通知监控运行 1 班（集控一岗）启运压风机；

（4）如正在进行栈桥装油作业或收油作业，使用应急对讲机通知监控运行 2 班（集控三岗）停止装油或收油作业，关闭输油泵出口阀门、流量计出口阀门，关闭 3 号阀组间 14-16 号罐进、出口电动阀；

（5）如储罐热油喷洒维温系统处于运行状态，监控运行 1 班、监控运行 2 班需停运热油泵及换热器，关闭热油泵出口阀门、换热器来气、回水阀门。

风险提示：油库调度指令下达错误，导致系统憋压。

控制措施：油库调度严格执行 1 号罐着火应急处置程序下达指令。

三、工艺流程切断

1. 监控运行一班（集控一岗）

一名员工启动集输压风机；

一名员工停运外输泵，在 1 号阀组间关闭 1 号储罐进、出口风动缸。

2. 计量化验班（集输综合计量岗）

待上游采油厂停输后，计量化验班员工关闭取样间上游单位来油阀门。

3. 监控运行 2 班（集控二岗）

两名员工停运外输泵，待上游油库停输后，关闭上游油库来油总阀。

4. 监控运行 2 班（集控三岗）

若 3 号泵房在收油过程中，待前站关闭阀门后，关闭 3 号阀组间储油罐进口电动阀；

若 3 号泵房处于装车过程中，直接停运输油泵，关闭 3 号阀组间储油罐出口电动阀。

四、保卫班

接到通知后执行以下措施：

（1）立即安排守卫岗员工迎接消防车并引导进入现场；

（2）立即组织巡逻岗员工对着火罐附近实施警戒，保障消防通道畅通。

五、油库现场总指挥(值班领导)

接到通知后执行以下措施：

(1) 确认现场情况，继续组织相关岗位员工进行灭火和流程切断；

(2) 消防队到达现场后，油库现场总指挥立即向消防队移交现场指挥权，进行火场交接。

六、油库义务消防队(应急救援小组)

(1) 油库现场总指挥配合消防队开展 1 号储油罐灭火工作；

(2) 配合消防队进行防火堤外消防水龙带与消防栓连接工作；

(3) 工艺流程操作组到达 1 号阀组间、1 号泵房、总外输计量站，等待消防队下一步流程操作准备；

(4) 立即组织其他非操作岗位人员(锅炉岗、变电岗、外输化验岗、集输计量岗)进行疏散；

(5) 对伤员进行救护和监护，等待“120”救援。

第四节　原油浮顶储罐火灾灭火救援类型预案

责任区有大型原油储罐的消防队伍应建立原油浮顶储罐火灾灭火救援类型预案，该类型预案可作为制定重点单位原油浮顶储罐火灾灭火救援预案和各生产单位制定现场处置预案的根本依据，是全面提升原油浮顶储罐火灾急救援技术水平、规范应急救援实施、推动建立消防队伍与生产单位相融合救援模式的重要措施。

类型预案应适用于原油浮顶储罐起火，浮盘发生大面积破坏，固定消防设施不能启动，防火堤内有流淌火的极端情况下事故单位的应急处置。因上述极端情况需要多种条件汇集到一起，因此发生的概率极低，而且一旦发生，地方政府必将启动更高级别的应急预案，调集所在区域全社会力量应对。为此本类型预案从事故企业角度，提出在整个大应急中需要开展或者建议总指挥部开展的工作，为企业在极端情况下有效应对提供参考。

一、工艺处置

火场指挥员与发生火灾单位工艺、设备技术人员在掌握着火罐、生产工艺及储罐存储运行状况后，根据冷却控制、灭火条件的需求，向生产指挥人员提出消防处置的工艺要求。工艺处理过程中，消防人员应提供保护、配合与支持。

(1) 切断进出料管线阀门。

(2) 开启着火罐及毗邻罐的喷淋进行冷却保护，并开启其他相应的固定消防设施。

(3) 关闭雨水排及三级防控系统，避免环境污染。

二、力量调集

(1) 立即调集所在区域所有大型泡沫消防车、举高喷射消防车、大流量移动炮等装备到现场指定位置集结待命。

（2）调集区域内供水装备到现场启动最强的供水保障。

（3）调集供气消防车、泡沫液运输车等应急保障车辆到现场指定位置集结待命。

（4）调集区域内所有志愿消防人员到现场指定位置集结待命。

三、侦察与确认

（1）观察流淌火面积、浮盘的破坏程度，根据观察情况结合干罐壁高度判断燃烧罐坍塌时间。

（2）调集人员排查现场工业污水和雨排水口，采取下水封堵措施防止泄漏的油品向工业污水和雨排水管线流淌。

（3）排查油品大量泄漏后可能流经的范围，排查雨排水进入江河湖海的入口，提前布置围油栏等防止水域污染的措施。

（4）确认与着火罐区相邻的物料泵房、消防泵房、变配电室等相连通的管沟、排水沟、电缆沟等是否彻底切断。

四、现场管控

（1）在首批救援队伍到达现场时，立即启动现场管控机制，设置专人或请求足够力量维持现场秩序，确保各类救援车辆进入现场的道路畅通。

（2）在首批增援力量到达现场之前，应明确增援力量到事故现场之外的指定地点集结，根据现场实际需要和场地情况，由指挥部调集增援装备进入现场有序参战。

五、灭火力量计算

1. 扑救防火堤内流淌火灾所需泡沫量和配置泡沫的用水量计算

（1）泡沫液量计算公式为

$$Q_{混合液}=Q_1St \tag{7-1}$$

式中 $Q_{混合液}$——混合液量，L；

Q_1——混合液供给强度，取值为6.5L/(min·m^2)；

S——流淌火面积，m^2；

t——混合液连续供给时间，取值为30min。

（2）配制泡沫用水量。

按使用6型泡沫计算，公式为

$$供水流量=混合液供给强度\times保护面积\times94\% \tag{7-2}$$

2. 扑救油罐全液面火灾所需泡沫量和配制泡沫的用水量计算

（1）泡沫液量计算公式为

$$Q_{混合液}=Q_2St \tag{7-3}$$

式中 $Q_{混合液}$——泡沫混合液量，L；

Q_2——泡沫混合液供给强度，取值为 12.5L/(min·m^2)；

S——储罐横截面积，m^2；

t——泡沫混合液连续供给时间，取值为 60min。

(2) 配制泡沫用水量。

按使用 6 型泡沫计算，公式为

$$供水流量=混合液供给强度×保护面积×94\% \tag{7-4}$$

根据已经调集到现场备用的泡沫消防车的装载量，确定所需要消防车的数量；根据泡沫灭火的供给强度和喷射器具的流量，确定使用喷射器具的数量。

六、初期处置

(1) 冷却燃烧罐和相邻罐，防止沸溢喷溅和其他罐起火。

(2) 根据计算结果调集相应数量载有同类型号的大型泡沫车，到现场附近的集结地点备用。

(3) 根据附近水源情况合理布设远程供水系统，为最终灭火做准备。

七、扑灭防火堤内火灾

(1) 根据计算，调集一定数量在场外备用的泡沫车，连接相应数量的移动炮，进行防火堤内火灾扑救。

(2) 四周均匀布设移动炮，炮口朝向防火堤，确保泡沫能够喷射到防火堤内侧墙面上。

(3) 铺设水带为泡沫车供水，保证供水强度，确保具备不间断供水的条件。

(4) 上述条件准备完毕后，指挥部下令停止对燃烧罐冷却，或者改用泡沫进行冷却罐壁，防止冷却水喷溅影响泡沫覆盖效果。

(5) 停止冷却水的同时，统一命令所有车辆同时喷射泡沫。

(6) 分工检查泡沫喷射效果，确保泡沫液喷射到防火堤内墙或罐壁，自墙壁或罐壁流下折返形成泡沫覆盖层；分工检查泡沫覆盖效果，调整移动炮的角度，确保泡沫液合拢形成整体覆盖层。

(7) 明火熄灭后，连续供给泡沫 30min，防止复燃。

八、扑救油罐火灾

(1) 防火堤内火灾扑灭后，恢复燃烧罐冷却，更换第二梯次泡沫车进场，进行油罐火灾扑救。

(2) 撤出原来的泡沫车，根据计算结果安排集结待命的泡沫车辆进入现场，停靠上风向或者侧上风向。

(3) 沿油罐四周均匀布设一定数量的移动炮或拖车炮，炮口朝向油罐，确保泡沫能够喷射到罐上。

(4) 铺设水带为泡沫车供水，保证供水强度，确保具备不间断供水条件。

(5) 上述准备工作完成后，指挥部统一命令所有车辆同时喷射泡沫。

(6) 要朝罐内一侧的罐壁上喷射泡沫，使泡沫顺罐壁自动流淌到液面上覆盖火焰，不应直接冲击燃烧的液面。

(7) 分工检查泡沫喷射效果，确保泡沫液喷射到罐壁上；分工检查泡沫覆盖效果，指挥调整移动炮的角度，确保泡沫液合拢形成整体覆盖层。

(8) 明火熄灭后，连续供给泡沫60min，防止复燃。

九、持续做好现场监测

(1) 根据各储罐的储存量，识别着火罐和相邻罐爆炸风险。如果存在爆炸风险，应设置无人操作阵地，并严格控制人员进入警戒区，防止人身伤害。

(2) 通过现场观察和中控室监控，实时监测各储罐温度变化、着火罐或相邻罐变形或倒塌、浮盘破损、沸溢喷溅，以及其他可能造成火势突然扩大的风险，发现险情征兆应提前应对，防止人身伤害。

(3) 在设置阵地时，应充分考虑高温、热辐射、烟气伤害的风险，以及风向突然变化、泄漏突然增大、流淌火沿管沟、地沟、电缆沟蔓延等风险，并明确人身防护和避险措施。

(4) 若需登罐采取灭火救援处置措施，必须对储罐的爆炸风险、储罐坍塌风险、火势突然加大风险、浮盘破坏程度、疏散通道，以及罐顶温度、烟气、有毒物质等因素进行评估，并采取有效保护措施情况下方可实施。

(5) 明火扑灭后，应立即撤出近距离作战人员，防止油气挥发被炽热表面或火花或静电引燃发生复燃或爆炸造成人员伤害。

(6) 采用泡沫灭火时，明火熄灭但未达到泡沫液连续供给时间之前，严禁贸然进入现场采取进一步行动，防止因持续供给时间不够导致复燃，引发救援人员伤害的风险。

(7) 明火熄灭后，应进一步做好呼吸防护，有效防范有毒有害物质进一步挥发造成前沿救援人员中毒或其他伤害的风险。

(8) 为确保紧急避险命令能够及时传达到所有参战人员，应确定紧急避险信号，保障人员能够及时撤离，同时要确定紧急集结点，对撤离人员进行清点，确保不漏掉一人。

第五节　重点部位灭火救援预案

消防队伍应结合责任区实际情况，对重点企业的储罐分别制定具体的灭火救援预案。重点部位预案应结合灭火救援总体预案和该部位相应的类型预案进行编制。

重点部位灭火救援预案主要内容包括：灾情假设、接警调度、集结侦察、战术确定、战斗展开、战术调整、战斗结束、注意事项等，火场指挥、火场通信、战勤保障等通用性内容已在灭火救援总体预案中编制，在重点部位预案中将不再体现。

一、灾情假设

按照消防队伍传统灭火救援预案的模式，一般采取假设具体灾情的方式进行灾情设定，但此种方法对于火场指导和培训演练都有较强局限性。灾情设定也可以考虑采取火灾风险识别方式，分析出不同类型的火灾事故，并针对不同的火灾事故采取不同的处置措施。

1. 火灾风险分析

根据储罐的类型、结构、介质性质及相关联设备设施等综合情况，评估并分析可能发生的火灾事故类型，并按不同类别情况逐类列出。例如：

（1）储罐浮船边缘环状区域密封圈发生局部或全部着火，浮盘溢油着火；

（2）储罐发生油品溢流火灾，消防堤内形成地面流淌火；

（3）储罐浮船倾覆，形成油罐敞开式全液面燃烧；

（4）阀室阀门或相连接工艺管线泄漏着火。

采取此种方式列举火灾风险，预案中应分别针对不同火灾风险采取相应的处置措施。

2. 假设灾情

根据最不利情况假设储罐发生极端情况下的火灾事故，并具体描述气象情况，是否有人员被困，消防设施完好等具体情况。

例如，某油库 1 号 $5\times10^4m^3$ 原油储罐因雷击，浮船边缘环状区域引起火灾，长时间燃烧导致浮船变形倾覆，形成油罐敞开式燃烧，无地面流淌火；无人员受伤或被困；固定泡沫灭火系统故障，消防水系统完好；西北风 3 级，气温 20℃。

采取此种方式假设灾情，预案中应针对该灾情采取相应的处置措施。

二、接警调度

1. 接警

接警人员询问发生火灾或其他灾害事故的种类、危险程度、起火时间、有无人员被困或受伤、发生灾害事故的单位名称、详细地址、报警人姓名、联系电话等信息，同时启动录音计时设备。

根据火警种类发出出动信号，向当班指挥员报告，企业专职消防队应向公司生产总调度室报告。

2. 力量调集

（1）根据接警初步掌握的火情情况进行力量调集；

（2）责任区队立即出动全部执勤力量或原油储罐出动编成力量；

（3）根据现场灾害类别、波及范围、区域、部位、伤亡等情况，调集周边增援力量出动增援；

（4）通知支(大)队指挥部出动到场指挥。

三、力量集结

（1）消防队到达火场后，消防车辆应选择接近火场的安全地点停车集结，到场指挥员应带领侦察小组开展火情侦察。

（2）企业现场总指挥应立即向消防队到场指挥员移交指挥权，并进行现场情况交接。

四、火情侦察

火场指挥员应在确保侦察人员安全的前提下，立即组织火场侦察，第一时间了解火场信息。通过外部观察、询问知情人、仪器检测等方法，迅速、准确、有针对性地查明火灾现场各方面的情况。火场侦察应贯穿灭火救援行动的全过程。

1. 侦察的主要内容

（1）火场内有无需要搜救的被困或遇险人员，人员所在位置、数量，救援的途径及安全性；

（2）着火罐的位置、类型、容积、直径、液位及物料；

（3）物料性质、燃烧范围和火势蔓延的主要方向；

（4）着火点的位置、燃烧形式，罐顶、密封圈、呼吸阀、罐底部等情况，储罐是否破裂；

（5）是否有流淌液体火灾，防火堤阻油设施的完好情况；

（6）着火罐固定式冷却及灭火设施的完好情况、投用情况；

（7）着火罐的水垫层情况，有无发生沸溢喷溅的可能，发生沸溢喷溅的后果；

（8）罐区消防水源、消防水压力、消防道路情况及场地是否满足车辆停放要求；

（9）相邻罐的基本情况，包括类型、容积、物料、液位、温度、压力、水垫层、收付油情况及与着火罐的距离；

（10）工艺流程完好情况及已采取的工艺处理措施情况，有无必要采取降低或提高油品液位、关闭阀门等措施以及相关联装置采取的工艺措施情况；

（11）有无爆炸、毒害、腐蚀、放射性、遇水燃烧等物质及其数量、存在方式、具体位置；

（12）储罐是否有坍塌的危险；

（13）罐区含油污水、消防污水的排放情况；

（14）公用工程的完好情况。

2. 不同阶段的侦察内容

1）初步侦察内容

（1）有无人员被困或受伤；

（2）着火罐的位置、类型、容积、直径、液位及物料性质等情况；

（3）着火点的位置，罐顶、密封圈、呼吸阀、罐底部等情况，储罐是否破裂；

（4）火势大小及蔓延方向；

(5) 沸溢性油品储罐水垫层高度，有无发生沸溢喷溅的可能，发生沸溢喷溅的后果；

(6) 固定消防设施的完好及投用情况；

(7) 初步工艺处理情况；

(8) 相邻罐的基本情况；

(9) 是否需要工程抢险；

(10) 不同类型储罐的特殊侦察内容。

① 固定顶储罐：罐顶、罐底是否有弱焊缝，罐体受热变化情况。

② 内浮顶罐：浮盘的材质(钢制浮盘、易熔材料浮盘)，罐盖、罐体、通风口变化情况。

③ 外浮顶储罐：密封的结构(一次密封、二次密封)，泡沫挡板、浮盘、罐体变化情况。

2) 反复侦察内容

当初步侦察结束后，为了进一步确认已采取的灭火救援措施的效果，以及整个灭火救援行动过程，需要进行反复侦察。

(1) 被困人员的营救情况；

(2) 火势的发展变化情况；

(3) 储罐干罐壁温度变化情况；

(4) 沸溢性油品储罐热波传递情况；

(5) 现场警戒及人员、物资疏散情况；

(6) 工艺措施及实施效果；

(7) 工程抢险及实施效果；

(8) 火场保障是否满足灭火救援要求；

(9) 火场照明是否满足灭火救援要求；

(10) 若有毒物质泄漏，罐区周围大气中的有毒气体含量是否超标，消防人员的个体防护是否满足要求；

(11) 若可燃气体泄漏，罐区周围大气中的可燃气体含量是否达到爆炸下限的 10%，有无爆炸危险，泄漏扩散的方向是否有明火，现场作业人员使用的救援工具是否防爆；

(12) 罐区含油污水、消防污水排放情况；

(13) 火场侦察组应准确及时地将上述侦察信息报告火场指挥部，以便为进一步决策提供可靠依据。

3) 特殊阶段侦察内容

(1) 冷却保护后的侦察。

① 着火罐和相邻罐冷却水覆盖效果及储罐表面温度变化情况；

② 罐内温度和压力的变化情况，是否有爆炸、沸溢的征兆；

③ 承重钢结构耐火保护层的完好情况，冷却保护情况，有无变形或坍塌的征兆。

(2) 施放灭火剂后的侦察。

① 喷雾水对火势的控制、抑制情况；

② 泡沫的覆盖效果、火势变化情况；

③ 干粉的覆盖效果、火势变化情况；

④ 火焰、烟雾变化情况；

⑤ 着火罐、相邻罐表面温度及介质温度变化情况。

(3) 气象条件变化后的侦察。

① 风力突然加大后火势的变化情况，人员站位、车辆布置是否满足灭火要求，是否对人员和车辆构成威胁；

② 风向突然改变后火势蔓延方向的变化情况，人员站位、车辆布置是否满足灭火要求，是否对人员和车辆构成威胁；

③ 雷雨天气时，时刻注意雷击对灭火救援与人员的影响。

(4) 灭火条件发生重大变化时的侦察。

① 罐顶局部出现坍塌时；

② 设备、管线爆裂时；

③ 沸溢性油品储罐出现沸溢和喷溅时；

④ 内浮顶罐、外浮顶罐浮船沉没时；

⑤ 毗邻设备或管线突然爆炸时；

⑥ 危及毗邻装置、全厂性公用工程管廊、邻近储罐、周边公共安全时。

(5) 战术调整后的侦察。

调整后战术的有效性，如火势的控制情况、冷却保护的效果等。

五、战术确定

在火灾扑救中，应按照"救人第一"和"先控制、后消灭，集中兵力、准确迅速，攻防并举、固移结合"的作战原则，科学有序地开展火灾扑救行动。

针对不同灾情应选择不同的战术措施。

1. 防火堤内流淌液体火灾

扑救地面流淌火，堵截火势蔓延。

2. 密封圈(浮盘)局部火灾

采取登罐灭火；大面积密封圈火灾或登罐位置不安全时，应采取举高车切线射流压制灭火；半固定设施完好时，应首先选择连接半固定泡沫灭火系统接口，利用半固定设施灭火。

3. 罐顶全液面火灾

对着火罐和受火势威胁的相邻装置实施全面冷却，备足力量，总攻灭火。

六、战斗展开

1. 准备展开

消防人员到达火场后，若无法从外部看到燃烧特征，在进行火场侦察的同时，做好战斗展开的准备。

(1) 第一出动车辆停在接近火场的位置，班长、战斗员、驾驶员做好准备。根据接警情况，结合风向，确定进攻路线，并保持通信畅通。

(2) 其他增援的消防车停靠在集结位置，班长、战斗员、驾驶员做好准备。

(3) 干粉、照明等特种消防车辆，按规定的操作程序做好战斗准备。

2. 预先展开

(1) 指挥人员根据火场侦察结果在确定使用水源、供水方式、停车位置和进攻路线的情况下，下达预先展开命令，车辆进入精确阵地。

(2) 根据火点位置，指挥员下令所采取的作战方式，战斗员、驾驶员各司其职，做好战斗准备，同时完成消防车供水任务。

3. 全面展开

1) 辖区队作战任务

以车组为单位，分别部署每个作战单元的阵地位置和作战任务。具体车辆人员的详细任务分工应与本单位战斗编成结合。

2) 增援队作战任务

以队伍为单位，分别部署每个作战单位的阵地位置和作战任务。

3) 总攻灭火

准确描述具备什么样的条件下，由哪些队伍的哪些力量作为主攻力量，执行什么样的任务，在什么时机开始总攻灭火。

七、战术调整

1. 基本原则

火场指挥员根据火势发展、灭火进展以及气象、工艺变化等因素，适时或不断进行战术和力量调整，并对灭火救援效果进行评估，经请示指挥部后下达新的命令。

2. 具体时机和要求

(1) 当风向风力变化时，应调整到上风或侧风方向。

(2) 当燃烧范围变化时，应立即对着火区域进行控制，并适时组织力量扑救。

(3) 当储罐出现坍塌征兆时，应立即下令使受威胁人员、车辆撤离危险地带，重新布阵，再进行灭火救援。

(4) 当着火罐泄漏突然增大致使火势扩大时，可抽调现场增援，如不能满足要求，应立即抽调备用力量增援，并扩大警戒范围。

(5) 当着火罐出现发生沸溢喷溅的征兆时，应立即下令紧急避险。

(6) 当消防水供给不足时，应一方面协调加大供水，另一方面撤下部分力量，以保证主攻用水。

八、战斗结束

当确认火势完全扑灭，火灾现场没有人员被困、没有复燃、复爆可能时，宣布战斗结束。

（1）全面检查火场，彻底消灭残火。

① 检查明火是否完全熄灭，检查过程包括处理残余物料并防止二次点燃。

② 用喷雾水清扫现场管道、低洼处、下水系统等，确保不留残液。

③ 对于挥发性物料，泡沫覆盖层必须保留到残余物料安全转移为止。

④ 灭火任务完全结束前必须有专职消防员警戒并保留一定的灭火装备。

（2）根据需要对人员、车辆、装备和环境进行洗消。

（3）将火场用过的水源恢复正常状态。

（4）集合队伍，清点人员、器材装备。

（5）撤除警戒，做好移交，安全撤离。

（6）归队途中，应按出动队列原路返回，并与消防指挥中心保持通信联络。

（7）恢复执勤状态。

九、注意事项

（1）车辆阵地选择应注意的事项。

（2）人员防护应注意的事项。

（3）灭火进攻应注意的问题。

（4）疏散救人、排烟、破拆等应注意的问题。

（5）储罐冷却应注意的事项。

（6）火场供水应注意的问题。

（7）登罐灭火应注意的事项。

（8）总攻灭火应注意的事项。

（9）紧急避险应注意的事项。

（10）其他需要特别警示的事项。

十、重点部位灭火救援预案示例

责任区消防队应依据企业典型事故应急救援灭火救援类型预案，结合本队车辆和人员配备情况、责任区重点单位的规模和危险性，以及责任区消防队到达重点单位的行车时间等因素，制定本队重点单位灭火救援预案。

重点单位具体部位的灭火救援预案中与灭火救援总体预案相重复的部分可省略，简化流程，突出重点。下面以某企业油库 1 号 $5\times10^4m^3$ 浮顶原油储罐火灾事故灭火救援预案主体内容为例，仅供参考。

1. 火灾风险（灾情设定）

（1）储罐浮船边缘环状区域密封圈发生局部或全部着火；

（2）储罐发生油品溢流火灾，消防堤内形成地面流淌火；

（3）储罐浮船倾覆，形成油罐敞开式全液面燃烧。

2. 力量调派

辖区消防队全部执勤力量；增援队消防14队、消防10队、消防7队、特勤大队。

3. 集结侦察

（1）集结地点：库区西南角场地。

（2）现场交接：油库现场总指挥立即向消防队到场指挥员移交指挥权，并进行现场情况交接。

（3）重点侦察内容：

① 观察火焰、烟雾变化情况，观察判断燃烧范围及蔓延的主要方向；

② 观察流淌火面积、浮盘的破坏程度，根据观察情况结合干罐壁高度判断燃烧罐坍塌时间；

③ 检测着火油罐和受火势威胁的相邻油罐温度变化情况；

④ 确认与着火罐区相邻的物料泵房、消防泵房、变配电室等相连通的管沟、排水沟、电缆沟等是否彻底切断；

⑤ 了解工艺措施采取情况；

⑥ 观察风向、风力等气象情况。

4. 战术确定

（1）密封圈局部火灾：采取登罐灭火；大面积密封圈火灾或登罐位置不安全时，应采取举高车切线射流压制灭火；半固定设施完好时，应首先选择连接半固定泡沫灭火系统接口，利用半固定设施灭火。

（2）消防堤内流淌火灾：扑救地面流淌火，堵截火势蔓延。

（3）全液面火灾：对着火罐和受火势威胁的相邻装置实施全面冷却，备足力量，总攻灭火。

5. 战斗展开

1）密封圈火灾

辖区消防队109车，连接消防竖管供给泡沫液，208车为其供水；战斗小组登罐顶，连接消防竖管，采用泡沫枪编成，出2支泡沫枪灭火。

2）消防堤内流淌火灾

辖区消防队104车，出车载炮压制火势，消灭地面流淌火；火势压制后，改用泡沫枪编成，出1支泡沫枪堵截火势，消灭地面流淌火，206车为其供水；109车，采用泡沫枪编成，出2支泡沫枪堵截火势，消灭地面流淌火，208车为其供水。

3）全液面火灾

辖区消防队：104车、109车采用移动炮编成，分别出1门和2门移动炮，从南侧冷却邻近2号储罐受火面罐壁，208车、206车为主战车供水。

消防14队：为南三消防队供水，配合对毗邻储罐冷却。

消防10队：为现场主战消防车供水。

消防7队：为现场主战消防车供水。

特勤大队：利用3台大流量泡沫消防车采用车载炮编成，出车载炮总攻灭火；利用远程供水系统，以库区东南角水池为水源，为现场大流量泡沫消防车提供消防水；泡沫原液供给车为主战泡沫车输送泡沫液。

6. 战斗持续

1）根据火情及气象条件变化不断调整完善战斗方案

（1）若着火油罐和受火势威胁的相邻油罐温度呈上升趋势，应组织后续力量加大冷却水量。

（2）若火焰颜色发生变化，着火油罐或受火势威胁油罐出现剧烈抖动的危险前兆，应组织作战人员到集结地点进行紧急避险；紧急避险应立即按预先确定并落实的避险信号和路线紧急避险；避险信号由库区保卫岗操作开启防空警报。

（3）若风向风力发生变化，应及时调整车辆和人员的作战位置。

2）根据灭火抢险需要，适时采取应急工艺措施

根据灭火抢险需要，需采取向着火罐注入同质冷油的措施时，由库区集控一岗通过1号阀组间流程切换，打开DN400mm连通阀，关闭总外输出口阀，关闭2号、3号、4号进口风动阀门，关闭1号罐出口风动阀，启运外输泵，以最大排量转输油。输送1h后，储罐液位升高约0.71m。

根据灭火抢险需要，需采取向外输转罐内原油的措施时，由库区集控一岗通过1号阀组间流程切换，关闭2号、3号、4号罐出口风动阀门，启运外输泵。输送1h后，液位降低约0.71m。

7. 注意事项

（1）消防车选择上风或侧上风、上无管廊、下无阴井管沟的位置靠右侧停放，保持应急避险道路畅通；应避开路口、主要通道、远程供水干线和阵地，为后续车辆提供进出通道。

（2）作战人员应按要求穿戴个人防护用品，从上风或侧上风方向进入阵地，有效利用现场的各类掩体。

（3）冷却时，应采用扫射的方式将冷却水最大限度地施放在着火罐液位上方的暴露罐壁上，并射至罐壁上沿，严禁冷却水进入罐内。

（4）登罐灭火应在罐顶梯口处未被火焰威胁的情况下实施。

（5）扑救全液面火灾，总攻力量未备足之前，不能向罐内喷射灭火剂。

（6）紧急避险后，应立即清点现场人员，确认是否有受伤或被困人员。

（7）着火罐火势被扑灭后，应继续对罐壁冷却，直到罐体温度正常。

第六节　支持内容和附件

灭火救援预案除以灭火救援行动为主要的内容外，还应附加相应的支持性内容，用以补充说明相关内容，提供数据和图纸等相应内容支持。

一、重点部位简介

该部分对企业重点部位情况详细描述，包括储罐类型、容积、直径、高度、周长、截面积、日常储量、介质理化性质、周围毗邻情况、消防道路、消防设施情况等，可附带相应的照片、图示等内容。

二、生产工艺流程

对储罐及相关联设备设施的生产工艺流程进行描述，并配以工艺流程图补充说明。

三、重点部位地理位置图

以地图形式绘制出重点部位的地理位置，并标明主要道路、消防水源、应急队伍位置、周边毗邻等情况。

示例：某油库地理位置示意图(图 7-1)。

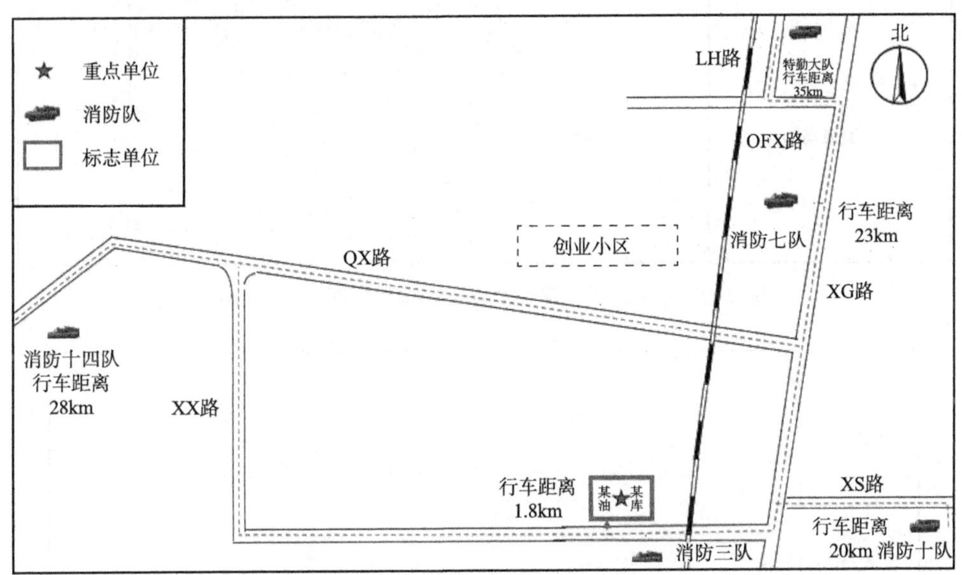

图 7-1 某油库地理位置示意图

四、逃生路线及重点部位位置图

以示意图的形式绘制出重点部位的总平面图，标明重点部位的位置、消防设施分布位置、逃生路线等相关信息。

示例：某油库逃生路线及重点部位位置图(总平面图)(图 7-2)。

五、灭火力量部署图

对战斗开展内容的图示化说明，可根据当地常年主导风向或多风向分别部署不同情况下的消防力量布置。

示例：某油库2号储罐全液面火灾总攻灭火力量部署图(偏东风)(图7-3)。

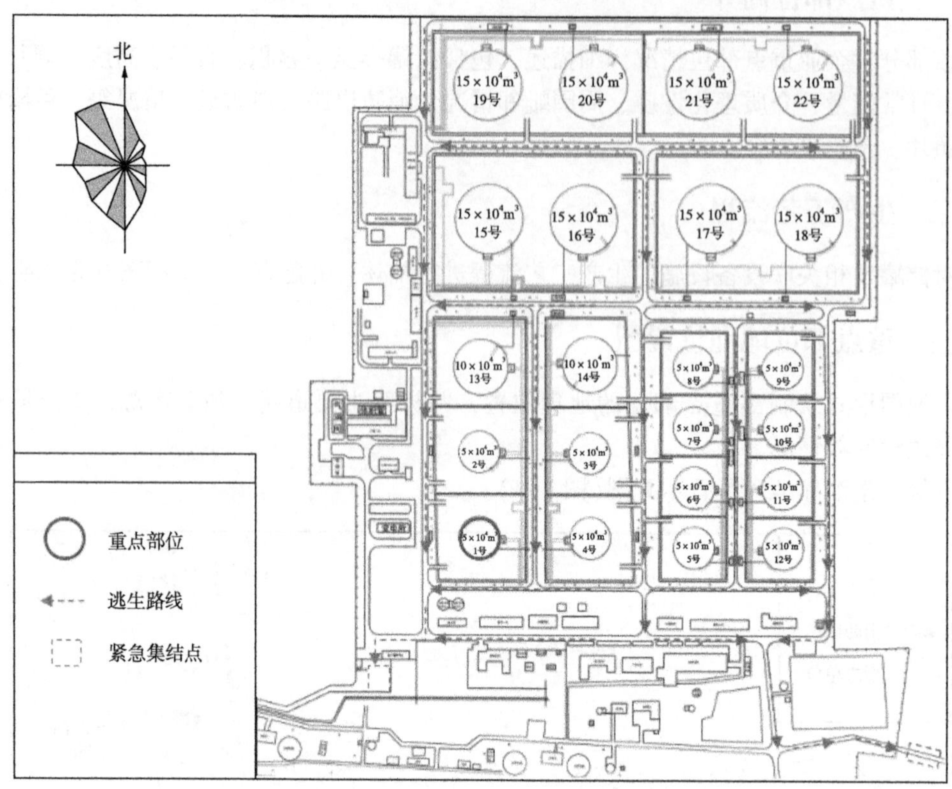

图7-2　某油库逃生路线及重点部位位置图(总平面图)

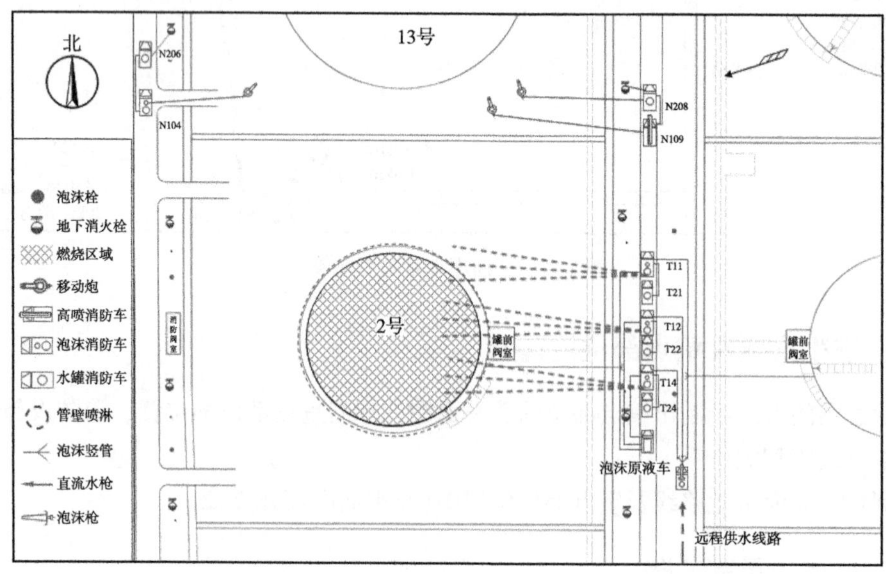

图7-3　某油库2号储罐全液面火灾总攻灭火力量部署图(偏东风)

N109、N104、N206、N209、T11、T21、T12、T22、T14、T24均为消防车编号

六、消防作战任务分配表

以图表的方式进一步说明参战消防车的具体停车位置和任务，描述每名参战人员的具体任务和防护装备要求。

示例：辖区队作战任务分工(表 7-1)。

表 7-1 任务分工

队伍	号员	密封圈火灾		
		防护要求	使用/携带器材	任务分工
辖区消防队	正班 1 号员	隔热服	1 支 PQ16 泡沫枪、1 盘 65 水带	登罐，从消防竖管出 1 支泡沫枪，堵截消灭密封圈火灾
	正班 2 号员	隔热服	2 盘 65 水带	登罐，配合 1 号员消灭密封圈火灾
	正班 3 号员	战斗服	2 盘 80 水带	设置水带干线，连接 109 车与消防竖管，为罐顶灭火提供灭火剂
	正班 4 号员	战斗服		监护水带干线，协助供水
	副班 1 号员	隔热服	1 支 PQ16 泡沫枪、1 盘 65 水带	登罐，从消防竖管出 1 支泡沫枪，堵截消灭密封圈火灾
	副班 2 号员	隔热服	2 盘 65 水带	登罐，配合 1 号员消灭密封圈火灾
	副班 3 号员	战斗服	1 盘 80 水带	连接 109 车和 208 车供水干线，为主战车供水
	副班 4 号员	战斗服		监护水带干线，协助供水

七、灭火剂用量核算

对不同灾情应分别计算灭火剂和消防水的用量。具体计算方法参考类型预案中灭火力量计算内容。

应根据现场消防水供给能力，确定消防供水方案。

八、消防救援力量明细表

通过列表方式明确消防救援力量情况。

九、生产单位应急装备及物资一览表

列表说明企业应急物资情况。

十、生产单位主要联系方式

列表说明企业主要人员及联系方式。

第七节　储罐火灾灭火战斗编成

战斗编成是消防队伍为实现快速进行战斗展开，准确布置消防车阵地和消防枪(炮)阵地而设置的训练操法。在灭火救援预案中，战斗展开的内容一般是对参战力量的阵地位置、作战任务等方面的具体安排，但由于篇幅限制，战斗展开内容无法具体到每名参战人员，在具体实施时存在脱节的问题，因此，针对不同类型的灾情应编制相应的战斗编成，通过战斗编成训练，实现各类灭火救援中战斗力量的灵活配置。同时，在具体预案的战斗展开内容中，也可直接将战斗编成带入其中。以下内容为储罐火灾灭火战斗编成的参考模板。

一、目的与适用范围

本编成在基本编成的基础上，明确了车辆任务的选择方法，固化了每车人员的任务分工，其目的是通过本编成的训练，在遇有火灾时，车辆能快速就位，人员能快速展开，达到消防人员、装备和外部环境的最优化结合，以最快的时间科学合理地开启固定消防设施，设置车载炮和移动炮，设置泡沫枪，有效实施冷却与灭火。

本编成适用于石油石化单位储存可燃液体的罐区、液体类露天生产装置突发性较大火灾时，需要使用大量消防水快速进行冷却并同时使用泡沫进行灭火的战斗。

1. 基本火灾模型

类型：原油罐区。

储量：假设罐区有2座5000m^{3}油罐，储罐形式为外浮顶储罐，总储量10000m^3。

灾情：假设1号罐浮顶遭受雷击，引发浮顶局部火灾，风向为西南风。

消防设施：罐区为环形道路，消火栓沿道路布置，距离为60m，设有固定消防水炮，消防供水为稳高压，供水压力大于7MPa，水量为450L/s。

2. 战术意图和扑救方法

根据侦察得知，扑救该储罐火灾本队一出动力量明显不足。为此，一出动到场后，应该对着火罐和相邻罐进行全面冷却，防止火势进一步扩大，同时用泡沫枪扑救防火堤内的流淌火灾。待增援队到场后，使用现场的半固定消防设施一举扑灭储罐内的火灾。战斗展开时为增援队留出停车位置，留出供其使用的消火栓。

3. 确定冷却重点

根据侦察确定，在储罐液位相同的情况下，重点为着火罐、下风相邻罐、侧下风相邻罐、侧风向相邻罐，上风向相邻罐。若相邻罐中有液位较低的，则该罐应为冷却的重中之重。

二、编成方法

1. 所需力量

消防车 5 台：一号车为中型水罐消防车(8t 水)、二号车为多功能水罐泡沫消防车(8t 水)、三号车为多功能水罐泡沫消防车(8t 水)、四号车为重型水罐消防车(14t 水)、五号车为干粉—水联用消防车(6t 水、3t 干粉)。

执勤人员 21 人：基层队执勤队长 1 人、驾驶员 5 人(每车 1 人)、战斗员 14 人(联用车 2 人，其他车 3 人)、通信员 1 人。

2. 车辆分工

一、四号车用车载炮冷却罐壁；二、三号车各出两支泡沫枪扑救流淌火灾。

3. 停靠方法

一、四、五号车在上风向停靠，给一、四号车留出使用车载炮进攻的最佳作战的位置；三、四号车停靠在西侧风向的便于供水和布置泡沫枪的位置。

4. 人员分工

一号车 1 号员用车载炮从西南方向冷却 2 号罐罐顶部和上部干罐壁部分，防止温度上升发生爆炸；2 号员操作固定炮从东南方向冷却着火罐罐顶部和上部干罐壁部分，防止顶部及上部金属构件坍塌造成火势扩大；3 号员、4 号员从稍远点消火栓接双干线为 1 号车供水。

二号车、三号车分别按泡沫基本编成出两支泡沫枪，从不同角度向南侧、西侧、北侧防火堤喷射泡沫，并不断调整泡沫枪喷射角度，使产生的泡沫液能均匀分布，并向同一方向流淌，以便于尽快扑灭流淌火灾。

四号车出车载炮冷却着火罐，2 号员、3 号员从消火栓接移动炮从西北方向冷却着火罐罐顶部和上部干罐壁部分，防止顶部及上部金属构件坍塌造成火势扩大，4 号员操作车辆。

五号车 1 号员操作北侧消防炮，从东北方向冷却着火罐，防止顶部及上部金属构件坍塌造成火势扩大；2 号员、3 号员从消火栓接移动炮从西北侧冷却 2 号罐顶部和上部干罐壁部分，防止温度上升发生爆炸。

分别留出半固定泡沫接口处的位置和消火栓，待增援的 4 台泡沫车到场后，同时进攻进行储罐灭火。

作战力量布置如图 7-4 所示。

5. 任务优化

(1) 固定喷淋设施开启后，可根据实际情况减少或停止目标的移动冷却设施；

(2) 根据冷却目标的实际情况，若温度得到有效控制，可适当减少冷却量。

6. 任务拓展

本编成是以可燃液体储罐火灾为模型编制的，但也适用于露天装置区发生可燃液体泄漏着火等情况，在训练中应在保持各车的基本任务不变、各类人员的任务基本不变的情况下，根据现场的实际情况，随时变换进攻目标，进攻目标变换后，停车位置、使用的固定

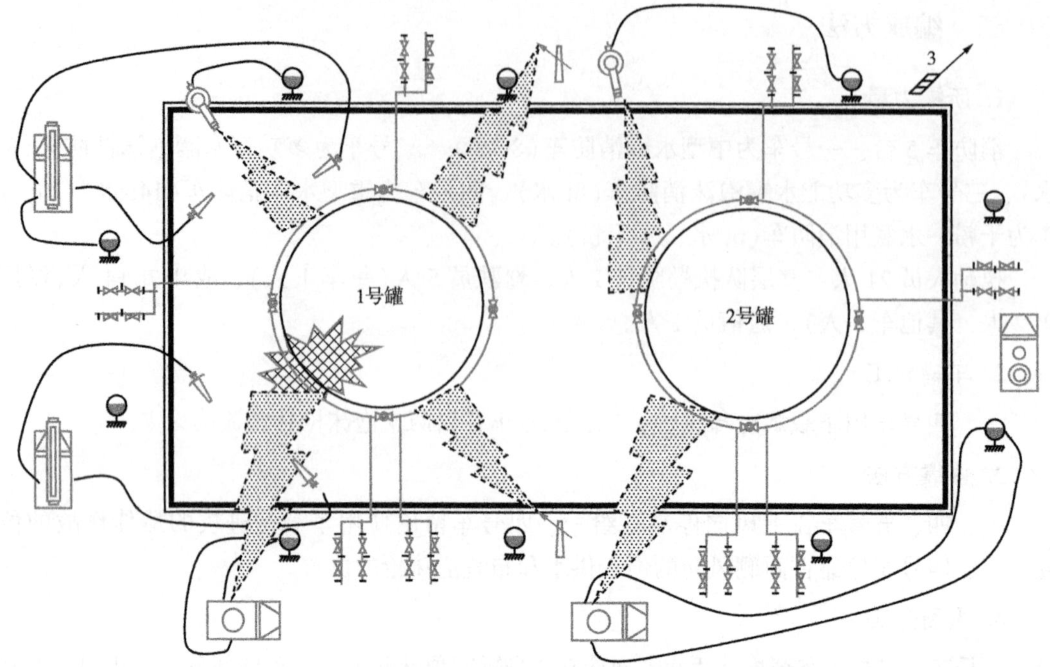

图 7-4　车载炮、移动炮、泡沫枪编成示意图

设施和水源等即发生变化，通过这样的训练，使受训车辆和人员在各种情况下都找准位置，明确并能顺利完成任务。

因一出动力量不足，本方案为不完整的作战方案。方案中只给出一出动力量的作战方法，同时为增援力量留出了作战的位置。增援队到场后应如何组织灭火，不在本编成范围之内。

三、灭火剂快速核算

1. 冷却强度核算

按表 7-2 查得，浮顶着火罐移动装备冷却水量不应低于 0. 45L/(s · m)，相邻罐不应低于 0. 35L/(s · m)。从表 7-3 查得，5000m³ 浮顶罐的周长为 72m，为此着火罐和相邻罐分别需要冷却水量为：

着火罐：0. 45L/(s · m)×72m＝32. 4L/s

相邻罐：0. 35L/(s · m)×72m÷2＝12. 8L/s

表 7-2　移动式喷射器具对各类储罐的冷却能力参考表

储罐形式			供给范围	冷却水供给强度/[L/(s · m)]	每支器具可保护的半径距离/m		
					19mm 水枪	快速攻击炮	自摆炮
固定顶罐	着火罐		罐周长	0. 6	13	27	50
	相邻罐	非保温	罐周长一半	0. 35	21	46	86
		保温罐	罐周长一半	0. 2	38	80	150

续表

储罐形式			供给范围	冷却水供给强度/[L/(s·m)]	每支器具可保护的半径距离/m		
					19mm 水枪	快速攻击炮	自摆炮
浮顶罐	着火罐		罐周长	0.45	17	36	67
	相邻罐	非保温	罐周长一半	0.35	21	46	86
		保温罐	罐周长一半	0.2	38	80	150

表 7-3 储罐通用外形尺寸参考表

结构形式	容积/m^3	面积/m^2	内径/m	高度/m	周长/m
浮顶储罐	5000	386.9	22.2	14	70
	10000	633.1	28.4	16	89
	20000	1294	40.6	16	127
	30000	1568.5	44.7	19	140
	50000	2723.3	58.9	19	185
	100000	5024.00	80	21	251.20
	150000	7234.56	96	22	301.44

从计算得知，按图 7-1 的力量部署，完全可以满足罐的冷却效果。

2. 泡沫液用量计算

1）储罐灭火用泡沫量计算

从资料中查得储罐通用外形尺寸(表 7-3)，以及固定、半固定装置泡沫供给量(表 7-4)，供灭火战斗中参考。

表 7-4 固定、半固定泡沫装置的供给强度

介质类型	泡沫液供给强度/[L/(s·m^2)]	混合液供给强度	
		按分钟计/[L/(min·m^2)]	按秒计/[L/(s·m^2)]
甲、乙类液体	0.8	8	0.133
丙类液体	0.6	6	0.1
甲醇、乙醇、异丙醇、醋酸乙酯、丙酮	1.5	15	0.25
异丙醚	1.8	18	0.3
乙醚	3.5	35	1.583

从表 7-3 中查得，5000m^3 浮顶罐截面积为 386.9m^2，以罐内物料原油为例，从表 7-4 查得，其泡沫液的供给强度应为 0.8L/(s·m^2)。若连续供给时间按 40min 计算，则所需泡沫液量为

$$0.8\times386.9\times40=12380\text{L}$$

通过计算得知，扑救该储罐火灾需要泡沫液 12.38t。

2）防火堤内流淌火灾泡沫量

通过实际计算得知，防火堤内面积为 $3000m^2$，甲类流淌液体移动泡沫装备的混合液供给强度为 0.167L/($s \cdot m^2$)，若按连续供给时间为 30min 计算，扑救防火堤内流淌火灾所需泡沫液量为

$$0.167\times6\%\times3000\times30\times60=54108L$$

从计算得知，扑救 $5000m^3$ 浮顶罐的防护堤体内全流淌火灾，需要泡沫液 54t。

从计算结果得出以下结论：

结论一：本编成只能扑救火灾初期防火堤内少量流淌的火灾，如果在防火堤内形成全流淌，则需要大量增援力量。

结论二：着火罐的进攻要等待至少 3 台泡沫车到场，总载液量大于 13.56t 时，占据四个半固定接口，同时进攻方能一举灭火。

3. 供水能力核算

1）冷却水量核算

按图 7-2 的实际部署，冷却水投放量为

固定炮 2 门，每门 40L/s，合计为 80L/s；

车载炮 2 门，每门 50L/s，合计为 100L/s；

移动炮 2 门，每门 30L/s，合计为 60L/s；

总计为 240L/s。

2）灭火用水核算

4 支泡沫枪，每支混合液流量为 8L/s，按 6 型泡沫计算，每支泡沫枪的用水量为

$$8L/s\times94\%\times4\approx30L/s$$

通过计算得知，一出动现有作战方式用水总量为 240+30=270L/s，不超过罐区的供水能力。

3）增援力量到场后扑救储罐火灾用水量

从表 7-3 查得，扑救储罐泡沫混合液供给强度为 0.133L/($s \cdot m^2$)，储罐的截面积为 $408m^2$，防火堤面积为 $3000m^2$，为此配置泡沫用水强度为

着火罐：0.133L/($s \cdot m^2$)×$408m^2$=54.3L/s

防护堤：0.167L/($s \cdot m^2$)×$3000m^2$=501L/s

从计算结果看出，若扑救着火罐火灾，在冷却的基础上还需要 54.3L/s。按罐区 450L/s 的供水能力尚可满足。但若防火堤内发生全流淌火灾，消防水量则远远满足不了火灾扑救的实际需要。

四、训练与考核

1. 桌面推演

演练前应根据责任区相应罐区的实际按比例绘图，标明罐区的道路、防火堤（包括隔

堤)、储罐、固定炮、消火栓、半固定泡沫灭火装置以及风向等。演练开始时，由指挥员下达战斗编成展开指令；按照1至5号车的顺序，由每车驾驶员口述在图上标明停车、每位操作员口述自己的任务、动作要领、防护装备、注意事项，并在图上准确标明所布置固定炮或移动炮的位置；由指挥员快速进行冷却水量核算。

2. 场地演练

可在平坦空地，按实际比例画线代表储罐，以旗帜代表着火罐进行训练，指挥员下达该编成的战斗展开命令，驾驶员通过旗帜判断风向，选择合适的停车位置，受训人员按照战斗编成方案中的分工自行展开。

3. 现场演练

可在责任区现场进行实地演练。指挥员下达该编成的战斗展开命令，驾驶员通过风向判断，选择合适的停车位置，受训人员按照战斗编成方案中的分工自行展开。演练时应保证人员的战斗任务固定不变，但任务的实施应根据现场条件和固定设施等情况灵活变换。通过不断地变换，不断优化。

4. 考核

该训练应考核以下内容：

考核要点1：战斗展开的时间；

考核要点2：各个车辆停靠的位置是否正确；

考核要点3：每名受训人员的任务是否明确，是否到达指定位置；

考核要点4：消防车操作是否正确；

考核要点5：车载炮、移动炮、泡沫枪的位置和射流方式是否正确；

考核要点6：个人防护装备佩戴是否正确；

考核要点7：各项操作是否平稳，有无危险动作；

考核要点8：快速核算的作战时间是否正确。

五、研究与探索

(1) 此编成的适用范围。

(2) 用车载炮冷却立式罐的最佳停车距离、最佳射流方式。

(3) 移动炮距冷却对象的最佳距离、最佳角度。

(4) 立式罐固定顶罐及内浮顶罐的冷却重点。

(5) 冷却和灭火同时进行时的冷却要领。

(6) 各种类型的保温对着火罐和相邻罐的冷却和爆炸有什么影响。

(7) 可燃液体储罐的干罐壁和湿罐壁对爆炸时间和冷却效果有什么影响。

(8) 液化烃储罐的材质、结构形式、工作压力、设计压力以及快速注水系统和安全附件的有关情况。

(9) 可燃液体储罐火灾扑救的安全注意事项。

(10) 可燃液体泄漏量与热辐射的关系。

(11) 防火堤全流淌火灾是否可控？

第八节　消防专业绘图

灭火救援预案中往往需要用专业的图示来补充说明重点部位位置情况、重点部位布局情况、重点部位毗邻情况、消防力量部署情况等内容。随着计算机技术发展和普及，消防专业绘图也由原来的手工绘图模式转变为计算机制图模式，采用的制图软件和制图方法也千差万别，但绘图的基本要求和特点基本未变。但消防专用绘图标号随不同时期演化，图形标号部分发生变化，本书图形标号内容参照《国家综合性消防救援队伍常用标号》(XF/T 3013—2020)标准。

一、消防专业图的特点

由于消防专业图要适应防火、灭火需要，图上以下战斗行动，战斗部署很难用正投影原理绘制，所以图中部分内容采用图例符号示意性绘出。

消防专业图直观性比较强，为了简单明了、生动形象，能够迅速了解其意思，消防专业图的图例比较直观、形象，使人容易接受。

为使图面主次分明，引人注目，图上主要的部位和意图一般采用不同颜色和醒目图例符号来表示(如重点部位、燃烧范围、消防水源、作战力量部署、主攻方向、阻止火势蔓延、冷却降温等)。

二、消防标绘要求

1. 标号的颜色

消防救援专业标号，通常使用红、黑、蓝、黄四种基本颜色。

不同标号的颜色规定如下：

(1) 标示消防救援队伍机构、作战人员和被困人员的标号用红色。

(2) 标示着火部位、燃烧面积火势蔓延方向、医院、被困人员用红色。

(3) 标示消防车辆、消防直升机、消防艇、水枪、水炮等的标号用红色，其他消防装备器材、消防设施、常用建筑及构件的标号用黑色。

(4) 标示各种消防水源和供水线路(干线)的标号用蓝色。

(5) 标示作战行动中火灾发展方向、进攻方向、内攻搜救路线、救援作战的范围等标号用红色。

(6) 标示易燃易爆、有毒、放射物质污染区域轮廓线内衬用黄色。

(7) 各种标识文字用黑色。

按图面布置的需要，标号的方向允许以一定角度旋转绘制，但不宜倒置。

2. 标号的大小和定位

(1) 标号的大小可与本文件的图形符号相同，也可按比例适当放大或缩小。

（2）凡能按地图比例尺标绘的标号，均应按地图比例尺准确标绘，其本身成中心点即为概略定位点。

（3）不能按地图比例尺准确标绘的标号，大小应适宜，彼此应相称；在同一幅图上一类性质的标号大小应一致，不同性质的标号大小应相称。

3. 标号的线形

（1）标号的线通常使用实线、虚线、粗实线和粗虚线四种线形。粗实线、粗虚线分别是实线、虚线宽度的两倍，在同一幅图上，同一种线形应一致。

（2）标示消防救援队伍的力量部署、行动的标号及地上建筑的标号用实线标示。

（3）标示计划（准备）预备或已经转移阵地的部署、行动的标号及地下建筑的标号用虚线。

（4）标示队伍（单位）、人员、消防车辆、重点单位（部位）轮廓线用粗实线。

（5）标示铁路隧道的标号用粗虚线。

4. 标号注记

（1）注记消防救援队伍的名称应参照《国家综合性消防救援队伍常用标号》（XF/T 3013—2020）要求执行，其大小应与标号的大小相适应。

（2）消防车辆需要注记时，应将消防车辆主参数注记在车头位置，用2位或3位阿拉伯数字和单位表示；其他需要注记的参数应注记在标号的下方，并按照其所属的单位、编号和其他技术指标的顺序进行标记，每个参数用斜线"/"隔开。

例如，企业消防××油田消防支队南一消防站1号20t水罐消防车，其标示如图7-5所示。

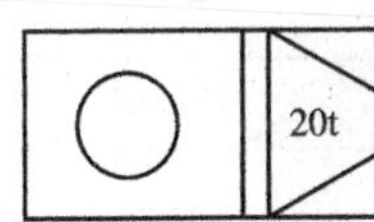

图7-5 ××油田 QYD/南一 ZH/1

（3）其他消防装备器材主要参数的标记应根据标号形状，标记在标号的适当位置；其他参数应标记在标号的下方，并按照其所属单位、编号和其他技术指标的顺序进行标记，每个参数用斜线"/"隔开。

三、消防绘图常用标号

消防绘图常用标号通常分为六类：级别（单位）、人员标号，消防车辆器材标号，战斗行动标号，消防水源标号，灭火器材与消防设施标号，常用建筑及构件标号。

1. 级别（单位）、人员标号

（1）代表救援队伍（单位）性质、级别和重要地点位置的标号（表7-5），采用红色图形，并用字母或文字标明。

表7-5 级别（单位）标号

名称	标号	说明
应急管理部门	△	图形为红色等边三角形。图形内部用字母标出部门级别，YJB为应急管理部，YJT为应急管理厅，YJJ为应急管理局

续表

名称	标号	说明
消防救援队伍		图形为红色盾牌形。图形内部用字母标出队伍性质或级别，XFJ 为消防救援局，ZOD 为消防救援总队，ZHD 为消防救援支队，DD 为消防救援大队，ZH 为消防站，ZFD 为政府专职消防队，QYD 为企业专职消防队，ZYD 为志愿消防队
指挥部	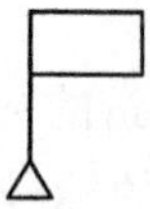	图形为红色旗帜形。图形内部用字母标出指挥部性质，XZB 为现场指挥部，QZB 为前方指挥部，HZB 为后方指挥部
集结地	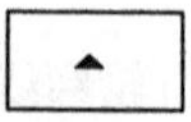	

(2) 代表现场人员岗位和级别的标号，采用红色图形(表 7-6)。

表 7-6 岗位和级别标号

总指挥	副总指挥	助理指挥	大队指挥
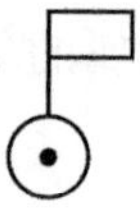	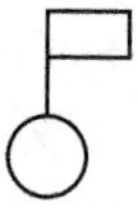	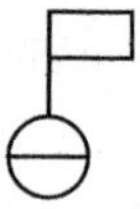	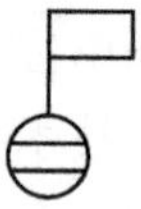
站指挥	战斗班长	侦察员	侦察组
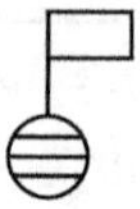			
战斗员	通信员	驾驶员	安全员
 1 2 3	 N		

2. 消防车辆器材标号

(1) 代表消防车辆装备的标号，总体采用红色矩形，根据不同车辆性质标示出代表不同功能或性质的图形(表 7-7)。

表 7-7 消防车辆装备标号

水罐消防车	泡沫消防车	压缩空气泡沫消防车	高倍数泡沫消防车
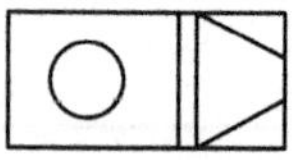	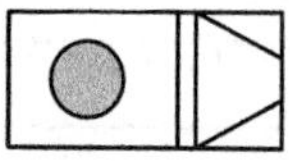	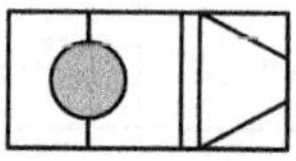	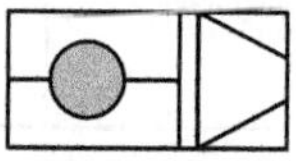

续表

干粉消防车	干粉-泡沫联用消防车	干粉-水联用消防车	泵浦消防车
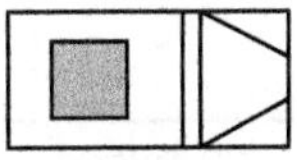	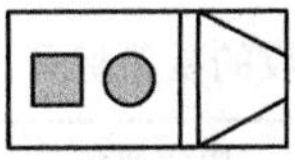	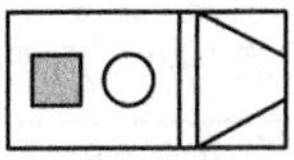	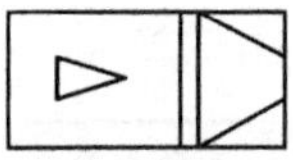
二氧化碳消防车	云梯消防车	登高平台消防车	举高喷射消防车
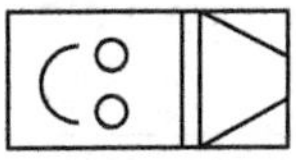	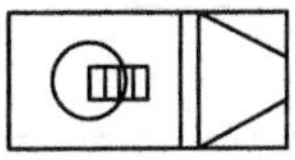	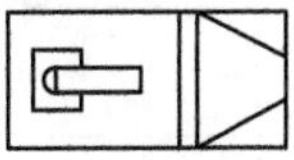	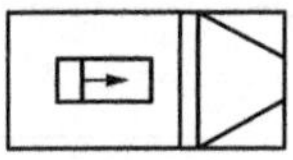
抢险救援消防车	化学事故抢险救援消防车	化学洗消消防车	照明消防车
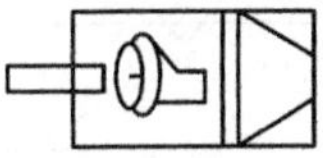		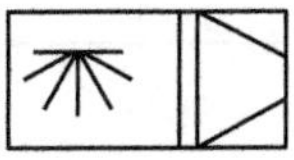	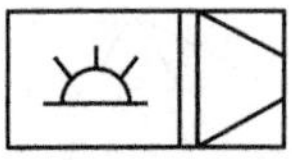
通信指挥车	排烟消防车	核生化侦检消防车	多功能侦检消防车
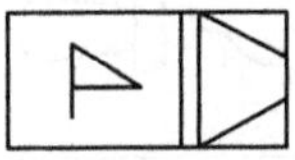	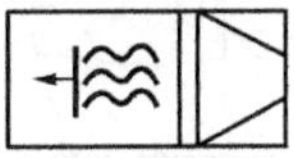	 NBC	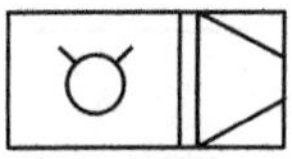
水带铺设消防车	供气消防车	供水消防车	供液消防车
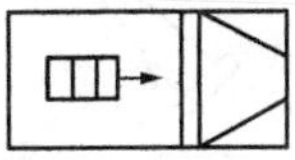	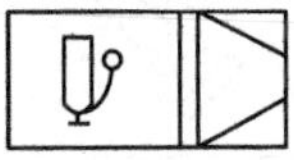	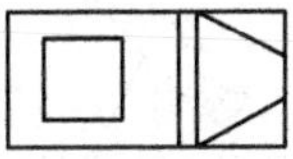	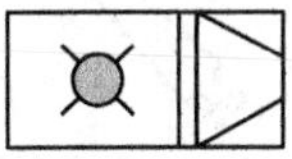
自装卸式消防车	餐饮保障车	加油保障车	消防运兵车
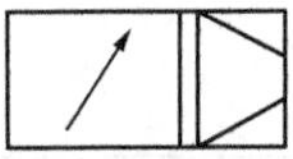	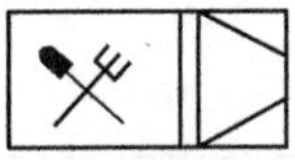	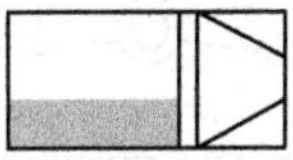	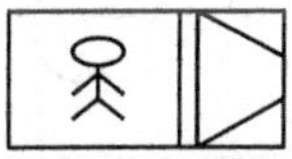
机场消防车	救护车	清障消防车	宣传消防车
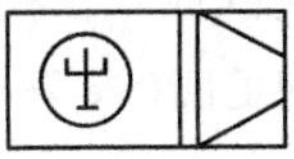	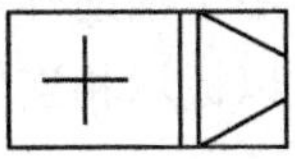	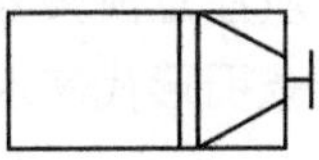	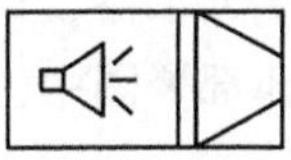

(2) 随着科技进步，一些新型消防装备得以应用，在绘图中一般根据其特点来绘制标号(表 7-8)。

表 7-8 新型消防装备标号

消防摩托车	消防坦克	消防直升机	消防无人机	消防艇
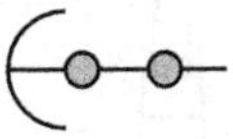	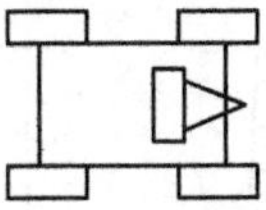			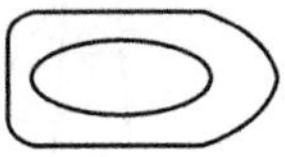

(3) 用于火灾扑救进攻的装备标号，采用红色图形，一般有方向性，在具体的战斗部署图中，还应以线条图形代表水带干线，以标示相连水带干线的走向(表 7-9)。

表 7-9　用于火灾扑救进攻的装备标号

直流水枪	开花水枪	喷雾水枪	机动水枪
		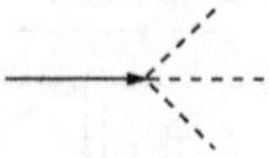	
带架水枪	位于楼层水枪	位于屋顶水枪	位于地下室水枪
	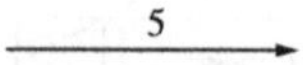 5		
多用水枪	泡沫枪	干粉喷枪	二氧化碳喷枪
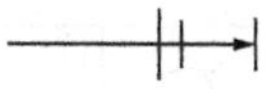	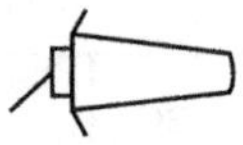	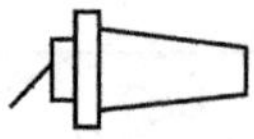	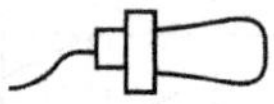
固定泡沫炮	移动泡沫炮	固定水炮	移动水炮

泡沫勾管	泡沫发生器		
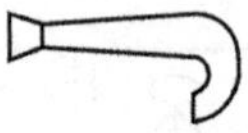	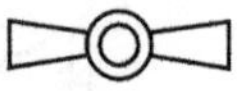		

(4) 用于辅助火灾扑救或其他抢险救援的装备标号，采用黑色图形，个别具有方向性，如分水器、集水器等，应注意箭头方向。该类用于辅助标示灭火进攻的标号，在具体的战斗部署图中，还应以线条图形代表水带干线，以标示相连供水干线的走向(表 7-10)。

表 7-10　用于辅助火灾扑救或其他抢险救援的装备标号

二分水器	三分水器	集水器	排吸器
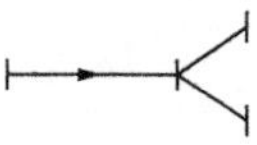	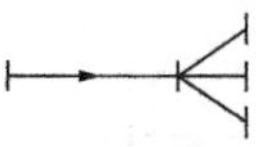	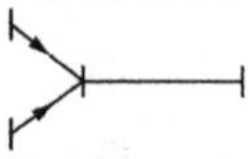	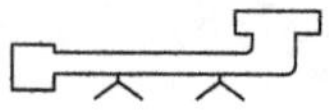
单杠梯	挂钩梯	二节拉梯	三节拉梯

续表

15m 拉梯	消防泵	手抬机动泵	吸附泵
浮艇泵	牵引机动消防泵	空气呼吸器	氧气呼吸器
三		K Q	Y Q
排烟机	救援三脚架	液压破拆工具	链锯
金属切割锯	扩张钳	撑顶杆	缓降器
救生气垫	起重气垫	照明灯	洗消帐篷
气体检测仪			
D（R）			

（5）代表通信装备的标号，采用黑色图形（表 7-11）。

表 7-11　通信装备标号

手持电台	基地无线电台	车载无线电台	无线电转信台

续表

卫星通信地面站	动中通移动卫星地面站	静中通移动卫星地面站	便携式卫星地面站

3. 战斗行动标号

战斗行动标号一般用于作战部署图当中，用以标示作战意图(表 7–12)。

表 7–12 战斗行动标号

指北矢标	风力风向	着火点	火势蔓延方向
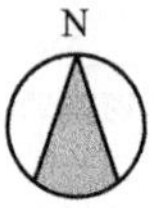 N	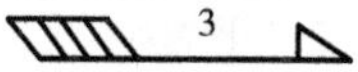 3	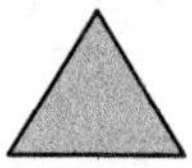	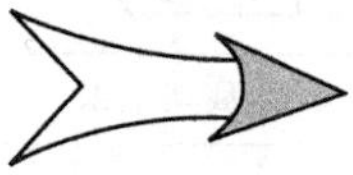
室内火灾	外部烤着部分	火灾突破外壳	室内充烟
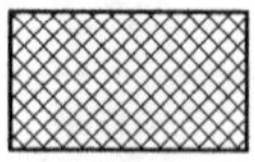	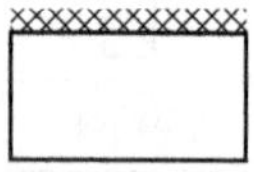	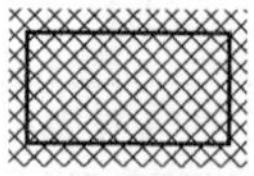	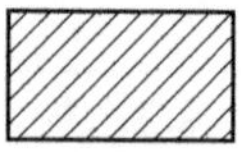
围歼灭火	堵截火势蔓延	冷却降温	进攻方向
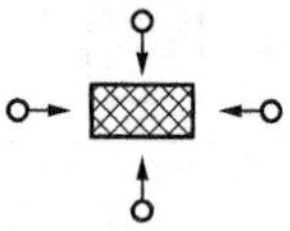	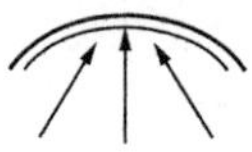	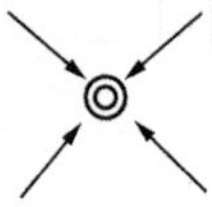	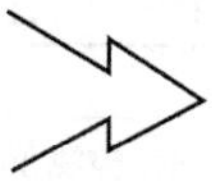
深入内攻	预计行动路线	安全撤退路线	被困人员
		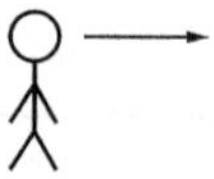	
水带桥保护	放射源	泄漏区域	主要作业面
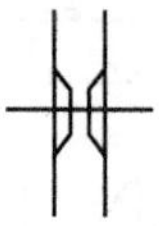	 放射	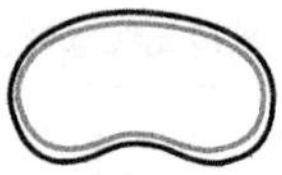	 ZYM
入口	出口		

4. 消防水源标号

消防水源标号用于标示消防可用水源位置及形式，一般采用蓝色图形(表 7-13)。

表 7-13 消防水源标号

室内消火栓	地上消火栓	地下消火栓	泡沫或泡沫液(栓)

水泵接合器	水泵接合器(地下式)	水泵接合器(墙壁式)	河流
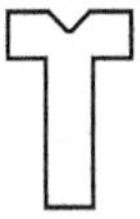		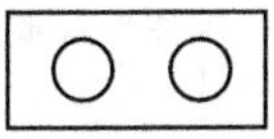	
湖泊	海洋	水井	雨水井
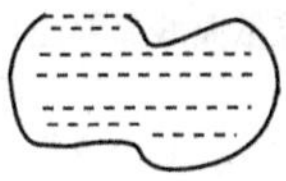		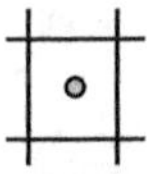	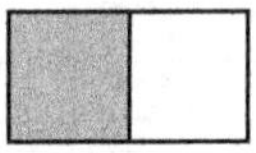
水库	储水池	冷却塔	消防水鹤
	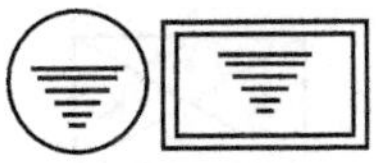	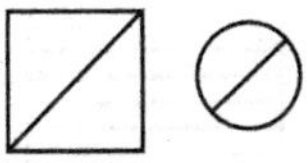	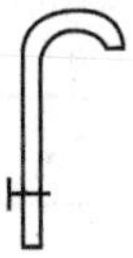
地下管网	取水码头	消防水囊	
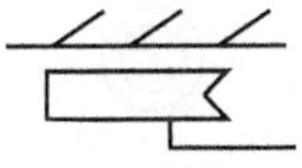 150mm	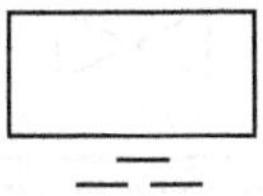		

5. 灭火器材与消防设施标号

灭火器材与消防设施标号，采用黑色图形，灭火器、灭火系统标号需要用字母标明具体类型(表 7-14、表 7-15)。

表 7-14 关键灭火器材与消防设施标号及说明

名称	标号	说明
手提式灭火器	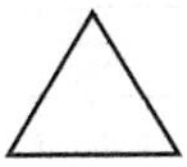	图形为黑色等边三角形。图形内部用字母标出灭火器的类型，如 QS 为清水灭火器，CO_2 为二氧化碳灭火器，ABC 为 ABC 类干粉灭火器，BC 为 BC 类干粉灭火器，PM 为泡沫灭火器

续表

名称	标号	说明
推车式灭火器		图形内部用字母标出灭火器的类型，如 ABC 为 ABC 类干粉灭火器，BC 为 BC 类干粉灭火器，PM 为泡沫灭火器
固定灭火系统（全淹没）		图形内部用字母标出类型，如 H_2O 为水灭火系统，SPL 为水喷淋系统，PM 为泡沫灭火系统，GF 为干粉灭火系统，SK 为手动控制水灭火系统
固定灭火系统（局部应用）		图形内部用字母标出类型，如 BC 为 BC 干粉灭火系统

表 7-15　其他灭火器材与消防设施标号

水桶	沙桶	疏散路线、方向	疏散路线最终出口
避难层	防火卷帘	消防控制室	消防电梯
BN		X K	X T
开式喷头	闭式喷头	阀	湿式立管
干式立管	气体灭火系统管道	泡沫混合器立管	消防水罐
入口无阀门			
泡沫液罐	泡沫产生器	气体灭火剂储气瓶	手动控制灭火系统
火灾报警电话	消防应急广播扬声器	火灾声报警器	火灾光报警器

续表

手动火灾报警按钮	消防通风口	消防通风口 手动控制器	
	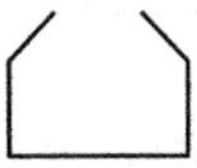	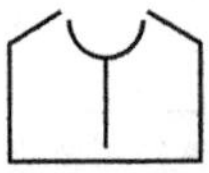	

灭火器材与消防设施标号多与《消防设备 防火设备图形符号》(ISO 6790：1986)相一致，在实际应用中应灵活掌握。

6. 常用建筑及构件标号

常用建筑及构件标号用于单位总平面图、战斗部署图、重点部位图等图纸中，各类标号除按以下标号绘制外，还可参照《建筑制图标准》(GB 50104—2010)绘制(表 7-16)。

表 7-16 常用建筑及构件标号

名称	标号	说明
建筑物	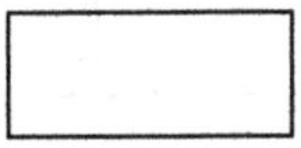	用细实线表示，应根据建筑物主要轮廓和比例绘制形状。内部用符号或文字标明建筑物性质，如 MJ 为民用建筑，GJ 为工业建筑
地下建筑物 或构筑物		用虚线表示，应根据建筑物主要轮廓和比例绘制形状。内部用符号或文字标明建筑物性质
重点建筑 (单位、部位)		用粗实线表示。内部用符号或文字标明建筑物性质，如 ZDW 为消防安全重点单位、YH 为重大火灾隐患

在消防制图应根据需要绘制标示不同场所的标号图形，如表 7-17 中所示标号。

表 7-17 不同场所的标号

散装材料露天堆场	其他材料楼梯堆场 或露天作业场	敞棚或敞廊	建筑下面的通道
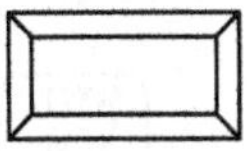	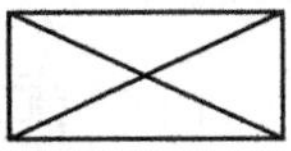	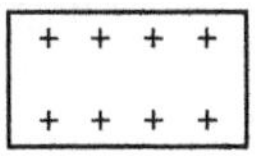	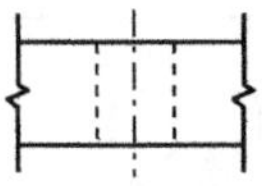
高架式料仓	漏斗式储仓	烟囱	(实质性)围墙
		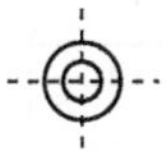	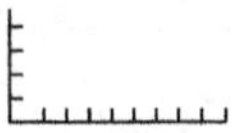

道路标号图形绘制时，长度应按制图比例绘制，宽度一般无法按比例缩放，应在满足能清楚标示图符含义的前提下，适当按比例缩放(表 7-18)。

表 7-18　道路标号

公路	公路隧道	铁路	铁路隧道
公路桥桥梁	铁路桥桥梁	道路跨铁路	铁路跨道路
道路跨道路	铁路跨铁路	无防护的平交道	有防护的平交道
道路涵洞、涵管	铁路涵洞、涵管		

在绘制辖区总平面图时，需要用到各类标号标示不同性质的单位或部位，该类标号一般不随制图比例缩放，但大小应以能清楚标示图符含义的前提下，适当缩放。单位标号应以能直观标示单位性质为基础，美观、简洁，并应在图例中说明标号含义。另外，在不同的标准规范中，对此类的标号表现形式不尽相同，但能将代表的场所标示清的原则不变(表 7-19)。

表 7-19　不同性质的单位或部位标号

党政机关	学校	发电厂	变电站	古建筑物
	文			楼　塔　寺庙
机场	火车站	茶馆	加油站	饭店
商店	医院	影剧院	地下通道	危险品

在绘制涉及危险化学品储存的平面图时，需要用到各类储罐标号，在涉及利用固定半固定消防设施灭火时，还应将储罐相连的管线、阀门、罐体喷淋、泡沫产生器等设施的位置及走向标清，以便移动灭火设备连接，进一步明确移动装备的战斗部署(表7-20)。

表7-20　各类储罐标号

名称	标号	说明
地上储罐	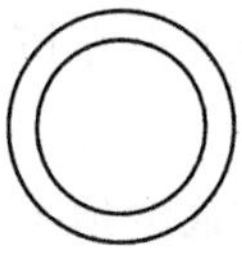	内外圆均用实线标画。 储罐的结构类型以代字注明，GDD为固定顶，WFD为外浮顶，NFD为内浮顶。代字位于圆中心
半地下储罐	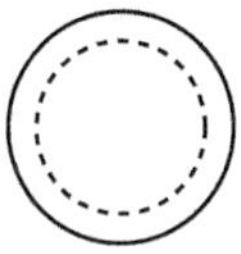	内圆用虚线，外圆用实线
地下储罐		内外圆均用虚线标画
卧罐		

本部分未具体说明门、窗、墙体、电梯、楼梯等标号，在绘制具体重点部位图时，可参考《建筑制图统一标准》(GB 50104—2010)，根据实际标示需要，可适当简化，但应有图例说明。

在绘制总平面图时，图上应有代表当地常年主导风向的风玫瑰图标；在灭火救援预案绘图中，对所使用的专用标号应有图例说明；规范的平面图还应在图例栏中绘有比例尺，以便于量读图上的距离、建筑尺寸等信息(图7-6、图7-7)。

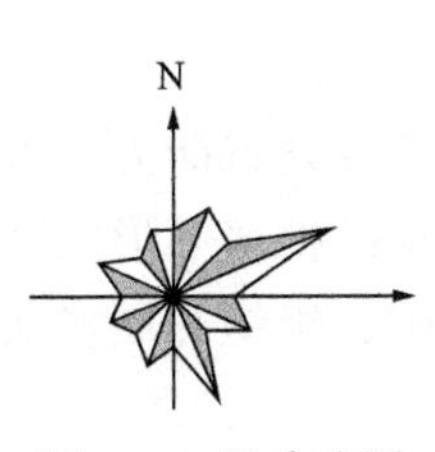

图7-6　风玫瑰图

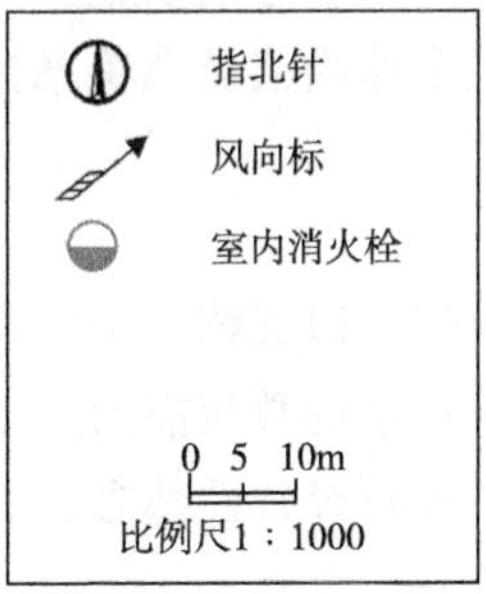

指北针
风向标
室内消火栓
0 5 10m
比例尺1：1000

图7-7　图例示例

第九节　预案管理与培训演练

一、预案管理

消防队伍的灭火救援预案由本级制定，由支(大)队战训部门或专业人员审核，由支(大)队主管领导批准，在地区公司应急管理部门备案，在全支队范围内发布。灭火救援预案的废止权限与审核批准权限相同。

总体预案、典型事故应急救援类型预案以及重点部位灭火救援预案和战斗编成方案应以纸质版存档，并以纸质版或者电子版配发至每位指战员。区域联防增援预案应配发至支(大)队以上的全体指挥员。

二、预案改进

灭火救援预案制定是消防队伍做好执勤战斗准备的基础性、经常性工作，应当作为消防队伍重点工作，建立预案管理制度，明确预案制定和维护职责，不断提高预案的针对性、实用性和可操作性。

消防队伍应对预案实行动态管理，并根据保卫目标的变化或者演练情况、专题战术研讨等情况，定期组织对各级预案的适用性进行评价，及时修订完善或者重新制定预案，不断增强预案的科学性、合理性、有效性和可操作性。

三、数字化建设

应依托先进技术开发数字化、智能化灭火救援预案。开发的数字化预案中应涵盖灭火救援总体预案中的程序步骤、典型事故救援类型预案中的处置技术和方法，并与责任区保护对象相结合、与消防队伍的执勤实力相结合。不得以简单的消防车配置动态演示代替灭火救援预案。

四、培训

生产企业和消防队伍应当将预案培训作为各项培训工作的重中之重，明确培训要求、培训时间、培训方式和考核措施，并结合预案各部分内容分级、分类施训，确保企业相关人员和消防队伍全体指战员熟练掌握本岗位所需的预案内容。

五、演练

开展预案演练可以锻炼企业应对此类突发事故灾害的应急处置能力，可以锻炼消防救援队伍应对此类灾情的救援能力。演练可通过实战演练或桌面推演等形式开展。企业和消防队伍应对预案进行经常性熟悉，并以灭火救援预案为基础，组织开展实兵、实装、实地和模拟实战演练。

第八章　原油浮顶储罐安全、应急能力评估

原油浮顶储罐的安全和应急能力评估是确保储罐安全运行和应对突发事故的关键环节。本章依据应急管理部发布的《油气储存企业安全风险评估指南(试行)》，筛选原油浮顶储罐相关指标，围绕企业选址和平面布置、工艺安全、设备安全、仪表安全、电气安全、消防与应急六个方面进行了详细介绍。

第一节　企业选址及总平面布置

重点评估内容：企业总图布置、竖向设计、重要设施的平面布置、防火间距、安全防护距离等合规性情况；依据《危险化学品生产装置和储存设施外部安全防护距离确定方法》(GB/T 37243—2019)，评估构成重大危险源的油气储存企业外部安全防护距离，对不能满足外部安全防护距离要求的企业提出整改方案；采用火灾和爆炸分析评估油气储存企业现场人员密集场所是否需要抗爆设计或搬迁；对于规范更新所造成的油气储存企业内部防火间距、防火堤容量等不能满足新规范要求的相关问题，应基于火灾、爆炸等风险评估确定是否需要整改或增加风险管控措施；评估不同类型储罐同区布置、储罐罐容和数量、防火堤容量和结构、雨水污水管网设置等相关要求的符合性。

一、储罐外部防护距离

评估内容：在规划设计原油储罐布置时，应按照 GB/T 37243 要求开展外部安全防护距离评估核算。外部安全防护距离应满足根据 GB 36894 确定的个人风险基准的要求。

评估方式：查资料。

评估依据：《危险化学品生产装置和储存设施外部安全防护距离确定方法》(GB/T 37243—2019)，《危险化学品生产装置和储存设施风险基准》(GB 36894—2018)。

二、储罐公路安全距离

评估内容：除按照国家有关规定设立的为车辆补充燃料的场所、设施外，油气储存企业及设施禁止设置在下列范围内：公路用地(专用公路除外)外缘起向外 100m；公路渡口和中型以上公路桥梁周围 200m；公路隧道上方和洞口外 100m。

评估方式：查现场。

评估依据：《公路安全保护条例》(国务院令第593号)第十八条。

三、管道防护

评估内容：管道穿越防火堤处或隔堤应采用不燃烧材料严密填实。

评估方式：查现场。

评估依据：《石油库设计规范》(GB 50074—2014)第6.5.6条，《石油储备库设计规范》(GB 50737—2011)第5.3.8条。

四、耐火极限设计

评估内容：防火堤及隔堤应为不燃烧实体防护结构且具有相应的耐火极限，能承受所容纳液体静压力及温度变化的影响，且不渗漏。

评估方式：查现场，查防火堤设计资料。

评估依据：《石油化工企业设计防火标准(2018版)》(GB 50160—2008)第6.3.6条，《石油库设计规范》(GB 50074—2014)第6.5.4条、第6.5.5条，《石油储备库设计规范》(GB 50737—2011)第5.3.6条、第5.3.7条。

五、储存物料隔离

评估内容：沸溢性液体的储罐不应与非沸溢性液体储罐同组布置；常压油品储罐不应与液化石油气、液化天然气、天然气凝液储罐布置在同一防火堤内；储存Ⅰ、Ⅱ级毒性液体的储罐不应与其他易燃和可燃液体储罐布置在同一个罐组内。

评估方式：查现场。

评估依据：《储罐区防火堤设计规范》(GB 50351—2014)第3.2.1条，《石油库设计规范》(GB 50074—2014)第6.1.10条。

六、人行踏步设置

评估内容：在防火堤或防护墙的不同方位上应设置不少于两处的人行踏步或台阶。

评估方式：查现场。

评估依据：《石油天然气工程设计防火规范》(GB 50183—2004)第6.6.7条。

七、工艺管道布设

评估内容：工艺管道不得穿越或跨越与其无关的易燃和可燃液体的储罐组、装卸设施及泵站等建(构)筑物。

评估方式：查现场。

评估依据：《石油库设计规范》(GB 50074—2014)第9.1.17条。

八、油罐容量设计

评估内容：一个罐组油罐总容量不应大于600000m^3。

评估方式：查资料、查现场。

评估依据：《石油库设计规范》(GB 50074—2014)第5.1.6条，《石油储备库设计规范》(GB 50737—2011)第5.1.4条。

九、装卸区布置

评估内容：公路装卸区应布置在石油库临近库外道路的一侧，且公路装卸区应设直接通往库外道路的车辆出入口。

评估方式：查现场。

评估依据：《石油库设计规范》(GB 50074—2014)第5.1.11条、第5.2.11条。

十、相邻工厂安全距离设置

评估内容：石油库企业选址及与相邻工厂或设施的安全距离应满足GB 50074的要求。

评估方式：查资料、查现场。

评估依据：《石油库设计规范》(GB 50074—2014)。

十一、库址环境要求

评估内容：石油库的库址应具备良好的地质条件，不得选择在有土崩、断层、滑坡、沼泽、流沙及泥石流的地区和地下矿藏开采后有可能塌陷的地区。

评估方式：查资料，查现场。

评估依据：《石油库设计规范》(GB 50074—2014)第4.0.3条。

十二、抗震等级设计

评估内容：一、二、三级石油库的库址，不得选在抗震设防烈度为9度及以上的地区。

评估方式：查资料，查现场。

评估依据：《石油库设计规范》(GB 50074—2014)第4.0.4条。

十三、通信、电力线路安全距离

评估内容：石油库的储罐区、水运装卸码头与架空通信线路(或通信发射塔)架空电力线路的安全距离，不应小于1.5倍杆(塔)高。石油库的铁路罐车和汽车罐车装卸设施、其他易燃可燃液体设施与架空通信线路(或通信发射塔)架空电力线路的安全距离，不应小于1.0倍杆(塔)高。以上各设施与电压不小于3kV的架空电力线路的安全距离不应小于30m。

评估方式：查资料，查现场。

评估依据：《石油库设计规范》(GB 50074—2014)第4.0.11条。

十四、爆破作业场地安全距离

评估内容：石油库的围墙与爆破作业场地(如采石场)的安全距离，不应小于300m。

评估方式：查资料，查现场。

评估依据：《石油库设计规范》(GB 50074—2014)第4.0.12条。

十五、石油库间安全距离

评估内容：相邻两个石油库之间的安全距离应符合下列规定：当两个石油库的相邻储罐中较大罐直径大于53m时，两个石油库的相邻储罐之间的安全距离不应小于相邻储罐中较大罐直径，且不应小于80m；当两个石油库的相邻储罐直径小于或等于53m时，两个石油库的任意两个储罐之间的安全距离不应小于其中较大罐直径的1.5倍，对覆土罐且不应小于60m，对储存Ⅰ、Ⅱ级毒性液体的储罐且不应小于50m，对储存其他易燃和可燃液体的储罐且不应小于30m。

评估方式：查资料，查现场。

评估依据：《石油库设计规范》(GB 50074—2014)第4.0.15条。

十六、平面布置

评估内容：石油库企业内部总平面布置应满足GB 50074的要求。

评估方式：查资料，查现场。

评估依据：《石油库设计规范》(GB 50074—2014)第5.1条。

十七、特级石油库要求

评估内容：特级石油库中，原油储罐与非原油储罐应分别设置在不同的储罐区内。

评估方式：查资料，查现场。

评估依据：《石油库设计规范》(GB 50074—2014)第5.1.6条。

十八、防火堤设计

评估内容：地上油品储罐组应设防火堤。防火堤内的有效容量，不应小于罐组内一个最大储罐的容量。

评估方式：查资料，查现场。

评估依据：《石油库设计规范》(GB 50074—2014)第6.5.1条。

十九、相邻储罐区防火距离设计

评估内容1：相邻储罐区储罐之间的防火距离，应符合下列规定：地上储罐区与覆土立式油罐相邻储罐之间的防火距离不应小于60m；储存Ⅰ、Ⅱ级毒性液体的储罐与其他储罐区相邻储罐之间的防火距离，不应小于相邻储罐中较大罐直径的1.5倍，且不应小于50m；其他易燃、可燃液体储罐区相邻储罐之间的防火距离，不应小于相邻储罐中较大罐直径的1.0倍，且不应小于30m。

评估方式：查资料，查现场。

评估依据：《石油库设计规范》(GB 50074—2014)第5.1.7条。

评估内容2：同一个地上储罐区内，相邻罐组储罐之间的防火距离，应符合下列规定：储存甲B、乙类液体的固定顶储罐和浮顶采用易熔材料制作的内浮顶储罐与其他罐组相邻储罐之间的防火距离，不应小于相邻储罐中较大罐直径的1.0倍；外浮顶储罐、采用钢制浮顶的内浮顶储罐、储存丙类液体的固定顶储罐与其他罐组储罐之间的防火距离，不应小于相邻储罐中较大罐直径的0.8倍。

评估方式：查资料，查现场。

评估依据：《石油库设计规范》(GB 50074—2014)第5.1.8条。

二十、无关管道、埋地输电线设置

评估内容：与储罐区无关的管道、埋地输电线不得穿越防火堤。

评估方式：查现场。

评估依据：《石油库设计规范》(GB 50074—2014)第5.1.15条。

二十一、消防车道设置

评估内容：储罐总容量大于或等于$12\times10^4m^3$的单个罐组应设环形消防车道，至少应有2个路口能使消防车辆进入环形消防车道，并宜设在不同的方位上。消防道路宽度、高度等应满足GB 50074的要求。

评估方式：查现场。

评估依据：《石油库设计规范》(GB 50074—2014)第5.2.2条。

二十二、行政管理区、消防泵房、专用消防站、总变电所设置

评估内容：行政管理区、消防泵房、专用消防站、总变电所宜位于地势相对较高的场地处，或有防止事故状况下流淌火流向该场地的措施。

评估方式：查现场。

评估依据：《石油库设计规范》(GB 50074—2014)第5.3.2条。

二十三、围墙设置

评估内容：(1)石油库四周应设高度不低于2.5m的实体围墙。企业附属石油库与本企业毗邻一侧的围墙高度可不低于1.8m；(2)行政管理区与储罐区、易燃和可燃液体装卸区之间应设围墙。当采用非实体围墙时，围墙下部0.5m高度以下范围内应为实体墙；(3)行政管理区、公路装卸区应设直接通往库外道路的车辆出入口。

评估方式：查现场。

评估依据：《石油库设计规范》(GB 50074—2014)第5.3.3条、第5.2.11条。

二十四、排放口设置

评估内容：石油库的含油与不含油污水，应采用分流制排放。含油污水应采用管道排放。未被易燃和可燃液体污染的地面雨水和生产废水可采用明沟排放，并宜在石油库围墙

处集中设置排放口。

评估方式：查现场。

评估依据：《石油库设计规范》(GB 50074—2014)第13.2.1条。

二十五、地上管道设置

评估内容1：地上管道不应环绕罐组布置，且不应妨碍消防车的通行。

评估方式：查现场。

评估依据：《石油库设计规范》(GB 50074—2014)第9.1.2条。

评估内容2：当地上工艺管道与消防泵房、专用消防站、变电所和独立变配电间、办公室、控制室以及宿舍、食堂等人员集中场所之间的距离小于15m时，朝向工艺管道一侧的外墙应采用无门窗的不燃烧体实体墙。

评估方式：查现场。

评估依据：《石油库设计规范》(GB 50074—2014)第9.1.4条。

二十六、液体泵站布置

评估内容：甲、乙、丙A类液体泵站应布置在地上立式储罐的防火堤外。

评估方式：查现场。

评估依据：《石油库设计规范》(GB 50074—2014)第5.1.14条。

第二节 工艺安全

重点评估内容：(1)涉及重点监管危险化学品和重大危险源的油气储存企业应采用危险与可操作性(HAZOP)分析方法全面辨识工艺运行的安全风险，并采用保护层分析(LOPA)方法评估安全风险的可接受程度，提出相关安全措施整改建议。对于已完成HAZOP和LOPA分析的企业只需评估相关工作的有效性及相关整改建议的落实情况；(2)评估企业针对工艺安全风险是否设置安全阀、泄压保护等重要保护措施；(3)评估储罐切水系统(包括立式储罐含油污水、外浮顶罐中央排水、地上液化烃储罐切水等)设置的可靠性；(4)评估企业防火堤内的雨水、污水管道出防火堤前的隔断设置、水封井及运行管理要求符合性；(5)评估油品装卸方式的合规性；(6)评估企业是否存在向油气储罐或与储罐连接管道中直接添加性质不明或能发生剧烈反应的物质，若存在加注设施，检查是否经过正规设计和风险评估。

一、HAZOP分析

评估内容：涉及重点监管危险化学品和重大危险源的油气储存企业应采用HAZOP分析方法全面辨识工艺运行的安全风险。

评估方式：查记录，查资料。

评估依据：《国家安全监管总局关于加强化工过程安全管理的指导意见》(安监总管三

〔2013〕88 号)。

二、工艺设计

评估内容：油气储存企业应经正规设计，未经正规设计的应进行安全设计诊断。

评估方式：查设计资料。

评估依据：《化工和危险化学品生产经营单位重大生产安全事故隐患判定标准(试行)》第十条。

三、加注设施

评估内容：严禁向油气储罐或与储罐连接管道中直接添加性质不明或能发生剧烈反应的物质。若存在加注设施，检查是否经过正规设计和风险评估。

评估方式：查现场，查设计资料和风险评估报告。

评估依据：《油气罐区防火防爆十条规定》(安监总政法〔2017〕15 号)。

四、排放设施

评估内容：在涉及易燃、易爆、有毒介质设备和管线的排放口、采样口等排放部位，应通过加装盲板、丝堵、管帽、双阀等措施，减少泄漏的可能性。

评估方式：查现场。

评估依据：《国家安全监管总局关于加强化工企业泄漏管理的指导意见》(安监总管三〔2014〕94 号)、《石油化工金属管道布置设计规范》(SH/T 3012—2011)。

五、储存液位

评估内容：储罐的设计存储高低液位应满足 SH/T 3007—2014 相关要求。

评估方式：查储罐设计竣工图和工艺控制指标。

评估依据：《石油化工储运系统罐区设计规范》(SH/T 3007—2014)第 4.1.8 条、第 4.1.9 条。

六、进液方式

评估内容：储罐进液不得采用喷溅方式。甲 B、乙、丙 A 类液体储罐的进液管从储罐上部接入时，进液管应延伸到储罐的底部。

评估方式：查现场。

评估依据：《石油库设计规范》(GB 50074—2014)第 6.4.9 条。

七、雨水沟(管)排水控制措施

评估内容：在雨水沟(管)穿越防火堤和隔堤处，应采取排水控制措施。

评估方式：查现场。

评估依据：《石油库设计规范》(GB 50074—2014)第 6.5.6 条；《石油储备库设计规

范》(GB 50737—2011)第5.4.3条。

八、液体流出罐区的切断措施

评估内容：储罐区防火堤内的含油污水管道引出防火堤时，应在堤外采取防止泄漏的易燃和可燃液体流出罐区的切断措施。

评估方式：查现场。

评估依据：《石油库设计规范》(GB 50074—2014)第13.2.2条，《石油储备库设计规范》(GB 50737—2011)第9.2.3条。

九、排水管道和明沟控制措施

评估内容：石油库通向库外的排水管道和明沟，应在石油库围墙里侧设置水封井和截断装置。水封井与围墙之间的排水通道应采用暗沟或暗管。

评估方式：查现场。

评估依据：《石油库设计规范》(GB 50074—2014)第13.2.4条，《石油储备库设计规范》(GB 50737—2011)第9.2.5条。

十、水封井设置

评估内容：含油污水管道应在储罐组防火堤处、其他建(构)筑物的排水管出口处、支管与干管连接处、干管每隔300m处设置水封井，水封高度不得小于250mm。

评估方式：查现场。

评估依据：《石油库设计规范》(GB 50074—2014)第13.2.3条，《石油储备库设计规范》(GB 50737—2011)第9.2.4条。

第三节　设备安全

重点评估内容：(1)评估储罐选型是否可以满足介质危险性的相关要求；(2)国内首次采用的储罐形式是否开展有效的安全可靠性论证；(3)评估储罐相关安全附件(如安全阀、爆破片、呼吸阀、阻火器、氮封等)的设置符合性、有效性及运行情况；(4)评估是否存在全压力式或半冷冻式液化烃储罐单罐容积超过4000m^3，在《石油化工企业设计防火标准(2018版)》(GB 50160—2008)实施之前建造的超过4000m^{3}的全压力式或半冷冻式液化烃储罐应开展相应的安全风险评估并论证；(5)评估企业储罐类型、附件、装卸设施是否存在淘汰的设备；(6)评估企业是否存在设备不完好或带病运行的情形。

一、安全可靠性论证

评估内容：国内首次采用的储罐形式应开展有效的安全可靠性论证。

评估方式：查档案资料。

评估依据：《危险化学品建设项目安全监督管理办法》(原国家安全监管总局令第45

号)第十三条。

二、离心式可燃气体压缩机和可燃液体泵

评估内容：离心式可燃气体压缩机和可燃液体泵应在其出口管道上安装止回阀。

评估方式：查现场。

评估依据：《石油化工企业设计防火标准(2018 年版)》(GB 50160—2008)第 7.2.11 条。

三、设备有效性

评估内容：储罐类型、附件及装卸设施不应采用淘汰的设备。

评估方式：查现场，查档案资料。

评估依据：《安全生产法》第三十五条，《淘汰落后安全技术装备目录(2015 年第一批)》(安监总科技〔2015〕75 号)，《淘汰落后安全技术工艺、设备目录(2016 年)》(安监总科技〔2016〕137 号)，《淘汰落后危险化学品安全生产工艺技术设备目录(第一批)》(应急厅〔2020〕38 号)。

四、承压部位的连接件螺栓

评估内容：承压部位的连接件螺栓配备应齐全、紧固到位。

评估方式：查现场。

评估依据：无。

五、安全附件

评估内容：安全阀、爆破片等安全附件未正常投用。

评估方式：查现场。

评估依据：《化工和危险化学品生产经营单位重大生产安全事故隐患判定标准(试行)》(安监总管三〔2017〕121 号)第十五条。

六、阀门

评估内容：储罐物料进出口管道靠近罐根处应设一个总切断阀，每根储罐物料进出口管道上还应设一个操作阀。储罐放水管应设双阀。

评估方式：查现场，查档案资料。

评估依据：《石油化工储运系统罐区设计规范》(SH/T 3007—2014)第 5.3.7 条。

七、管道

评估内容 1：与储罐等设备连接的管道，应使其管系具有足够的柔性，并应满足设备管口的允许受力要求。

评估方式：查现场。

评估依据：《石油库设计规范》(GB 50074—2014)第9.1.10条。

评估内容2：管道在跨越铁路、道路上方的管段上不得装设阀门、法兰、螺纹接头、波纹管及带有填料的补偿器等可能出现渗漏的组成件。

评估方式：查现场，查档案资料。

评估依据：《石油库设计规范》(GB 50074—2014)第9.1.6条。

评估内容3：库外管道应在进出储罐区和库外装卸区的便于操作处设置截断阀门。

评估方式：查现场，查档案资料。

评估依据：《石油库设计规范》(GB 50074—2014)第9.2.11条。

八、氮气密封保护系统

评估内容：采用氮气密封保护系统的储罐应设事故泄压设备，并要确保氮封系统应完好在用。

评估方式：查现场，查资料。

评估依据：《国家安全监管总局关于进一步加强化学品罐区安全管理的通知》(安监总管三〔2014〕68号)第二条(四)、《石油库设计规范》(GB 50074—2014)第6.4.6条。

九、输送泵

评估内容：输送加热液体的泵，不应与输送闪点低于45℃液体的泵设在同一个房间内。

评估方式：查现场。

评估依据：《石油库设计规范》(GB 50074—2014)第7.0.4条。

十、浮顶

评估内容1：浮顶应采用单盘式或双盘式的结构。

评估方式：查现场，查档案资料。

评估依据：《石油储备库设计规范》(GB 50737—2011)第7.5.1条。

评估内容2：浮顶边缘应设置有效的边缘密封装置，密封装置应由一次密封和二次密封组成。

评估方式：查现场，查档案资料。

评估依据：《石油储备库设计规范》(GB 50737—2011)第7.5.7条。

十一、防水设施

评估内容：油罐底板边缘与基础结合处应设置可靠的防水设施。

评估方式：查现场。

评估依据：《石油储备库设计规范》(GB 50737—2011)第7.6.4条。

十二、防腐保护

评估内容：油罐罐壁外表面、罐壁内表面上下各2m高度、浮顶内外表面及油罐金属结构应采用涂料防腐保护。

评估方式：查现场，查档案资料。

评估依据：《石油储备库设计规范》(GB 50737—2011)第7.6.1条。

十三、罐底防护

评估内容：油罐底板上表面应采用涂层和牺牲阳极联合防护。

评估方式：查现场，查设计资料。

评估依据：《石油储备库设计规范》(GB 50737—2011)第7.6.2条。

第四节 仪表安全

重点评估内容：(1)涉及重点监管危险化学品和重大危险源的油气储存企业应开展安全完整性等级(SIL)评估，确定安全联锁的SIL等级，编制安全要求规格书，并评估联锁回路SIL等级的符合性，提出相应升级改造要求。对于已经完成SIL评估的企业，可只评估该项工作的完善性，并评估相关安全建议的落实情况；(2)评估储罐附属仪表设置及选型的符合性、合理性；(3)评估企业报警(含工艺设备报警及GDS报警)的设置情况；(4)评估企业涉及《危险化学品重大危险源监督管理暂行规定》(原国家安全监管总局令第40号)中规定的重点设施的紧急切断装置和独立安全仪表系统的配备情况；(5)评估可燃气体和有毒气体检测报警系统的独立性；(6)评估涉及重点监管危险化学品和重大危险源相关设施的可燃气体和有毒气体泄漏检测报警装置、紧急切断装置、自动化系统装备和使用率是否达到100%；(7)评估过程控制系统与安全仪表系统全生命周期中操作与维护及管理情况。

一、SIL评估

评估内容：涉及重点监管危险化学品和重大危险源的油气储存企业应开展SIL评估，确定安全联锁的SIL等级，编制安全要求规格书，并评估联锁回路SIL等级的符合性，提出相应升级改造要求。

评估方式：查报告，缺少报告的应补充评估。

评估依据：《国家安全监管总局关于加强化工安全仪表系统管理的指导意见》(安监总管三〔2014〕116号)第四条、第十三条、第十四条。

二、紧急切断装置

评估内容：对重大危险源中的毒性气体、剧毒液体和易燃气体等重点设施，设置紧急切断装置。

评估方式：查现场。

评估依据：《危险化学品重大危险源监督管理暂行规定》(原国家安全监管总局令第40号)第十三条。

三、气体检测报警系统

评估内容1：可燃气体和有毒气体检测报警系统应独立于其他系统单独设置。

评估方式：查现场。

评估依据：《石油化工可燃气体和有毒气体检测报警设计标准》(GB/T 50493—2019)第3.0.8条。

评估内容2：可燃气体和有毒气体检测报警器的设置与报警值的设置应满足GB/T 50493和SY 6503要求。

评估方式：查现场。

评估依据：《石油化工可燃气体和有毒气体检测报警设计标准》(GB/T 50493—2019)，《石油天然气工程可燃气体检测报警系统安全规范》(SY 6503—2016)。

评估内容3：可燃气体和有毒气体的检测系统应采用两级报警。同级别的有毒和可燃气体同时报警时，有毒气体报警的级别应优先。

评估方式：查现场。

评估依据：《石油化工可燃气体和有毒气体检测报警设计标准》(GB/T 50493—2019)第3.0.2条。

四、可燃气体和(或)有毒气体探测器

评估内容：控制室、机柜间的空调新风引风口等可燃气体和有毒气体有可能进入建筑物的地方，应设置可燃气体和(或)有毒气体探测器。

评估方式：查现场。

评估依据：《石油化工可燃气体和有毒气体检测报警设计标准》(GB/T 50493—2019)第4.3.3条。

五、仪表

评估内容1：仪表气源应符合下列要求：(1)采用清洁、干燥的空气；(2)应设置备用气源。备用气源可采用备用压缩机组、贮气罐或第二气源(也可用干燥的氮气)；(3)仪表供气管网压力低应报警，压力超低宜联锁。

评估方式：查现场。

评估依据：《仪表供气设计规范》(HG/T 20510—2014)第3.0.1条、第3.0.2条、第3.0.3条、第4.3.1条、第4.3.2条、第4.3.3条。

评估内容2：爆炸危险场所的仪表、仪表线路的防爆等级应满足区域的防爆要求。

评估方式：查现场。

评估依据：《爆炸危险环境电力装置设计规范》(GB 50058—2014)第5.4条，《电气装置安装工程爆炸和火灾危险环境电气装置施工及验收规范》(GB 50257—2014)第5章。

六、信息采集与监测

评估内容：危险化学品重大危险源配备的温度、压力、液位、流量、组分等信息应不

间断采集和监测，并具备信息远传、连续记录、事故预警、信息存储等功能；记录的电子数据的保存时间不少于30天。

评估方式：查现场。

评估依据：《危险化学品重大危险源监督管理暂行规定》(原国家安全监管总局令第40号)第十三条。

七、监控装备

评估内容：危险化学品重大危险源罐区安全监控装备应符合要求：(1)摄像头的设置个数和位置，应根据罐区现场的实际情况实现全面覆盖；(2)摄像头的安装高度应确保可以有效监控到储罐顶部；(3)有防爆要求的应使用防爆摄像机或采取防爆措施。

评估方式：查现场。

评估依据：《危险化学品重大危险源罐区现场安全监控装备设置规范》(AQ 3036—2010)第10.1条。

八、高液位监测报警

评估内容1：大型(5000m^3以上)可燃液体储罐、400m^3以上的危险化学品压力储罐应另设高高液位监测报警及联锁控制系统。

评估方式：查设计图纸，查现场。

评估依据：《危险化学品重大危险源罐区现场安全监控装备设置规范》(AQ 3036—2010)第6.3.7条。

评估内容2：应在自动控制系统中设高、低液位报警并应符合下列规定：(1)储罐高液位报警的设定高度，不应高于储罐的设计储存高液位；(2)储罐低液位报警的设定高度，不应低于储罐的设计储存低液位。

评估方式：查设计资料，查现场。

评估依据：《石油化工储运系统罐区设计规范》(SH/T 3007—2014)第5.4.2条。

九、物料进出总切断阀

评估内容：储罐物料进出口管道靠近罐体处应设一个总切断阀。对大型储罐(公称直径大于或等于30m或公称容积大于或等于10000m^3的储罐)，应采用带气动型、液压型或电动型执行机构的阀门。当执行机构为电动型时，其电源电缆、信号电缆和电动执行机构应作防火保护。切断阀应具有自动关闭和手动关闭功能，手动关闭包括遥控手动关闭和现场手动关闭。

评估方式：查现场。

评估依据：《立式圆筒形钢制焊接储罐安全技术规程》(AQ 3053—2015)第6.13条。

十、液位测量远传仪表

评估内容1：容量大于100m^3的储罐应设液位测量远传仪表，并应符合下列规定：

(1)液位连续测量信号应采用模拟信号或通信方式接入自动控制系统；(2)应在自动控制系统中设高、低液位报警；(3)储罐高液位报警的设定高度应符合现行行业标准《石油化工储运系统罐区设计规范》(SH/T 3007)的有关规定；(4)储罐低液位报警的设定高度应满足泵不发生汽蚀的要求，外浮顶储罐和内浮顶储罐的低液位报警设定高度(距罐底板)宜高于浮顶落底高度0.2m及以上。

评估方式：查现场，查设计文件。

评估依据：《石油库设计规范》(GB 50074—2014)第15.1.1条。

评估内容2：容量大于或等于50000m³的外浮顶储罐和内浮顶储罐应设低低液位报警。低低液位报警设定高度(距罐底板)不应低于浮顶落底高度，低低液位报警应能同时联锁停泵。

评估方式：查现场，查设计文件。

评估依据：《石油库设计规范》(GB 50074—2014)第15.1.3条。

评估内容3：用于储罐高高、低低液位报警信号的液位测量仪表应采用单独的液位连续测量仪表或液位开关，并应在自动控制系统中设置报警及联锁。

评估方式：查现场，查设计文件。

评估依据：《石油库设计规范》(GB 50074—2014)第15.1.4条。

评估内容4：每座油罐应设置液位连续测量仪表和高高液位开关、低低液位开关，并应符合下列规定：(1)液位计的精度应优于±1mm；(2)连续液位计应具备高液位报警、低液位报警和高高液位联锁关闭油罐进口阀门的功能，低液位报警设定高度(距罐底板)不宜小于2m；(3)高高液位开关应具备高高液位联锁关闭油罐进口阀门的功能；(4)低低液位开关应具备低低液位联锁停输油泵并关闭泵出口阀门的功能，低低液位开关设定高度(距罐底板)可不小于1.85m；(5)液位连续测量信号应以现场通信总线的方式远传送入控制室的罐区液位数据采集系统，并通过串行接口与储备库计算机监控管理系统通信。

评估方式：查设计资料，查现场。

评估依据：《石油储备库设计规范》(GB 50737—2011)第11.1.2条。

十一、自动控制系统的室外仪表电缆

评估内容：自动控制系统的室外仪表电缆敷设，应符合下列规定：(1)在生产区敷设的仪表电缆宜采用电缆沟、电缆保护管、直埋等地下敷设方式。采用电缆沟时，电缆沟应充沙填实；(2)生产区局部地段确需在地面敷设的电缆，应采用镀锌钢保护管或带盖板的全封闭金属电缆槽等方式敷设。

评估方式：查现场。

评估依据：《石油库设计规范》(GB 50074—2014)第15.1.13条。

十二、单油罐液位仪表设置

评估内容：每座油罐应设置液位连续测量仪表和高高液位开关、低低液位开关，并应符合下列规定：(1)液位计的精度应优于±1mm；(2)连续液位计应具备高液位报警、低液位报警和高高液位联锁关闭油罐进口阀门的功能，低液位报警设定高度(距罐底板)不宜小于2m；(3)高高液位开关应具备高高液位联锁关闭油罐进口阀门的功能；(4)低低液位开关应具备低低液位联锁停输油泵并关闭泵出口阀门的功能，低低液位开关设定高度(距罐底板)可不小于1.85m；(5)液位连续测量信号应以现场通信总线的方式远传送入控制室的罐区液位数据采集系统，并通过串行接口与储备库计算机监控管理系统通信。

评估方式：查设计资料，查现场。

评估依据：《石油储备库设计规范》(GB 50737—2011)第11.1.2条。

十三、温度测量仪表

评估内容：油罐应设多点平均温度测量仪表并应将温度测量信号远传到控制室。

评估方式：查现场。

评估依据：《石油储备库设计规范》(GB 50737—2011)第11.1.3条。

十四、电动设备

评估内容：电动设备(如机泵、油罐搅拌器、电动阀等)的开关除应能在现场操外，也应能在控制室进行控制和显示状态。

评估方式：查现场。

评估依据：《石油储备库设计规范》(GB 50737—2011)第11.1.4条。

十五、压力测量仪表

评估内容：输油泵进出口管道应设压力测量仪表，压力测量仪表应能就地显示，并应将压力测量信号远传到控制室。

评估方式：查现场。

评估依据：《石油储备库设计规范》(GB 50737—2011)第11.1.5条。

十六、室外仪表电缆

评估内容：室外仪表电缆敷设应符合下列规定：(1)在生产区敷设的仪表电缆宜采用电缆沟、电缆管道、直埋等地面下敷设方式；采用电缆沟时，电缆沟应充沙填实；(2)生产区局部地方确需在地面敷设的电缆应采用保护管或带盖板的电缆桥架等方式敷设。

评估方式：查现场。

评估依据：《石油储备库设计规范》(GB 50737—2011)第11.4.1条。

第五节　电气安全

重点评估内容：(1)评估企业爆炸危险区域划分符合性；(2)评估油气储存企业不同用电负荷等级的电源可靠性；(3)评估爆炸危险区域内固定和临时用电设备选型和安装的符合性；(4)评估重点用电设备(电驱动切断阀、电驱动开关阀等)在事故情况下电缆保护的可靠性；(5)评估设备设施、管道的防雷防静电设施及接地可靠性。

一、供电电源

评估内容1：自动化控制系统应设置不间断电源。

评估方式：查现场，查资料，查系统图。

评估依据：《化工和危险化学品生产经营单位重大生产安全事故隐患判定标准(试行)》(安监总管三〔2017〕121号)第十四条。

评估内容2：企业的供电电源应满足不同负荷等级的供电要求：(1)一级负荷应由双重电源供电，当一电源发生故障时，另一电源不应同时受到损坏；(2)一级负荷中特别重要的负荷供电，尚应增设应急电源，并严禁将其他负荷接入应急供电系统；设备的供电电源的切换时间，应满足设备允许中断供电的要求；(3)二级负荷的供电系统，宜由两回线路供电。在负荷较小或地区供电条件困难时，二级负荷可由一回6kV及以上专用的架空线路供电。

评估方式：查设计文件及评价报告确定企业用电负荷等级，根据企业一次用电系统图评估供电电源可靠性。

评估依据：《供配电系统设计规范》(GB 50052—2009)第3.0.1条。

二、变压器容量

评估内容：装有两台及以上变压器的变电所，当任意一台变压器断开时，其余变压器的容量应能满足全部一级负荷及二级负荷的用电。

评估方式：根据企业用电负荷，评估企业变压器容量能否满足用电负荷。

评估依据：《20kV及以下变电所设计规范》(GB 50053—2013)第3.3.2条。

三、爆炸危险区域内电气设备

评估内容：爆炸危险区域内的电气设备应符合GB 50058要求。

评估方式：查爆炸危险区域划分图，查台账，查现场。

评估依据：《爆炸危险环境电力装置设计规范》(GB 50058—2014)第5.2.3条、第5.3条。

四、油罐区防火防爆

评估内容：严禁在油气罐区使用非防爆照明、电气设施、工器具和电子器材。

评估方式：查现场。

评估依据：《油气罐区防火防爆十条规定》(安监总政法〔2017〕15号)。

五、静电接地设施

评估内容：可燃气体、液化烃、可燃液体、可燃固体的管道在下列部位应设静电接地设施：(1)进出装置区或设施处；(2)爆炸危险场所的边界；(3)管道泵及泵入口永久过滤器、缓冲器等。

评估方式：查现场。

评估依据：《石油化工企业设计防火标准(2018 年版)》(GB 50160—2008)第 9.3.3 条。

六、防雷装置

评估内容：投入使用后的防雷装置实行定期检测制度。防雷装置应当每年检测一次，对爆炸和火灾危险环境场所的防雷装置应当每半年检测一次。

评估方式：查检测报告。

评估依据：《中华人民共和国防雷减灾管理办法》。

七、防水、排水措施

评估内容：变电所、配电所位于室外地坪以下的电缆夹层、电缆沟和电缆室应采取防水、排水措施；位于室外地坪下的电缆进、出口和电缆保护管也应采取防水措施。

评估方式：查现场。

评估依据：《20kV 及以下变电所设计规范》(GB 50053—2013)第 6.2.9 条。

八、接地措施

评估内容 1：在爆炸危险环境的电气设备的金属外壳、金属构架、安装在已接地的金属结构上的设备、金属配线管及其配件、电缆保护管、电缆的金属护套等非带电的裸露金属部分，均应接地。

评估方式：查现场。

评估依据：《电气装置安装工程爆炸和火灾危险环境电气装置施工和验收规范》(GB 50257—2014)第 7.1.1 条。

评估内容 2：引入爆炸危险环境的金属管道、配线的钢管、电缆的铠装及金属外壳，必须在危险区域的进口处接地。

评估方式：查现场。

评估依据：《电气装置安装工程爆炸和火灾危险环境电气装置施工和验收规范》(GB 50257—2014)第 7.2.2 条。

评估内容 3：电气装置的下列金属部分，均必须接地：(1)电气设备的金属底座、框架及外壳和传动装置；(2)配电、控制、保护用的屏(柜、箱)及操作台的金属框架和底座；(3)配电装置的金属护栏；(4)电力电缆的金属护层、接头盒、终端头和金属保护管及二次电缆的屏蔽层；(5)电缆桥架、支架和井架；(6)电热设备的金属外壳。

评估方式：查现场。

评估依据：《电气装置安装工程接地装置施工及验收规范》(GB 50169—2016)第 3.0.4 条。

评估内容 4：电气装置的接地必须单独与接地母线或接地网相连接，严禁在一条接地线中串接两个及两个以上需要接地的电气装置。

评估方式：查现场。

评估依据：《电气装置安装工程接地装置施工及验收规范》（GB 50169—2016）第4.2.9条。

评估内容5：长距离管道应在始端、末端、分支处以及每隔100m接地一次。

评估方式：查现场。

评估依据：《石油化工静电接地设计规范》（SH/T 3097—2017）第5.3.2条。

九、防静电措施

评估内容1：取样器、测温器及检尺等装备上所用合成材料的绳索及油尺等，其单位长度电阻值应为$1\times10^{5}\sim1\times10^{7}\Omega/m$或表面电阻和体积电阻率分别低于$1\times10^{10}\Omega$及$1\times10^{8}\Omega\cdot m$的静电亚导体材料。

评估方式：查现场。

评估依据：《防止静电事故通用导则》（GB 12158—2006）第6.3.7条。

评估内容2：外浮顶储罐浮顶上取样口两侧1.5m之外应各设一组消除人体静电的装置，并应与罐体做电气连接。该消除人体静电的装置可兼做人工检尺时取样绳索、检测尺等工具的电气连接体。

评估方式：查现场。

评估依据：《石油库设计规范》（GB 50074—2014）第14.3.3条。

评估内容3：外浮顶储罐应按下列规定采取防静电措施：(1)外浮顶储罐的自动通气阀、呼吸阀、阻火器和浮顶盘油口应与浮顶做电气连接；(2)外浮顶储罐采用钢滑板式机械密封时，钢滑板与浮顶之间应做电气连接，沿圆周的间距不宜大于3m；(3)二次密封采用I型橡胶刮板时，每个导电片均应与浮顶做电气连接；(4)电气连接的导线应选用横截面不小于$10mm^2$镀锡软铜复绞线。

评估方式：查现场。

评估依据：《石油库设计规范》（GB 50074—2014）第14.3.3条。

评估内容4：下列甲、乙和丙A类液体作业场所应设消除人体静电装置：(1)泵房的门外；(2)储罐的上罐扶梯入口处；(3)装卸作业区内操作平台的扶梯入口处。

评估方式：查现场。

评估依据：《石油库设计规范》（GB 50074—2014）第14.3.14条。

评估内容5：油罐应按下列规定采取防静电措施：(1)油罐的自动通气阀、呼吸阀、阻火器、量油孔应与浮顶做电气连接；(2)油罐采用钢滑板式机械密封时，钢滑板与浮顶之间应做电气连接，沿圆周的间距不宜大于3m；(3)二次密封采用I型橡胶刮板时，每个导电片均应与浮顶做电气连接；(4)电气连接的导线应选用一根横截面不小于$10mm^2$镀锡软铜复绞线；(5)在油罐的上罐盘梯入口处，应设置人体静电消除装置。

评估方式：查现场。

评估依据：《石油储备库设计规范》（GB 50737—2011）第10.2.2条。

十、变配电装置

评估内容1：10kV以上的变配电装置应独立设置。10kV及以下的变配电装置的变配电间与易燃液体泵房(棚)相毗邻时，应符合下列规定：(1)隔墙应为不燃材料建造的实体墙。与变配电间无关的管道，不得穿过隔墙。所有穿墙的孔洞，应用不燃材料严密填实；(2)变配电间的门窗应向外开，其门应设在泵房的爆炸危险区域以外。变配电间的窗宜设在泵房的爆炸危险区域以外；如窗设在爆炸危险区以内，应设密闭固定窗和警示标志；(3)变配电间的地坪应高于油泵房室外地坪至少0.6m。

评估方式：查现场。

评估依据：《石油库设计规范》(GB 50074—2014)第14.1.4条。

评估内容2：石油库主要生产作业场所的配电电缆应采用铜芯电缆，并应采用直埋或电缆沟充砂敷设，局部地段确需在地面敷设的电缆应采用阻燃电缆。

评估方式：查现场。

评估依据：《石油库设计规范》(GB 50074—2014)第14.1.5条。

十一、防雷措施

评估内容1：钢储罐必须做防雷接地，接地点不应少于2处。

评估方式：查现场。

评估依据：《石油库设计规范》(GB 50074—2014)第14.2.1条。

评估内容2：石油库的低压配电系统接地形式应采用TN-S系统，道路照明可采用TT系统。

评估方式：查现场。

评估依据：《石油库设计规范》(GB 50074—2014)第14.1.8条。

评估内容3：储存易燃液体的储罐防雷设计，应符合下列规定：(1)装有阻火器的地上卧式储罐的壁厚和地上固定顶钢储罐的顶板厚度大于或等于4mm时，不应装设接闪杆(网)。铝顶储罐和顶板厚度小于4mm的钢储罐，应装设接闪杆(网)，接闪杆(网)应保护整个储罐；(2)外浮顶储罐或内浮顶储罐不应装设接闪杆(网)，但应采用两根导线将浮顶与罐体做电气连接。外浮顶储罐的连接导线应选用截面积不小于50mm^{2}的扁平镀锡软铜复绞线或绝缘阻燃护套软铜复绞线；内浮顶储罐的连接导线应选用直径不小于5mm的不锈钢钢丝绳；(3)外浮顶储罐应利用浮顶排水管将罐体与浮顶做电气连接，每条排水管的跨接导线应采用一根横截面不小于50mm^{2}扁平镀锡软铜复绞线；(4)外浮顶储罐的转动浮梯两侧，应分别与罐体和浮顶各做两处电气连接；(5)覆土储罐的呼吸阀、量油孔等法兰连接处，应做电气连接并接地，接地电阻不宜大于10Ω。

评估方式：查现场。

评估依据：《石油库设计规范》(GB 50074—2014)第14.2.3条。

评估内容4：储存可燃液体的钢储罐，不应装设接闪杆(网)，但应做防雷接地。

评估方式：查现场。

评估依据：《石油库设计规范》(GB 50074—2014)第 14. 2. 4 条。

评估内容 5：浮顶油罐防雷应符合下列规定：(1)油罐应做防雷接地，接地点沿罐壁周长的间距不应大于 30m；冲击接地电阻不应大于 10Ω；当防雷接地与电气设备的保护接地、防静电接地共用接地网时，实测的工频接地电阻不应大于 4Ω；(2)油罐不应装设避雷针。应将浮顶与罐体用两根导线做电气连接；浮顶与罐体连接导线应采用横截面不小于 $50mm^2$ 扁平镀锡软铜复绞线或绝缘阻燃护套软铜复绞线，连接点宜用铜接线端子及两个 M12 不锈钢螺栓加防松垫片连接；(3)应利用浮顶排水管线将罐体与浮顶做电气连接，每条排水管线的跨接导线应采用一根横截面不小于 $50mm^2$ 扁平镀锡软铜复绞线；(4)浮顶油罐转动浮梯两侧与罐体和浮顶各两处应做电气连接。

评估方式：查现场。

评估依据：《石油储备库设计规范》(GB 50737—2011)第 10. 2. 1 条。

评估内容 6：油泵房(棚)防雷应符合下列规定：(1)油泵房(棚)应采用避雷网(带)。避雷网(带)的引下线不应少于两根，并应沿建筑物四周均匀对称布置，其间距不应大于 18m，避雷网网格不应大于 10m×10m 或 12m×8m；避雷网(带)的接地电阻不宜大于 10Ω；(2)进出油泵房(棚)的金属管道、电缆的金属外皮(铠装层)或架空电缆金属槽，在泵房(棚)外侧应做一处接地，接地装置应与保护接地装置及防感应雷接地装置合用。

评估方式：查现场。

评估依据：《石油储备库设计规范》(GB 50737—2011)第 10. 2. 2 条。

十二、应急照明

评估内容：一、二、三级石油库的消防泵站和泡沫站应设应急照明，应急照明可采用蓄电池作为备用电源，其连续供电时间不应少于 6h。

评估方式：查现场，查备用电源设计说明。

评估依据：《石油库设计规范》(GB 50074—2014)第 14. 1. 3 条。

十三、电气连接

评估内容：储罐上安装的信号远传仪表，其金属外壳应与储罐体做电气连接。

评估方式：查现场。

评估依据：《石油库设计规范》(GB 50074—2014)第 14. 2. 7 条。

十四、配电设置

评估内容 1：消防泵房应设置应急(事故)照明装置，事故照明可采用蓄电池作备用电源，且其持续供电时间不应小于 20min。

评估方式：查现场，查备用电源设计说明。

评估依据：《石油储备库设计规范》(GB 50737—2011)第 10. 1. 6 条。

评估内容 2：变配电所应设置于爆炸危险区域以外，生产区内的变配电设备应设在室内。

评估方式：查总平面布置图，查现场。

评估依据：《石油储备库设计规范》(GB 50737—2011)第 10.1.7 条。

评估内容 3：爆炸危险场所的低压(380V/220V)配电应采用 TN-S 系统。

评估方式：查现场。

评估依据：《石油储备库设计规范》(GB 50737—2011)第 10.1.8 条。

第六节　消防与应急

重点评估内容：(1)评估消防水储量、消防供水能力、泡沫液储量及类型的匹配性；(2)评估消防水泵、泡沫泵的动力源可靠性；(3)评估企业事故状态下事故水收集设施的匹配性；(4)评估企业消防冷却系统、泡沫系统设置的符合性；(5)评估液化烃储罐紧急注水系统的设置及可靠性；(6)评估企业自有和依托的消防力量匹配性。

一、消防水系统

评估内容 1：一、二、三、四级石油库应设独立消防给水系统。

评估方式：查现场，查档案资料。

评估依据：《石油库设计规范》(GB 50074—2014)第 12.2.1 条。

评估内容 2：容量不小于 3000m^3 或罐壁高度不小于 15m 的地上立式储罐。

评估方式：查现场，查档案资料。

评估依据：《石油库设计规范》(GB 50074—2014)第 12.1.5 条。

评估内容 3：当石油库采用高压消防给水系统时，给水压力不应小于在达到设计消防水量时最不利点灭火所需要的压力；当石油库采用低压消防给水系统时，应保证每个消火栓出口处在达到设计消防水量时，给水压力不应小于 0.15MPa。

评估方式：查现场，查档案资料。

评估依据：《石油库设计规范》(GB 50074—2014)第 12.2.3 条。

评估内容 4：消防给水系统应保持充水状态。严寒地区的消防给水管道，冬季可不充水。

评估方式：查现场，查档案资料。

评估依据：《石油库设计规范》(GB 50074—2014)第 12.2.4 条。

评估内容 5：一、二、三级石油库地上储罐区的消防给水管道应环状敷设；山区石油库的单罐容量小于或等于 5000m^3 且储罐单排布置的储罐区，其消防给水管道可枝状敷设。一、二、三级石油库地上储罐区的消防水环形管道的进水管道不应少于 2 条，每条管道应能通过全部消防用水量。

评估方式：查现场，查档案资料。

评估依据：《石油库设计规范》(GB 50074—2014)第 12.2.5 条。

评估内容 6：石油库消防供水能力评估，通过以下规范要求计算用水量：(1)依据 GB 50074 第 12.2.6 条、第 12.2.7 条、第 12.2.8 条、第 12.2.9 条的规定计算消防冷却水强度；(2)依据 GB 50074 第 12. 2. 11 条规定确定消防冷却水用水时间，计算消防冷却水用水量；(3)依据 GB 50151 计算泡沫用水量；(4)综合消防冷却水用水量和泡沫用水量，确定消防水用水量。

评估方式：通过查阅资料和计算，评估消防水储量和消防泵的供水能力是否满足消防用水需求。

评估依据：《石油库设计规范》(GB 50074—2014)第 12. 2. 6 条、第 12. 2. 7 条、第 12. 2. 8 条、第 12. 2. 9 条、第 12. 2. 11 条。

评估内容 7：石油库消防水泵的设置，应符合下列规定：(1)一级石油库的消防冷却水泵和泡沫消防水泵应至少各设置 1 台备用泵。二、三级石油库的消防冷却水泵和泡沫消防水泵应设置备用泵，当两者的压力、流量接近时，可共用 1 台备用泵。备用泵的流量、扬程不应小于最大主泵的工作能力。(2)当一、二、三级石油库的消防水泵有 2 个独立电源供电时，主泵应采用电动泵，备用泵可采用电动泵，也可采用柴油机泵。只有 1 个电源供电时，消防水泵应采用下列方式之一：①主泵和备用泵全部采用柴油机泵；②主泵采用电动泵，配备规格(流量、扬程)和数量不小于主泵的柴油机泵作备用泵；③主泵采用柴油机泵，备用泵采用电动泵。(3)消防水泵应采用正压启动或自吸启动。

评估方式：查现场，查档案资料。

评估依据：《石油库设计规范》(GB 50074—2014)第 12. 2. 12 条。

评估内容 8：石油库设有消防水池(罐)时，其补水时间不应超过 96h。需要储存的消防总水量大于 1000m^{3}时，应设 2 个消防水池(罐)，2 个消防水池(罐)应用带阀门的连通管连通。消防水池(罐)应设供消防车取水用的取水口。

评估方式：查现场，查档案资料。

评估依据：《石油库设计规范》(GB 50074—2014)第 12. 2. 12 条。

评估内容 9：石油储备库油罐应设置固定式消防冷却水系统。

评估方式：查现场，查档案资料。

评估依据：《石油储备库设计规范》(GB 50737—2011)第 8. 1. 3 条。

评估内容 10：石油储备库应设独立的自动启动消防给水系统。

评估方式：查现场，查档案资料。

评估依据：《石油储备库设计规范》(GB 50737—2011)第 8. 2. 1 条。

评估内容 11：消防给水系统应保持充水状态。

评估方式：查现场，查档案资料。

评估依据：《石油储备库设计规范》(GB 50737—2011)第 8. 2. 2 条。

评估内容 12：油罐组的消防给水管道应环状敷设；油罐组的消防水环形管道的进水管道不应少于 2 条，每条管道应能通过全部消防用水量。

评估方式：查现场，查档案资料。

评估依据：《石油储备库设计规范》(GB 50737—2011)第 8. 2. 4 条。

评估内容 13：石油储备库消防供水能力评估，通过以下规范要求计算用水量：(1)依据 GB 50737 第 8. 2. 6 条的规定计算消防冷却水强度；(2)依据 GB 50737 第 8. 2. 9 条的规定确定消防冷却水用水时间，计算消防冷却水用水量；(3)依据 GB 50151 计算泡沫用水量；(4)依据 GB 50737 第 8.2.5 条的规定，确定移动消防用水量，综合消防冷却水用水量、泡沫用水量和移动消防用水量，确定消防水用水量。

评估方式：通过查阅资料和计算，评估消防水储量和消防泵的供水能力是否满足消防用水需求。

评估依据：《石油储备库设计规范》(GB 50737—2011)第 8.2.5 条、第 8.2.6 条、第 8.2.9 条。

评估内容 14：消防冷却水泵的设置应符合下列规定：(1)当具备双电源条件时，消防冷却水主泵应采用电动泵，备用泵应采用柴油机泵；当只有单电源条件时，宜设 1 台电动消防冷却水泵，其余消防冷却水泵应采用柴油机泵；(2)消防冷却水泵应采用正压启动；(3)消防冷却水泵应设 1 台备用泵；备用泵的流量、扬程不应小于最大工作主泵的能力；(4)消防冷却水泵的启动应为自动控制。

评估方式：查现场，查档案资料。

评估依据：《石油储备库设计规范》(GB 50737—2011)第 8.2.10 条。

评估内容 15：石油储备库应设置消防水储备设施，并应符合下列规定：(1)消防水补水时间不应超过 72h；(2)水罐数量不应少于 2 个，并应用带阀门的连通管连通。采用水池时，水池应分隔为两个池，并应用带阀门的连通管连通；(3)冬季最冷月平均气温低于 0℃地区的水罐(池)应设防冻设施。

评估方式：查现场，查档案资料。

评估依据：《石油储备库设计规范》(GB 50737—2011)第 8.2.12 条。

二、消防泡沫系统

评估内容 1：石油库储罐区泡沫液储备量评估，通过以下规范要求计算：(1)储罐泡沫灭火系统的设置类型，应符合 GB 50074 第 12.1.3 条的规定；(2)泡沫灭火系统扑救一次火灾的泡沫混合液设计用量，应按罐内用量、该罐辅助泡沫枪用量、管道剩余量三者之和最大的储罐确定；(3)固定式泡沫灭火系统泡沫混合液流量应满足泡沫站服务范围内所有储罐的灭火要求；(4)储存甲 B、乙和丙 A 类油品的覆土立式油罐，应配备带泡沫枪的泡沫灭火系统，辅助泡沫枪用量应同时满足 GB 50074 第 12.3.4 条和 GB 50151 第 4.1.4 条的规定；(5)泡沫液储备量应在计算的基础上增加不少于 100%的富余量。

评估方式：通过查阅资料和计算，评估泡沫液储备量是否满足消防需求。

评估依据：《泡沫灭火系统设计规范》(GB 50151—2010)第 4.1.3 条、第 4.1.4 条，《石油库设计规范》(GB 50074—2014)第 12.1.3 条、第 12.3.4 条、第 12.3.5 条、第 12.3.7 条。

评估内容 2：泡沫消防水泵、泡沫混合液泵的选择与设置，应符合 GB 50151 第 3.3.1 条的规定；泡沫液泵的选择与设置应符合 GB 50151 第 3.3.2 条的规定。

评估方式：查现场，查档案资料。

评估依据：《泡沫灭火系统设计规范》(GB 50151—2010)第 3.3.1 条、第 3.3.2 条。

评估内容3：石油库泡沫液选择，应符合GB 50151第3.2.1条、第3.2.2条、第3.2.3条、第3.2.4条和第3.2.6条的规定。

评估方式：查现场，查档案资料。

评估依据：《泡沫灭火系统设计规范》(GB 50151—2010)第3.2.1条、第3.2.2条、第3.2.3条、第3.2.4条和第3.2.6条。

评估内容4：石油储备库储罐区泡沫液储备量评估，通过以下规范要求计算：(1)油罐应设置固定式低倍数泡沫灭火系统；(2)泡沫混合液量，应满足扑救油罐区内最大单罐火灾所需泡沫混合液用量和为该油罐配置的辅助泡沫枪所需混合液用量之和的要求，应符合GB 50737第8.3.3条的规定；(3)油罐需要的泡沫混合液流量，应按罐壁与泡沫堰板之间的环形面积计算，供给强度和供给时间应符合GB 50737第8.3.5条的规定；(4)辅助泡沫枪用量应同时满足GB 50737第8.3.6条和GB 50151第4.1.4条的规定；(5)泡沫液储备量应在计算的基础上增加不少于50%的富余量。

评估方式：通过查阅资料和计算，评估泡沫液储备量是否满足消防需求。

评估依据：《泡沫灭火系统设计规范》(GB 50151—2010)第4.1.3条、第4.1.4条，《石油储备库设计规范》(GB 50737—2011)第8.1.2条、第8.3.3条、第8.3.4条、第8.3.5条、第8.3.6条。

评估内容5：石油储备库泡沫液选择，应符合GB 50151第3.2.1条、第3.2.2条、第3.2.6条。

评估方式：查现场，查档案资料。

评估依据：《泡沫灭火系统设计规范》(GB 50151—2010)第3.2.1条、第3.2.2条、第3.2.6条。

评估内容6：配制泡沫混合液用泡沫消防水泵的设置应符合下列规定：(1)泡沫消防水泵应单独设置，不应与消防冷却水泵共用；(2)泡沫消防水泵应设备用泵，各设置独立的吸水管；备用泵的流量、扬程不应小于最大工作主泵的相应性能；(3)当具备双电源条件时，泡沫消防水主泵应采用电动泵，备用泵应采用柴油机泵；当只有单电源条件时，宜设1台电动泡沫消防水泵，其余泡沫消防水泵应采用柴油机泵；(4)泡沫消防水泵应正压启动；(5)泡沫消防水泵的压力和流量应满足各个泡沫站的需要；(6)泡沫消防水泵的启动应采取自动控制方式。

评估方式：查现场，查档案资料。

评估依据：《石油储备库设计规范》(GB 50737—2011)第8.3.10条。

评估内容7：泡沫液泵、平衡阀和比例混合器应为1用1备。

评估方式：查现场，查档案资料。

评估依据：《石油储备库设计规范》(GB 50737—2011)第8.3.11条。

评估内容8：储罐区低倍数泡沫灭火系统的选择，应符合下列规定：(1)非水溶性甲、乙、丙类液体固定顶储罐，应选用液上喷射、液下喷射或半液下喷射系统；(2)水溶性甲、乙、丙类液体和其他对普通泡沫有破坏作用的甲、乙、丙类液体固定顶储罐，应选用液上喷射系统或半液下喷射系统；(3)外浮顶和内浮顶储罐应选用液上喷射系统；(4)非水溶性液体外浮顶储罐、内浮顶储罐、直径大于18m的固定顶储罐及水溶性甲、乙、丙类液体立式储罐，不得选用泡沫炮作为主要灭火设施；(5)高度大于7m或直径大于9m的固定顶储罐，不得选用泡沫枪作为主要灭火设施。

评估方式：查现场，查档案资料。

评估依据：《泡沫灭火系统设计规范》(GB 50151—2010)第4.1.2条。

评估内容9：固定式泡沫灭火系统的设计应满足在泡沫消防水泵或泡沫混合液泵启动后，将泡沫混合液或泡沫输送到保护对象的时间不大于5min。

评估方式：查现场，查档案资料。

评估依据：《泡沫灭火系统设计规范》(GB 50151—2010)第4.1.10条。

评估内容10：钢制单盘式、双盘式与敞口隔舱式内浮顶储罐的泡沫堰板设置与罐壁的距离不应小于0.55m，其高度不应小于0.5m；单个泡沫产生器保护周长不应大于24m。

评估方式：查现场，查档案资料。

评估依据：《泡沫灭火系统设计规范》(GB 50151—2010)第4.4.2条。

评估内容11：当外浮顶储罐泡沫喷射口设置在罐壁顶部，密封或挡雨板上方时，泡沫堰板应高出密封0.2m；当泡沫喷射口设置在金属挡雨板下部时，泡沫堰板高度不应小于0.3m。

评估方式：查现场，查档案资料。

评估依据：《泡沫灭火系统设计规范》(GB 50151—2010)第4.3.3条。

三、消防栓

评估内容1：石油库消防冷却水系统应设置消火栓，消火栓的设置应符合下列规定：(1)移动式消防冷却水系统的消火栓设置数量，应按储罐冷却灭火所需消防水量及消火栓保护半径确定。消火栓的保护半径不应大于120m，且距着火罐罐壁15m内的消火栓不应计算在内；(2)储罐固定式消防冷却水系统所设置的消火栓间距不应大于60m；(3)寒冷地区消防水管道上设置的消火栓应有防冻、放空措施。

评估方式：查现场，查档案资料。

评估依据：《石油库设计规范》(GB 50074—2014)第12.2.15条。

评估内容2：消防水系统管道上应设置消火栓，并应符合下列规定：(1)消防水系统管道上所设置的消火栓的间距不应大于60m；(2)寒冷地区消防水管道上设置的消火栓应有防冻、放空措施。

评估方式：查现场，查档案资料。

评估依据：《石油储备库设计规范》(GB 50737—2011)第8.2.13条。

四、灭火装置

评估内容：石油库的易燃和可燃液体储罐灭火装置的设置，应符合下列规定：(1)覆土卧式油罐和储存丙B类油品的覆土立式油罐，可不设泡沫灭火系统，但应按《石油库设计规范》第12.4.2条的规定配置灭火器材；(2)设置泡沫灭火系统有困难，且无消防协作条件的四、五级石油库，当立式储罐不多于5座，甲B类和乙A类液体储罐单罐容量不大于700m^3，乙B和丙类液体储罐单罐容量不大于2000m^{3}时，可采用烟雾灭火方式；当甲B类和乙A类液体储罐单罐容量不大于500m^3，乙B类和丙类液体储罐单罐容量不大于1000m^{3}时，也可采用超细干粉等灭火方式；(3)其他易燃和可燃液体储罐应设置泡沫灭火系统。

评估方式：查现场，查档案资料。

评估依据：《石油库设计规范》(GB 50074—2014)第12.1.2条。

五、自动探火装置

评估内容：储存甲B类和乙A类液体且容量大于或等于50000m^{3}的外浮顶罐，应在储罐上设置火灾自动探测装置，并应根据消防灭火系统联动控制要求划分火灾探测器的探测区域。当采用光纤型感温探测器时，探测器应设置在储罐浮盘二次密封圈的上面。当采用光纤光栅感温探测器时，光栅感温探测器的间距不应大于3m。

评估方式：查现场，查档案资料。

评估依据：《石油库设计规范》(GB 50074—2014)第12.6.5条。

六、消防车

评估内容1：特级石油库、一级石油库、二级石油库应自配消防车，或与邻近企业、城镇消防站联防，自配或联防消防车的配备应满足GB 50074—2014第12.5.3条、第12.5.4条的要求。

评估方式：查档案资料，查证明材料。

评估依据：《石油库设计规范》(GB 50074—2014)第12.5.3条、第12.5.4条。

评估内容2：石油库当采用水罐消防车对储罐进行冷却时，水罐消防车的台数应按储罐最大需要水量进行配备。

评估方式：查现场，查档案资料。

评估依据：《石油库设计规范》(GB 50074—2014)第12.5.1条。

评估内容3：石油库当采用泡沫消防车对储罐进行灭火时，泡沫消防车的台数应按一个最大着火储罐所需的泡沫液量进行配备。

评估方式：查现场，查档案资料。

评估依据：《石油库设计规范》(GB 50074—2014)第12.5.2条。

评估内容4：消防站和消防车设置应符合下列规定：(1)储备库应设置专用消防站，消防站的位置，应能满足接到火灾报警后，消防车到达火场的时间不超过5min的要求；(2)消防站应配备2台6人/辆的泡沫消防车(单台水和泡沫液量各不少于6t)和1台6人/辆的举高喷射消防车(泡沫液储量不少于3t)，当满足GB 50737—2011第8.5.3条规定的依托条件时，消防车辆可减少1辆；(3)消防站除应配置消防防护设施外，还应配置移动式泡沫—消防水两用炮2门，泡沫液灌装泵、泡沫钩管、泡沫枪等。

评估方式：查现场，查档案资料。

评估依据：《石油储备库设计规范》(GB 50737—2011)第8.5.1条、第8.5.2条、第8.5.3条、第8.5.4条。

七、事故水收集池

评估内容1：石油库事故水收集池容量符合性评估：(1)当防火堤有效容积不小于最大储罐容量时：一、二、三、四级石油库的漏油及事故污水收集池容量，分别不应小于1000m^3、750m^3、500m^3、300m^3。漏油及事故污水收集池应采取隔油措施；(2)执行GB 50074—2002的企业，当防火堤有效容积小于最大储罐容量时，应考虑泄漏物料量、消防用水量和可能雨水量综合评估事故水收集池容量符合性。

评估方式：查现场，查档案资料和计算。

评估依据：《石油库设计规范》(GB 50074—2014)第13.4.2条。

评估内容2：(1)石油储备库应在库区内设置漏油及事故污水收集池。收集池容积不应小于一次最大消防用水量，并应采取隔油措施；(2)GB 50737—2011实施前的企业，当防火堤有效容积小于最大储罐容量时，应考虑泄漏物料量、消防用水量和可能雨水量综合评估事故水收集池容量符合性。

评估方式：查现场，查档案资料和计算。

评估依据：《石油储备库设计规范》(GB 50737—2011)第9.4.1条。

八、水封井

评估内容：雨水暗管或雨水沟支线进入雨水主管或主沟处，应设水封井。

评估方式：查现场，查档案资料。

评估依据：《石油库设计规范》(GB 50074—2014)第13.4.4条。

九、应急值班

评估内容：石油库内应设消防值班室。消防值班室内应设专用受警录音电话。

评估方式：查现场，查档案资料。

评估依据：《石油库设计规范》(GB 50074—2014)第12.6.1条。

十、防火间距

评估内容：储罐区泡沫站应布置在罐组防火堤外的非防爆区，与储罐的防火间距不应小于20m。

评估方式：查现场，查档案资料。

评估依据：《石油库设计规范》(GB 50074—2014)第5.1.13条。

十一、程序控制系统

评估内容：油罐的消防冷却水和泡沫系统应采用远程手动启动的程序控制系统，同时具备现场手动操作的功能。

评估方式：查现场，查档案资料。

评估依据：《石油储备库设计规范》（GB 50737—2011）第 8.1.4 条。

十二、泡沫站

评估内容：石油储备库应设置泡沫站，泡沫站位置应满足在泡沫消防水泵启动后，将泡沫混合液输送到最远保护对象的时间小于或等于 5min。

评估方式：查现场，查档案资料。

评估依据：《石油储备库设计规范》（GB 50737—2011）第 8.3.9 条。

十三、应急防护器材

评估内容 1：涉及易燃易爆气体或者易燃液体蒸气的重大危险源，应当配备一定数量的便携式可燃气体检测设备。

评估方式：查现场。

评估依据：《危险化学品重大危险源监督管理暂行规定》（原国家安全监管总局令第 40 号）第二十条。

评估内容 2：对存在吸入性有毒、有害气体的重大危险源，危险化学品单位应当配备便携式浓度检测设备、空气呼吸器、化学防护服、堵漏器材等应急器材和设备。在危险化学品单位作业场所，应急救援物资应存放在应急救援器材专用柜或指定地点。作业场所应急物资配备应符合 GB 30077 中表 1 的要求。

评估方式：查现场，查档案资料。

评估依据：《危险化学品重大危险源监督管理暂行规定》（安监总局 40 号令）第二十条，《危险化学品单位应急救援物资配备要求》（GB 30077—2013）第 6 条。

评估内容 3：企业应急救援队伍应急救援人员的个人防护装备配备应符合 GB 30077 表 2的要求。

评估方式：查现场，查档案资料。

评估依据：《危险化学品单位应急救援物资配备要求》（GB 30077—2013）第 7.1 条。

十四、应急救援车辆

评估内容 1：企业应急救援队伍抢险救援车辆配备数量应符合 GB 30077 中表 3 的要求。

评估方式：查现场，查档案资料。

评估依据：《危险化学品单位应急救援物资配备要求》（GB 30077—2013）第 7.2.1 条。

评估内容 2：企业应急救援队伍主要抢险救援车辆的技术性能应符合 GB 30077 表 5 的要求。

评估方式：查现场，查档案资料。

评估依据：《危险化学品单位应急救援物资配备要求》（GB 30077—2013）第 7.2.3 条。

十五、抢险救援物资

评估内容：第一类危险化学品单位应急救援队伍的抢险救援物资配备的种类和数量不应低于 GB 30077 中表 7 至表 17 的要求。第二类危险化学品单位应急救援队伍的抢险救援物资配备的种类和数量不应低于 GB 30077 表 18 的要求。

评估方式：查现场，查档案资料。

评估依据：《危险化学品单位应急救援物资配备要求》(GB 30077—2013)第 7. 3. 1 条、第 7. 3. 2 条。

参 考 文 献

[1] 杨国梁，多英全，王振华，等．大型原油储罐火灾多米诺效应概率计算模型及应用[J]．中国安全生产科学技术，2013，9(8)：130-134.

[2] KONG D P，LIU P X，ZHANG J Q，et al. Small scale experiment study on the characteristics of boilover [J]．Journal of Loss Prevention in the Process Industries，2017，48：101-110.

[3] 蔡丽辉．池火灾沸溢早期特性数值模拟研究 [D]．南京：南京工业大学，2006.

[4] HALL H. Oil tank fire boilover [J]．Mechanical Engineering，1925，47：540.

[5] BURGOYNE J H. Fires in open tanks of petroleum products：some fundermental aspects [J]．Journal of the Institute of Petroleum，1947，33：158.

[6] BLINOV V I，KHUDYAKOV G N. Diffusion burning of liquids [R]．Army Engineer Research and Development Labs Fort Belvoir VA，1961.

[7] HASEGAWA K. Experimental study on the mechanism of hot zone formation in open-tank fires [J]．Fire Safety Science，1989，2：221-230.

[8] BROECKMANN B，SCHECKER H G. Heat transfer mechanisms and boilover in burning oil - water systems [J]．Journal of Loss Prevention in the Process Industries，1995，8(3)：137-147.

[9] NAKAKUKI A. Heat transfer in hot-zone-forming pool fires [J]．Combustion and Flame，1997，109(3)：353-369.

[10] KAMARUDIN W N I W，BUANG A. Small scale boilover and visualization of hot zone [J]．Journal of Loss Prevention in the Process Industries，2016，44：232-240.

[11] TSENG T Y，WU C L，TSAI K C. Effect of bubble generation on hot zone formation in tank fires [J]．Journal of Loss Prevention in the Process Industries，2020，68：104314.

[12] 马平川．压力和垫水层沸点对扬沸发生的影响研究 [D]．合肥：中国科学技术大学，2020.

[13] 谭家磊，汪彤，宗若雯，等．油品扬沸火灾形成与强度主要影响因素试验研究 [J]．应用基础与工程科学学报，2011，19(2)：288-296.

[14] KOSEKI H，NATSUME Y，IWATA Y，et al. A study on large-scale boilover using crude oil containing emulsified water [J]．Fire safety journal，2003，38(8)：665-677.

[15] 董四海，柯学，袁焕萌．水对石油化工储罐沸溢的影响及处理方案 [J]．辽宁化工，2006(10)：598-600.

[16] 李自力．原油罐火灾沸溢问题实验研究 [J]．石油规划设计，2001(1)：22-24.

[17] 何利民，段兰贞，郭光臣．原油组分和含水率对热波特性影响的研究 [J]．石油大学学报(自然科学版)，1993(4)：60-63.

[18] 梁志桐．小尺寸油品沸溢火灾的模拟实验研究 [D]．大连：大连理工大学，2012.

[19] 杨大伟，张培红，陈宝智，等．小尺度油罐沸溢火灾发生时间及沸溢特性 [J]．东北大学学报(自然科学版)，2013，34(5)：723-726.

[20] 李建华，黄郑华，黄汉京．重质油罐火灾热波传播及影响因素研究 [J]．消防科学与技术，2003(6)：463-467.

[21] CHEN Q P，LIU X P，WANG X H，et al. Experimental study of liquid fuel boilover behavior in normal and low pressures [J]．Fire and Materials，2018，42(7)：843-858.

[22] KONG D P. Study on hazard characteristics and safety distance of small-scale boilover fire [J]．International Journal of Thermal Sciences，2021，164(1).

[23] PING P, HE X, KONG D P, et al. An experimental investigation of burning rate and flame tilt of the boilover fire under cross air flows [J]. Applied Thermal Engineering, 2018, 133: 501-511.

[24] PING P, ZHANG J Q, KONG D P, et al. Experimental study of the flame geometrical characteristics of the crude oil boilover fire under cross air flow [J]. Journal of Loss Prevention in the Process Industries, 2018, 55: 500-511.

[25] AHMADI O, SARVESTANI K, ASILIAN M H. Prediction of time to Boilover in crude oil storage tanks using empirical models [J]. Iran Occupational Health, 2020, 17(1): 697-711.

[26] 谭家磊，汪彤，宗若雯．原油储罐火灾扬沸形成时间预测模型研究 [J]. 中国安全生产科学技术，2009，5(5)：37-41.

[27] CASAL J. Evaluation of the effects and consequences of major accidents in industrial plants [M]. Elsevier, 2017.

[28] 樊海燕，李想，孙建刚，等．小尺寸油罐沸溢火灾试验研究 [J]. 低温建筑技术，2016，38(4)：156-159.

[29] GARO J P, VANTELON J P, FERNANDE-PELLO A C. Effect of the fuel boiling point on the boilover burning of liquid fuels spilled on water [J]. Symposium on Combustion, 1996, 26(1): 1461-1467.

[30] FERRERO F, MUNOZ M, KOZANOGLU B, et al. Experimental study of thin-layer boilover in large-scale pool fires [J]. Journal of Hazardous Materials, 2006, 137(3): 1293-1302.

[31] FERRERO F, KOZANOGLU B, ARNALDOS J. A correlation to estimate the velocity of convective currents in boilover [J]. Journal of Hazardous Materials, 2007, 143(1-2): 587-589.

[32] FERRERO F, MUNOZ M, ARNALDOS J. Effects of thin-layer boilover on flame geometry and dynamics in large hydrocarbon pool fires [J]. Fuel Processing Technology, 2007, 88(3): 227-235.

[33] CHATRIS J M, PLANAS E, ARNALDOS J, et al. Effects of thin-layer boilover on hydrocarbon pool fires [J]. Combustion science and technology, 2001, 171(1): 141-161.

[34] LABOUREUR D, APRIN L, OSMONT A, et al. Small scale thin-layer boilover experiments: Physical understanding and modeling of the water sub-layer boiling and the flame enlargement [J]. Journal of Loss Prevention in the Process Industries, 2013, 26(6): 1380-1389.

[35] KOSEKI H, NATSUME Y, IWATA Y, et al. Large-scale boilover experiments using crude oil[J]. Fire Safety Journal, 2006, 41(7): 529-535.

[36] SHALUF I M, ABDULLAH S A. Floating roof storage tank boilover [J]. Journal of Loss Prevention in the Process Industries, 2011, 24(1): 1-7.

[37] FAN W C, HUA J S, LIAO G X. Experimental study on the premonitory phenomena of boilover in liquid pool fires supported on water [J]. Journal of Loss Prevention in the Process Industries, 1995, 8(4): 221-227.

[38] 朱渊，史嘉欣，王梅超．基于声呐的油品储罐火灾沸溢、喷溅预警技术：CN113160515B[P]. 2022-05-17.

[39] 李玉忠，马伟平．中国石油储备库设计运行技术现状及发展建议 [J]. 天然气与石油，2021，39(3)：18-23.

[40] 李斌．大型油罐火灾应急处置指挥原则及方法 [J]. 安全、健康和环境，2022，22(12)：52-55.

[41] TSAI K C, KOSEKI H, TSENG T Y, et al. Effects of floating beads on the flash/fire temperatures and occurrence of boilover [C]. Mary K O'Connor Process Safety Symposium. Proceedings 2016. Mary Kay O'Connor Process Safety Center, 2016.

[42] 吕东，李晋，王玥，等．一种用于储罐全液面火灾辅助灭火空心金属球的使用方法：CN107376159B[P]．2020-07-28.
[43] STAMBAUGH B A，BADGER S R. Oil fire and boil over attenuation using buoyant glass materials：US 10561867 [P]．2020-02-18.
[44] 周日峰，管孝瑞，张玉平，等．用于石化储罐的火灾防控和火灾抑制方法：CN113384833B[P]．2022-08-30.
[45] 王秉明，庄梦梦．一种防止原油储罐因燃烧而发生沸溢和喷溅现象的装置：CN203997625U[P]．2014-12-10.
[46] TSENG T Y，TSAI K C. Hot-zone boilover suppression using floating objects in crude oil tank fires [J]．Fire Safety Journal，2020，118.
[47] 谭家磊，汪彤，宗若雯，等．油罐扬沸火灾防治模拟实验研究 [J]．中国安全科学学报，2009，19(01)：52-57.
[48] 齐立志．10 万 m^3 浮顶原油储罐消防能力分析 [J]．齐鲁石油化工，2023，51(4)：307-312.
[49] 张伟鹏．基于全表面火灾的大型成品油储罐安全间距研究[D]．北京：中国石油大学(北京)，2023.
[50] 袁岗，刘高，王浩．外浮顶原油储罐火灾原因分析及处置对策探讨 [J]．水上安全，2023(1)：59-61.
[51] 杜书成．原油外浮顶储罐火灾扑救技术问题分析 [J]．中国石油和化工标准与质量，2022，42(7)：171-173.
[52] 吴志强．固定式消防系统应对大型原油储罐全面积火灾的浅析 [J]．中国石油和化工标准与质量，2021，41(15)：102-103.
[53] 龙宪春．原油外浮顶储罐火灾消防处置对策 [J]．中国石油和化工标准与质量，2019，39(24)：72-73.
[54] 王加军．油罐火灾中对邻近储罐的冷却及防护 [J]．中国石油和化工标准与质量，2019，39(11)：175-176.
[55] 赵瑞．原油储罐区联合灭火救援力量调集研究[D]．重庆：重庆科技学院，2019.
[56] 刘志华．原油储罐全液面火灾扑救对策之浅析 [J]．中国公共安全(学术版)，2017(4)：52-56.
[57] 陆明．原油储罐的火灾早期监测及预报警 [J]．机电信息，2016(15)：172-173.
[58] 于大凯．大型原油罐区消防能力评估与控制[D]．青岛：中国石油大学(华东)，2016.
[59] 任常兴，安慧娟．油储罐火灾事故回顾及对策 [J]．现代职业安全，2015(6)：17-21.
[60] 许学瑞，帅健，吴宗之．大型原油库火灾定量风险评价 [J]．油气储运，2015，34(5)：482-487.
[61] 贾文宝．浅析大型原油储罐火灾危险性及预防措施 [J]．化工管理，2014(20)：56.
[62] 郝超磊，李瑞莲．原油储罐密封遭雷击所引发的火灾事故原因分析 [J]．安全、健康和环境，2013，13(12)：5-6.
[63] 朱刚，张勇．浅析原油储罐火灾特点及灭火战术措施 [J]．企业技术开发，2011，30(24)：154-155.
[64] 卢立红. 大型油罐火灾安全防控技术[M]．北京：化学工业出版社，2022.
[65] 李玉，李伟东，张晓明. 油罐火灾控制技术及案例分析[M]．北京：化学工业出版社，2021.
[66] 李晋. 大型浮顶油罐区火灾风险防范指南[M]．天津：天津大学出版社，2016.
[67] 中华人民共和国住房和城乡建设部. 建筑设计防火规范：GB 50016—2014[S]．北京：中国计划出版社，2014.

[68] 中华人民共和国住房和城乡建设部. 石油库设计规范：GB 50074—2014[S]. 北京：中国计划出版社，2014.

[69] 中华人民共和国住房和城乡建设部. 石油储备库设计规范：GB 50737—2011[S]. 北京：中国计划出版社，2012.

[70] 易燃与可燃液体规范：NFPA30 2003[S]. 易燃液体相关委员会，美国国家防火协会，2003.

[71] 中华人民共和国国家质量监督检验检疫总局，中国国家标准化管理委员会. 石油与石油设施雷电安全规范：GB 15599—2009. 北京：中国标准出版社，2009.

[72] 中华人民共和国应急管理部. 泡沫灭火剂系统技术标准：GB 50151—2021[S]. 北京：中国计划出版社，2021.